iOS 6 in Action

iOS 6
应用开发实战

刘铭 朱舸 著

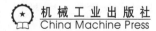

机械工业出版社
China Machine Press

图书在版编目（CIP）数据

iOS 6应用开发实战 / 刘铭，朱舸著. —北京：机械工业出版社，2013.4
（实战系列）

ISBN 978-7-111-41914-3

Ⅰ.i… Ⅱ.①刘… ②朱… Ⅲ.移动电话机－应用程序－程序设计 Ⅳ.TN929.53

中国版本图书馆CIP数据核字（2013）第057846号

　　本书是目前iOS 6领域最全面系统和易于阅读的著作之一，有两大特点：第一，技术新颖，基于最新iOS 6技术撰写，系统讲解开发iPhone和iPad应用所需掌握的基础技术和高级技巧，以及其流程和方法；第二，易于阅读，从认知学角度进行内容规划，一个案例贯穿全书，不仅能从很大程度上降低学习的时间成本，降低阅读门槛，而且能至始至终让读者在动手实践中保持学习的热情，坚持把这本书读完。

　　全书共22章，可分为两个部分：基础部分（1~13章）分别介绍了开发iOS应用前应该做的准备工作、Xcode 4的基本使用、Objective-C的基本语法、Interface Builder的基本操作、视图控制器、通过设备获取用户位置、列表、视图及视图控制器、各种控件、多媒体、偏好设置等知识，这些知识通过一个名称为MyDiary的应用完美地串联在一起，读者从一开始就能动手实践并从实践中掌握这些理论知识；高级部分（14~22章）则非常详细地讲解了iOS应用的架构、iOS应用的测试与调试、可滚动视图的创建、自动宣传和自动调整大小、表格视图的编辑、手势识别、警告、应用程序本地化、日历和事件等高级话题，是iOS开发工程师进阶修炼必须掌握的核心内容。

机械工业出版社（北京市西城区百万庄大街22号　　邮政编码　100037）
责任编辑：姜　影
北京京师印务有限公司印刷
2013年5月第1版第1次印刷
186mm×240mm·25.5印张
标准书号：ISBN 978-7-111-41914-3
定　　价：69.00元

凡购本书，如有缺页、倒页、脱页，由本社发行部调换
客服热线：（010）88378991　88361066　　　　投稿热线：（010）88379604
购书热线：（010）68326294　88379649　68995259　　读者信箱：hzjsj@hzbook.com

前　言

为什么要写这本书

我在开始学习 iOS 开发之前一直从事着 PHP 和 Flex 的应用程序开发，因为四年前为苹果移动设备开发应用程序至少在国内毕竟还不是很热门。当时的互联网开发大多还是围绕着 Web 2.0 理念的开发以及各种社交网站上的 Flash 交互游戏开发。记得一次在回家的路上，我静静地思考这样一个问题：从现在开始，我是否要放弃多年驾轻就熟的语言，转而去一个全新的开发领域呢？挑战肯定是有的，但是挑战与机遇共存。就目前情况而言，iOS 程序员的数量远远低于传统 C、C++ 的人数。不仅如此，在笔者参加过的多次 Adobe 开发者大会上，与会人员的数量和那些人的热情是大家可以想象的（尽管笔者还没有真正看到过一款使用 Flash 或 Flex 开发的商业应用）。众所周知，虽然目前 iOS 设备在国内大量普及（不管是个人，还是机关、单位），但是真正符合国人需求的应用并不是很多，尤其是符合某一领域的商用、垂直化应用还远远不够，这就为 iOS 开发团队带来了巨大的机遇。因此在经过一段时间的学习和开发实践以后，便有了写这本书的想法，主要想通过本书让更多希望从事 iOS 开发的程序员尽快入门，同时为将来的创业打下良好的基础。

2012 年 9 月 19 日，苹果第六代手机操作系统 iOS 6.0 正式发布，iOS 6 SDK（Software Development Kit）也随之放出，该 SDK 为我们进行应用程序开发提供了更多的功能和特性。其中包括全新的苹果地图，Siri 发送短信、预约会议，与朋友分享照片流，Passbook 优惠券处理和 iPhone 全新呼叫等功能。如果说从 iOS 1.0 到 iOS 4.0 苹果更多的是做系统深度开发，那么从 iOS 5.0 到 iOS 6.0 的时代就是广度的开发，与此同时操作系统的容量也在不断的变大。

截至目前，苹果对于 iOS 操作系统的更新和升级还在继续，这也就代表着我们对 Objective-C 和 iOS 开发的学习始终不会停止。新的 iOS 硬件设备可能会带动更多更好的应用程序出现，而这些应用程序的背后将是一个巨大的财富。希望大家一切从用户的角度出发，一步一个脚印去做，最终实现自己的梦想。

本书特色

本书以构建一个 MyDiary 项目的实践案例贯穿全书，将所有知识点融入到实践当中，使大家真正理解和掌握如何通过 Xcode SDK 和 Objective-C 语言来开发 iOS 应用程序。

在基础篇的学习中，可以了解到什么是 iOS，什么是 Xcode。作为一名 iOS 开发者需要什么软、硬件条件。然后就是如何通过 Xcode 和 Objective-C 来搭建一个能够记录文本、图片、声音，查看设备当前位置的 MyDiary 项目。还结合该项目讲授了如何使用表格来组织信息。

在高级篇中，大部分的内容都是针对之前所学内容的深入和扩展。包括如何组织表格，如何处理设备的旋转，多语言和地区的处理以及如何操作日历等。

读者对象

本书适合具备以下几方面知识和硬件条件的群体阅读。

❑ 面向对象的开发经验，熟悉类、实例、方法、封装、继承、重写等概念。

❑ 有 Objective-C 或 C、C++ 的开发经验。

❑ 有 MVC 设计模式开发经验。

❑ 有简单的图像处理的经验。

❑ 有一台 Inter 架构的 Mac 电脑（MacBook Pro、MacBook Air、Mac Pro 或 Mac Mini）。

❑ 如果加入了 iOS 开发者计划，还可以准备一台 iOS 移动设备。

如何阅读本书

本书逻辑上分为两个部分：

第 1 章到第 13 章为基础部分，通过构建一个 MyDiary iPhone 应用程序项目，向大家介绍了如何使用 Xcode SDK 开发工具及通过 Objective-C 语言编写一个可以记录文本、保存图片和声音的 App。

第 14 章到第 22 章为高级部分，着重讲解 iOS 开发中可能会用到的高级功能，包括视图的旋转和滚动处理、表格的高级操作、多语言环境等。

本书自始至终都通过 MyDiary iPhone 应用程序这个实际项目来展开的，所以建议初学者从第 1 章开始学习，以达到良好的学习效果。

勘误和支持

由于作者的水平有限，编写时间仓促，书中难免会出现一些错误或不准确的地方，恳请读者批评指正。书中的全部源文件可以从华章网站 ⊖ 下载。如果你有更多的宝贵意见，也欢迎发送邮件至邮箱 liuming_cn@qq.com，期待能够得到你们的真挚反馈。

致谢

首先要感谢伟大的可以改变这个世界的 Steven Jobs，他的精神对我产生了非常大的影响。

感谢机械工业出版社华章公司的编辑杨福川老师，在这一年多的时间中始终支持我的写作，他的鼓励和帮助引导我顺利完成全部书稿。

最后感谢我的爸爸、妈妈、老婆、乐乐、张燕、赵霞、秦琼、王艳标、杨晓龙、刘天翔、梁涛，感谢他们对我的支持与帮助，并时时刻刻为我灌输着信心和力量！

谨以此书献给我最亲爱的家人，以及众多热爱 iOS 的朋友们！

刘　铭

⊖ 参见华章网站www.hzbook.com。——编辑注

目　录

第 1 章

开发前的准备

本章内容

2007 年，乔布斯站在苹果电脑全球研发者大会（Apple Worldwide Developers Conference，WWDC）上向世界宣布：运行在 iPhone 手机上面的操作系统至少领先业内同行五年。我想，这样的话也只能出自乔布斯这样的疯狂人之口。要知道那一年苹果才刚刚发布其第一代的 iPhone 手机。

不知不觉已经过去了六个春秋，基于 iOS 操作系统的设备除了 iPhone 以外，还有 iPad 和 Apple TV。这期间，苹果的操作系统也经历了 5 次重大的升级，最新操作系统 iOS 6 也于 2012 年 9 月正式发行。

1.1 iOS 的历史

苹果公司在 2007 年发布了第一代 iPhone 后，宣布 iPhone 将运行精简版 OS X。那时 iOS 的名称为 iPhone OS，因为当时还没有 iPad。iPhone OS 1.0 最终在同年 6 月 29 日正式发布，预装了邮件、iPod、日历、照片、短信、Safari、备忘录、YouTube、计算器、地图、设置、照相机、股票和电话等应用。iPhone OS 1.0 并不包含 App Store 或 iTunes 商店。

那时，乔布斯鼓励开发者为 iPhone 开发网页应用而不是原生应用。几个月之后，苹果改变了主意，并在 2008 年 3 月发布了供第三方开发人员使用的公共 SDK（Software Development Kit，软件开发工具）。从这以后，每当苹果发布一个更新版本的操作系统，都会包含很多新的特性并带来 API 的改变。现在 App Store 已经拥有超过 50 万个的应用。

iPhone OS 2.0 最大的功能就是加入了 App Store。这样，用户就可以使用第三方应用了。App Store 的出现帮助苹果轻松战胜了竞争对手，使 iPhone OS 变成了一款万能的系统。随后苹果开始使用 "There's App for that" 广告语，标榜任何事情都可以通过应用实现。

iPhone OS 2.0 还加入了邮件推送功能。为了让屏幕容下更多的应用，苹果加入了主屏翻页功能。其他主要功能包括：可以打开微软 Office 文档，可以截屏，可以将 Safari 中的图片储存至照片，等等。

从 iPhone OS 3.0 开始，Mac 中的 Core Data 功能被带到了 iPhone 之中，除此以外，还包括消息推送服务、外部设备工具包、通过 StoreKit 框架实现的应用程序内部购买功能、程序内电子邮件、允许开发者在程序中内置 Google 地图的 MapKit 框架、读取 iPod 媒体库等。iPhone OS 3.1 则增加了视频编辑支持，这只是一个小幅度的升级。iPhone OS 3.2 增加了 Core Text 和手势识别、文件共享和 PDF 生成支持，这些也属于次要更新。另外，iPhone OS 3.2 增加了对新产品 iPad 的支持。要开发基于 iPad 或通用（Universal）的应用程序，就需要使用 iPhone OS 3.2。开发者要清楚的是，iPhone OS 3.2 只适用于 iPad，不能安装在 iPhone 或 iPod Touch 上。

从 iPhone OS 4.0 开始，苹果将操作系统的名称改为 iOS 4，包括了众望所归的多任务支持特性、本地通知、通过 EventKit 框架只读访问用户日程、应用程序内短信息支持和视网膜显示技术的支持。这个版本并不支持 iPad 应用程序的开发。iOS 4.2 是一个次要的升级，同时支持 iPhone 和 iPad。

1.2　iOS 5 和 iOS 6 的新特性

iOS 5 包含了几个重要的新特性，比如 iCloud、自动引用计数器（Automatic Reference Counting，ARC）、故事板（Storyboard）和内置 Twitter 框架等。接下来我们先对 iOS 5 的特性逐一进行介绍。

1.2.1　iCloud 云服务

iCloud 是苹果提供的一项云服务技术，其本质是基于云的服务。这与其他公司提供的基于云的存储不同，比如大家所熟悉的 Dropbox，开发者可以使用该云存储服务的 API 在多台设备之间同步数据，但是它并不支持冲突处理。然而，iOS 5 SDK 的 iCloud 不仅支持文件的云存储，还支持冲突的处理。

iCloud 还支持云端的 Key-Value 数据存储 ⊖，如果想将应用程序的设置通过简单的数据格式存储到云端，这是一个非常好的选择。

iOS 5 增加以下这些 API 用于支持 iCloud。

❑ UIDocument（类似于 Mac 下面的 NSDocument）。

❑ UIManagedDocument，用于管理 Core Data 存储。

❑ NSFileManager，用于从云端移动或恢复文件。

1.2.2　LLVM 3.0 编译器

LLVM（Low Level Virtual Machine，低级虚拟机）是苹果使用的一个全新编译器。LLVM 并不属于 iOS 5 所带来的新特性，但是作为开发者，我们应该清楚 LLVM 所带来的改善。如果以前使用过 Xcode 3 进行开发，就会发现在 Xcode 4 中的代码自动完成要比以前智能很多。

从 Xcode 4.4 开始，苹果使用了 LLVM 4.0 编译器，其新特性包括：在默认情况下自动生成与 @property 配对的 @synthesize 命令，Objective-C 中 NSArray、NSDictionary 和 NSNumber 的简便写法，通过 [] 的形式访问数组中的对象。

1.2.3　自动引用计数器

iOS 5 中另一个重要的特性就是自动引用计数器，它是 LLVM 编译器提供的一个特性。因为使用新的 LLVM 编译器逐渐变为 iOS 开发的主流，所以 ARC 特性也就慢慢取代了 retain/release 的内存管理机制。

⊖　Key-Value 就是通过键名-值配对的形式来保存或检索数据。

自动引用计数器与 Mac OS X 10.5 操作系统以后所使用的垃圾回收机制不同：垃圾回收机制是内存自动管理的，而自动引用计数器则代表开发者不需要编写与 retain 配对的释放语句，这个工作是由编译器自动来完成的。

1.2.4 故事板

故事板是一个用于设计用户界面的全新方法。在 Xcode 4 以前，我们一直使用 Interface Builder 设计用户界面。而从 Xcode 4 开始，我们可以借助故事板在一个文件中完成应用程序的所有或部分的界面设计，同时还包括在不同视图控制器间的过渡和跳转。

在 iOS 5 中，故事板代替了原来的 MainWindow.xib 文件。从 Xcode 4.2 开始，在新项目模板中增加了 Storyboard，也可以向旧项目中增加 Storyboard。但是与 ARC 不同，故事板是 iOS 5 所独有的特性。也就是说，只有在 iOS 5 版本以上才可以使用故事板。

1.2.5 整合 Twitter 框架 [○]

iOS 5 整合了 Twitter 框架，这意味着我们从应用程序发送 tweet 就如同发送邮件一样简单。Twitter 框架同样会处理用户认证的问题，这样就不再需要自己去处理 oAuth/xAuth 认证。iOS 5 中的 Twitter 框架整合了 Accounts 框架以提供身份认证功能。到目前为止，Twitter 只支持 iOS 5 的第三方认证系统，所以我们只能在运行 iOS 5 的设备上使用 Twitter 特性。

1.2.6 iOS 5 的其他特性

除了前面所讲述的几个重要特性以外，iOS 5 还包括了一些其他特性。

1. 提醒

提醒应用程序是一个很实用的小工具，类似于任务清单，可以方便灵活地提供根据时间和地点的日程提醒。

我们在使用地点作为提醒的时候，可以设置一个指定的地点，进而可以设置到达某地或离开某地。然后，手机会通过 GPS 功能，就像汽车的导航系统一样，在设备位置符合指定地点条件的时候弹出提醒。举例来说，比如你想买一些电池，设定了一个超市的位置提醒，当我们路过该超市的时候，iPhone 就会发出一个购买电池的提醒。

需要说明的是，提醒功能被完美地集成到 iOS 5 平台之中，它可以被其他应用程序所调用，比如 Apple iCal、Microsoft Outlook 和 iCloud。当我们修改提醒信息的时候，这些应用中的数据也会相应改变。

图 1-1 展示了提醒程序中的 3 张截图。第一张是事件提醒的列表页；第二张是在添加提醒时，可以选择按照日期还是位置提醒；第三张是在 iPhone 界面的中心位置显示一个弹出提醒。

○ 虽然在国内还不能使用Twitter，但是这里有必要简单介绍一下。

图 1-1　提醒应用程序的界面

2．通告中心

通告在 iPhone 设备中扮演着一个非常重要的角色。当我们收到新邮件和短消息时，当我

们想查看天气情况时，都可以通过通告中心来获取这些信息。调出通告中心的方法也很有意思，将手指放在屏幕顶端向下划动一段距离后，通告中心界面就会由上到下被显示出来，如图 1-2 所示。

如果我们在通告中心中接收到一个短信息，则可以直接点击这个信息进入 iMessage 应用程序，进行具体的操作。

3．报刊杂志

报刊杂志是 iOS 5 新发布的应用程序，用户可以通过它订阅杂志和报纸。与 iBooks 应用程序不一样，iBooks 只能接受扩展名为 epub 或其他一些简单格式的文本文件（PDF），而在报刊杂志中，开发者需要通过创建 iOS 应用程序来完成杂志或报纸的发布。

图 1-2　通告中心被调出后的界面

为了可以使用这个新特性，我们需要在项目中添加 Newsstand Kit 框架，并且需要在项目中进行一些简单的设置，以便 iOS 平台认可该应用程序为一个杂志或报纸。

最新版本 iOS 操作系统的采用率还是非常喜人的，并且大幅度领先于业内同行。在 2012 年 6 月的 WWDC 大会上，苹果公布了 iOS 5 占整个 iOS 系统的采用率，并且与 Android 进行了对比，如图 1-3 所示。从展示的结果很容易看出苹果存在的巨大优势。其实在多年以前，iPhone OS 3.0 发布的时候，iOS 系统在 iPod Touch 上面的安装率并不是很高，因为需要 10 美元的升级费。后来苹果将 iOS 系统升级改成了免费，使其安装率得以大幅上升。当苹果发布 iOS 4 的时候，设备安装率在一开始又变得很缓慢，这是因为新系统安装在

iPhone 3G 和 iPhone 第一代手机上会有很多问题,而且在这些手机上还不能使用多任务。

对于 iOS 5,它的采用率要比前两个版本快很多。一个原因是 iOS 5 可以免费安装到所有的 iOS 设备上,另一个原因是 iOS 5 安装到旧设备(iPhone 3GS 以上)上运行速度不会很慢。对于最终用户,像消息通知、iTunes 无线同步和 iMessage 这样杀手级的特色功能足以加快 iOS 5 的采用率。

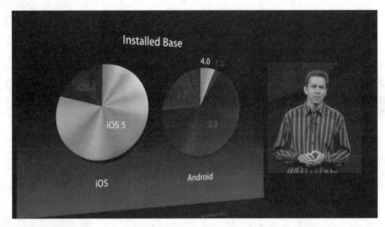

图 1-3　2012 年 6 月 WWDC 上公布的 iOS 和 Android 最新版本的安装率

1.2.7　iOS 6 的新特性

在北京时间 2012 年 9 月 20 日的凌晨 1:00,苹果开放了 iOS 6 正式版的下载。根据更新文档的显示,本次更新包含了超过 200 项新功能,其中重要更新包括如下:

❑ 首次放弃谷歌地图,推出自有地图。在中国,苹果地图接入的是高德地图数据。

❑ Siri 支持中文(普通话、粤语、闽南语)。

❑ App Store 改版,App Store 和 iTunes Store 融入 Facebook 中的"赞"社交元素。

❑ Passbook 正式上线,瞄准 O2O[⊖] 市场。目前中国已有一些优惠券开发商接入这一功能。

❑ 深度整合 Facebook。当我们在设置应用程序中登录 Facebook 以后,就可以从照片、Safari、地图、App Store、iTunes、Game Center、通知中心和 Siri 中直接发布信息。

❑ 支持通过 3G 网络使用 FaceTime。iPhone 5、iPhone 4S 和 The new iPad WLAN+ Cellular 支持通过蜂窝移动网络进行 FaceTime 通话。

针对中国内地市场,iOS 6 也添加了一些定制的功能,主要包括:

❑ Safari 浏览器新增百度网页搜索,用户可在 Safari 浏览器中进行默认搜索的设置。

❑ 集成新浪微博。

❑ 内置 QQ 邮箱、126 和 163 网易邮箱。

⊖ O2O 即 Online To Offline,就是将线下商务的机会与互联网结合在了一起,让互联网成为线下交易的前台。中团网是国内 O2O 模式电子商务开创者的"鼻祖"。

❑ 可以将视频共享到优酷和土豆网。

❑ 改进了手写和拼音输入法。

iPhone 3GS 及之后的产品，iPad 2 及之后的产品，以及 iPod Touch 4 代和 iPod Touch 5 代产品都支持 iOS 6 的更新。

1.3　iOS 设备的相关介绍

1.3.1　各种 iOS 设备

iOS 设备目前包括 iPhone、iPod Touch、iPad 和 Apple TV[⊖]。但是现在我们还不能为 Apple TV 开发专门的应用程序。因为本书主要讲解的是基于 iPhone 应用程序的开发，所以实战的项目也是基于 iPhone 设备的。

对 iPhone 本身，笔者就不用过多介绍了，现在市面上的主要型号有 iPhone 3GS、iPhone 4、iPhone 4S 和 2012 年 9 月最新发布的 iPhone 5。其中，从 iPhone 3GS 到 iPhone 4 的换代，不管是在硬件方面还是在性能方面都有了非常明显的提升。iPhone 4 首次使用了 Retina 显示技术，使得屏幕的分辨率达到了人类肉眼能够分辨的极限。芯片的性能和内存的容量也有了很大的提升。

iPhone 5 是苹果最新推出的手机产品。在外观方面，除了宽度没有变化以外，高度增加到了 123.8 毫米，而厚度减少到了 7.6 毫米，重量也减少到了 112 克（iPhone 4S 的重量是 140 克）。从视觉角度来说，iPhone 4S 到 iPhone 5 最大的变化就是屏幕由 3.5 英寸变为 4 英寸，这也直接导致了屏幕分辨率由 960×640 像素增加到了 1136×640 像素。在网络方面，iPhone 5 增加了对 LTE[⊖] 网络的支持。在性能方面，iPhone 5 使用了 A6 芯片，这种芯片在 CPU 和图形处理性能上都强于 A5 处理芯片 2 倍以上，而且耗电量还不是很高。图 1-4 展示了苹果的 iPhone 5、iPhone 4S 和 iPhone 4 产品。

图 1-4　从左到右分别为 iPhone 5、iPhone 4S 和 iPhone 4

⊖ 本书后面提到的 iOS 设备均不包含 Apple TV。

⊖ LTE 是英文 Long Term Evolution 的缩写。LTE 也被俗称为 3.9G，具有 100Mbps 的数据下载能力，被视作从 3G 向 4G 演进的主流技术。

iPod Touch 到目前为止也更新到了第 5 代。同 iPhone 5 一样，它也使用了 4 英寸 Retina 显示屏，也具有 Siri 功能，但使用的是 A5 芯片和 500 万像素摄像头（iPhone 5 使用 A6 芯片和 800 万像素摄像头）。

iPad 到目前为止已经发展到了第 4 代。与 iPad 2 相比，第 4 代 iPad 使用了 A6X 芯片（iPad 2 使用的是 A5 芯片，The new iPad 使用的是 A5X 芯片），通过 Retina 显示技术使分辨率达到了 2 048×1 536 像素，相当于每英寸 264 像素（264ppi），这一指标在目前全球所有平板产品中无人能敌。

1.3.2 iOS 设备的显示分辨率

不同的 iOS 设备具有不同的显示分辨率，详细信息如表 1-1 所示。相信大家可能马上会想到：不同设备的不同分辨率是否会给应用程序的开发带来麻烦呢？其实，iOS 使用了一种简单的方法避免了这种麻烦。对于 iPhone 产品的显示屏，定义其屏幕大小为 320×480 点。注意，这里我们称之为"点"而不是"像素"，主要的原因是 iPhone 4 及以后的产品采用了 Retina 技术，分辨率为 640×960 像素，而 iPhone 3GS 及以前的显示屏分辨率为 320×480 像素。因此 iOS 使用了一个叫比例因子的东西，这意味着不管是哪种显示屏，我们总是可以定位 320×480 个位置。比如在 iPhone 4 设备上，这个比例因子就是 2，实际分辨率为（320 点×2）×（480 点×2）像素，也就相当于 1 点等于 2 像素。在编写程序的时候，我们只能使用"点"来定位控件在屏幕上的位置，无法通过"像素"来进行界面元素的定位。最重要的一点就是，这个比例因子的值是不需要我们在开发时定义的，iOS 会自动设置相应设备的比例因子。

表 1-1 不同 iOS 设备显示屏的点、比例因子和实际像素值

设备名称	点	比例因子	实际像素值
iPhone 3GS 及以前	320×480	1	320×480
iPod Touch 3 及以前	320×480	1	320×480
iPhone 4 及以后	320×480	2	640×960
iPhone 5	320×568	2	640×1 136
iPod Touch 4 及以后	320×480	2	640×960
iPad 1、iPad 2	1 024×768	1	1 024×768
The new iPad 及以后	1 024×768	2	2 048×1 536

另外，iOS 设备的屏幕上只能显示当前运行的应用程序，而且只能打开一个窗口，我们可以在这个窗口中设置显示的内容。这和 Windows 或 Mac OS X 操作系统可以打开多个窗口的特性有所区别。虽然 iPhone 的屏幕尺寸不大，但是我们可以利用 iOS 开发工具所提供的各种控件来进行合理的布局，做出令人满意的应用，毕竟 iPhone 是一个可以放进口袋的手机，便携性决定了它不能被设计得太大。

1.3.3　iOS 应用程序与硬件的关系

想要开发完美的 iOS 应用程序，首先要清楚 iPhone 设备的性能。如果应用程序在 iPhone 上面跑起来如老牛拉慢车一样，即便有再好的创意也很难吸引用户来购买。

对于台式机和笔记本，我们往往会关注它们的处理器速度，而且总是希望越快越好。同样，iOS 设备的处理器也经历了由低到高的发展阶段。第一代 iPhone 使用了 400 Hz ARM 处理器，而最新的 iPhone 5 则使用了双核 1.2 GHz A6 处理器。这里的"A"代表"系统集成芯片"，它包括了 CPU、GPU 及其他设备功能。相信这款由苹果自己设计的"A"系列处理器芯片今后会在很长一段时间内被沿用。要注意的是，CPU 性能的提高为我们开发更加复杂的应用程序提供了良好的硬件保证，但是我们同样需要对算法进行优化，否则会严重影响电池的续航能力。

虽然苹果非常重视用户的体验，但是多任务处理这一用户呼声相当高的功能，一直到 iOS 4 时才出现。从 iOS 4 开始，苹果创建了一套比较有限的用于多任务处理的 API 来应对一些特殊的情况，这样我们就可以让应用程序在后台继续运行。需要注意的是，iPhone 3G 虽然可以成功升级到 iOS 4 版本，但不能使用多任务功能。

另一个需要开发者注意的是可用内存。第一代 iPhone 只有 128 MB 的可用内存，它要负责整个系统和应用程序的运行。因为没有虚拟内存，所以在开发应用程序时要特别注意性能的优化，比如尽量避免创建无用的对象、及时销毁内存中不再使用的对象、优化算法等。幸运的是，最新型号的 iPhone 5 和 The new iPad 都提供了 1 GB 容量的内存（RAM），这对开发者来说是一件好事，但同时也要注意不能随意"挥霍"这些宝贵的内存空间。

1.3.4　iPhone 的网络连接

iOS 设备中只有 iPhone 系列产品、带 3G 功能的 iPad 2 和带 LTE 的 The new iPad 可以通过蜂窝网络随时随地接入互联网，但需要确保该位置可以搜索到移动公司的网络信号。除此以外，所有的 iOS 设备均内置了 Wi-Fi 和蓝牙。Wi-Fi 能够通过各种无线热点 ⊖ 接入，从而达到桌面级的互联网接入速度。蓝牙功能在一般情况下可用于 iPhone 与各种外围设备的连接，比如具有蓝牙功能的键盘和音箱等。

作为 iOS 开发者，我们可以在 iPhone 上通过接入互联网来更新应用程序的内容，显示网页，或者创建多人游戏。需要注意的是，有些用户还不知道如何用最省钱的方式接入互联网，比如在有免费的 Wi-Fi 热点区域却使用蜂窝网络，甚至在外省市或国外还开着蜂窝网络等，这样往往会造成不必要的经济损失。因此在开发基于互联网应用时，一定要给用户以良好的体验，比如告知用户该应用将消耗手机的流量，在应用程序需要较大的网络流量时推荐用户接入 Wi-Fi 网络再访问等。如果在用户不知情的情况下，运行某个应用程序花掉令人吃惊的手机费，他一定会第一时间删除此应用并在 App Store 上毫不留情地对该应用程序给出

⊖　一般的无线热点设备包括无线路由器、3G无限路由器、无限AP和带有无线热点功能的手机。

差评，还会写上一些让其他人也不敢购买的评价语。

1.3.5　iPhone 的输入与反馈机制

iOS 设备的输入和反馈机制设计得相当精彩，以至于使用者可以轻松地在屏幕上进行各种输入操作。比如通过屏幕上的多点触摸功能来获取各种用户输入的信息（iPad 上有多达 11 个手指的数据读取），通过三维陀螺仪和重力加速器获取移动、倾斜和转向的信息（iPhone 4、iPod Touch 4、iPad 及以后的产品），通过 GPS 获取当前的地理位置，通过前后摄像头可以与远方的好友视频通话（FaceTime 功能）。总之，iOS 提供的这些功能让我们觉得 iPhone 不仅仅是一部手机，还是一个终端、一个工具、一个游戏机……

iOS 所提供的前后摄像头可以用于照相和摄像（iPhone、iPad 2 及以后的产品），并可以在应用程序中直接被调用以完成各种个性化的操作。尤其到了 iPhone 4 时代，它的后置摄像头精度达到 500 万像素，而 iPhone 4S 更是达到了 800 万像素。虽然现在有些其他品牌手机的摄像头已经达到了 1 000 万像素，但是比较一下成像效果，你就会清楚哪个更好。在 2011 年 10 月的苹果大会上（乔布斯去世前的那一次），iPhone 4S 用数据证明了它的相机打开速度是最快的，从而保证了用户不会因为打开相机时间过长而错过记录下美好的瞬间。

最终，我们在应用程序中的任何交互操作都可以得到相应的反馈。最直接的当属通过屏幕显示反馈信息。苹果部分 iOS 设备使用了一种名为 Retina（视网膜）屏幕的显示技术。Retina 屏幕是一种具备超高像素密度的液晶屏，它可以将 960×640 像素的分辨率压缩到一个 3.5 英寸的显示屏内，也就是说，该屏幕的像素密度达到 326 像素 / 英寸。苹果最新发布的 iPhone 5 还使用了 4 英寸屏幕，分辨率达到了 1 136×640 像素。2012 年 3 月，苹果发布了全新 iPad 设备——The new iPad，它的分辨率达到了 2 048×1 536 像素，超过了现在的高清设备（1 920×1 080 像素）。使用者可以充分享受在一块 9.7 英寸屏幕上呈现 310 万像素的颜色所带来的视觉盛宴。

当然 iOS 设备（只有 iPhone 设备）还可以通过声音和震动达到反馈效果，比如"植物大战僵尸"中火爆辣椒爆炸时会有震动的效果。作为一名开发者，也可以在这方面多想出一些好点子。

通过上面的介绍，我们可以看出 iOS 平台封装了如此多的好东西，这是以前任何一个移动终端设备所不具备的。因此，我们一定要充分利用好这些资源，那么目标就离我们不远了。

1.4　成为一名 iOS 开发者

要想成为 iOS 开发者，最基本的要求就是静下心来创意、组织逻辑和编写程序。

在硬件方面，我们需要一台当下比较流行的 Intel 架构的 Mac 台式机或笔记本，操作系统可以是 Snow Leopard、Lion 或 Mountain Lion，以及至少 6 GB 的硬盘空间。显示器的分辨率越大越好，以达到最好的开发效果。从 Lion 操作系统开始，可以让 Xcode 开发环境运行在全屏模式下，这为开发者带来非常好的开发体验。一般，一台 13 寸的 MacBook Air 就可以满足开发的需要，而且不需要再外接单独的显示器。

只要我们具备了一台 Mac 计算机，就可以进行应用程序开发了。

1.4.1 注册成为 Apple Developer

只有在苹果网站上免费注册成为 Apple Developer（苹果开发者），才能够下载 iOS SDK，进而才可以编写 iOS 应用程序并在 iOS 模拟器中运行。

免费的苹果程序开发者身份是有很多限制的。要想比别人更早地获得最新版本的 iOS 系统和 iOS SDK 的 beta 版本，就需要加入 iOS 开发者计划成为付费会员。如果要将编写的应用程序上传到真正的 iOS 设备上测试运行或者上传到 App Store 进行销售，也需要成为付费会员。本书所涉及的大部分程序都可以很好地运行在 iOS 模拟器之中，因此是否加入 iOS 开发者计划，一定要考虑清楚。

注意 现在可能并不确定是否要加入 iOS 开发者计划。所以笔者推荐先使用免费会员身份进行应用程序的开发，并在 iOS 模拟器中运行调试。当到了需要在真机上调试的阶段再付费升级。

但是，如果要开发基于三维陀螺仪、重力加速器、GPS 定位等类型的应用程序，就必须上传到真机测试，因为这些功能是无法在 iOS 模拟器上测试的。

在加入了 iOS 开发者计划以后，苹果会为 iOS 开发者计划提供两个级别：一个是标准开发计划（每年费用为 99 美元），我们可以将创建的应用程序发布到 App Store；另一个是企业开发计划（每年费用为 299 美元），如果一个企业有超过 500 个员工，并且随时想发布自己开发的应用程序到 iOS 设备上面却不通过 App Store，那就可以升级为企业开发计划。在一般情况下，绝大多数付费会员都加入标准开发计划。

注意 标准开发计划在注册时也有两种选择：公司和个人。如果开发的应用程序将来以公司的名义上传到 App Store，则需要注册为公司，否则可以选择个人。

如何成功注册为 Apple Developer 呢？下面就简要介绍一下这个过程。

不管是注册为免费会员还是付费会员，首先都要登录苹果的 iOS 开发中心（http://developer.apple.com/ios）注册成为一名 Apple Developer，如图 1-5 所示。如果已经注册过用于 iTunes App Store 或 iCloud 等的 Apple ID 账号，也可以直接使用这个 Apple ID 作为开发者账号，否则需要进入注册页面，申请注册一个用于应用程序开发的 Apple ID 账号。

在图 1-5 中点击 iOS 开发中心页面右上角的 Register 链接进行注册。在注册的过程中，首先会要求选择是创建一个新的 Apple ID 还是使用一个已有的 Apple ID，如图 1-6 所示。

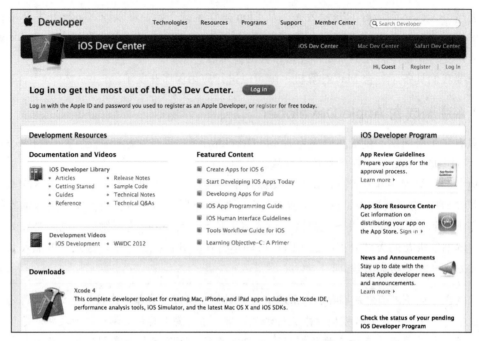

图 1-5   在 iOS 开发中心页面注册和登录开发者账号

图 1-6   选择是创建一个新的 Apple ID 开发账号还是使用已有的 Apple ID

注册过程会通过向导方式一步一步地指引 Apple ID 的创建，在这期间苹果网站会收集关于开发者的一些信息，如出生年月、单位、住址、邮编等，如图 1-7 所示。建议如实填写这些信息，如果将来开发者的应用程序大卖，那么相关的销售单据会发送到注册时填写的地址。

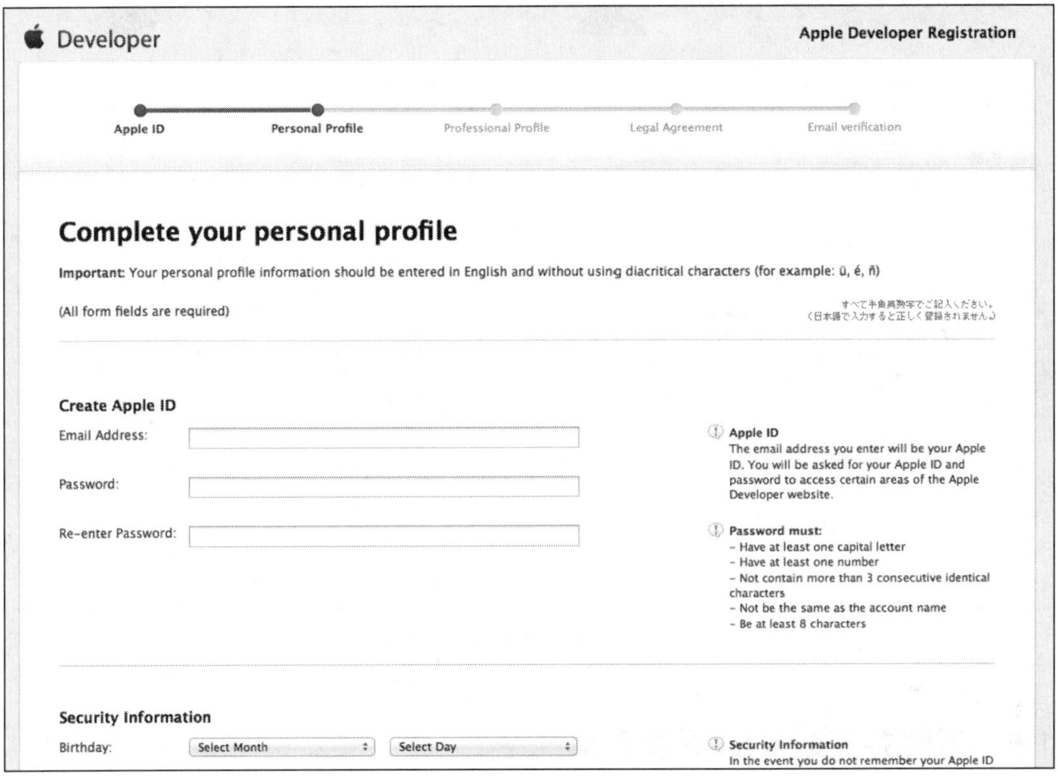

图 1-7　开发者需填写的各种个人相关信息

如果选择创建一个新的 Apple ID，在注册的最后一步需要进行电子邮件验证。只有通过验证，申请的 Apple ID 才有效。

1.4.2　加入 iOS 开发者计划

成功注册并激活 Apple ID 以后，就可以考虑是否加入 iOS 开发者计划（iOS Developer Program）。如果加入，就需要在 iOS 开发者计划页面（http://developer.apple.com/programs/ios/）点击 Enroll Now（加入）链接，在阅读一段介绍性文字后，开始进入付费计划的升级过程。

在升级付费计划的过程中，有一步是选择以个人身份还是公司身份加入，如图 1-8 所示。

与苹果开发者身份不同，加入 iOS 开发者计划以后并不会马上生效。一般在递交申请后的一个星期左右，账号关联的信用卡被扣除费用后才正式生效，而且苹果会通过电子邮件的方式通知用户已经加入了 iOS 开发者计划。

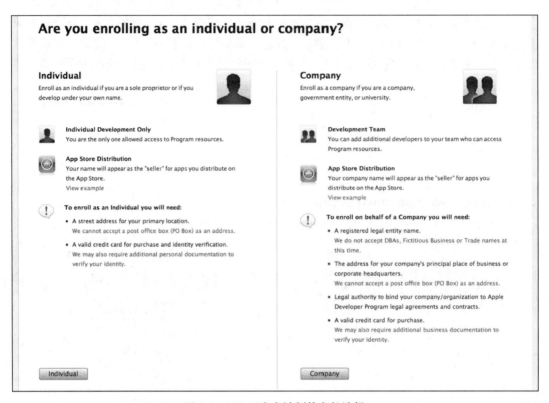

图 1-8　iOS 开发者计划的身份选择

1.5　下载并安装 iOS 开发工具

　　iOS SDK 是一套功能强大的软件开发工具包，我们在注册成为 Apple Developer 以后就可以从苹果网站上免费下载并安装使用它。软件包中最重要的当属用于应用程序开发的 Xcode 软件，其最新版本为 4.6.1。本书的实战是基于 Xcode 4.5.2 完成的。Xcode 是一个集成开发环境（Xcode IDE），它集程序代码编写、用户界面搭建和程序调试功能于一身。除 Xcode 以外，iOS SDK 还包括 iOS 模拟器和 Instruments 等重要开发工具，其中，iOS 模拟器会在后面做详细介绍。

　　对于使用 Lion 及其以后版本的 Mac 用户，下载 iOS 开发工具是一件非常简单的事情。打开系统中的 Mac App Store[⊖]，搜索 Xcode，然后立即安装即可，如图 1-9 所示。似乎苹果有意让用户将 Mac App Store 使用起来，即便是一个 1.35 GB 大小的安装文件，Lion 操作系统的用户也只能通过在线方式进行安装。如果是 Snow Leopard 操作系统，就可以在 iOS 开发中心页面中直接下载 iOS 开发工具。

　　⊖　Mac App Store为Mac的应用商店，可以在Dock工具栏中或Application文件夹中找到。

图 1-9　从 Mac App Store 下载最新版本的 Xcode

注意　升级为付费会员以后，登录到 iOS 开发中心，还可能会看到另外一个 SDK 链接（如最新的 iOS SDK 的 beta 版本），如图 1-10 所示。这是苹果即将发布软件的测试版本，供有兴趣的开发者下载使用。

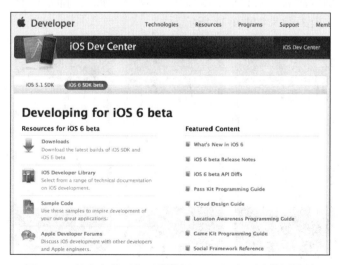

图 1-10　付费会员可以下载最新 SDK 开发工具的测试版

在完成下载后，要么得到一个镜像文件（在 iOS 开发中心页面直接下载的用于 Snow Leopard 的 Xcode），要么打开了一个 Xcode 安装程序（在 App Store 下载的用于 Lion 的 Xcode）。在 Snow Leopard 系统中打开镜像文件，找到安装程序并运行。在此过程中并不需要修改任何配置选项，只要阅读和同意 Xcode 的许可协议并点击 Continue 按钮完成安装即可。

安装好的 iOS SDK 开发工具包括以下几个重要组件。

❑ Xcode：Xcode 集成开发环境是一个"明星级"的工具软件套装。使用 Xcode 可以创建和管理程序项目，编写和调试程序代码，设计用户界面，建立程序的数据模型，编写和运行单元测试，以及构建和打包应用程序。这也是本书所讲的绝对重点内容。同时，在 Xcode 内部会自动调用其他开发工具，比如 Instruments 和 iOS 模拟器。

❑ iOS 模拟器：并不是所有的 iOS 开发者都有能够用于开发测试的 iOS 设备，以及愿意花费 99 美元的年费成为付费会员。因此 iOS 模拟器（前身为 iPhone 模拟器）为这两个问题提供了解决方案，它不仅可以模拟 iPhone 和 iPhone Retina 设备，而且可以模拟 iPad 设备。虽然 iOS 模拟器功能强大，但是对于摄像头、三维陀螺仪、重力加速器等依托于硬件设备的操作是无能为力的。我们会在后面的章节中对模拟器进行详细介绍。

❑ Instruments：它是苹果的程序配置及性能分析工具。通过它对应用程序的监控，可以有效地改善应用程序的执行效能和防止内存溢出等问题。有关它的使用不在本书涉及的范围之内。

当然，SDK 中还有一些其他工具，但是并不常用，所以本书不涉及这方面内容。

1.6 本书实战项目简介

从第 2 章开始，我们会带领大家开发 MyDiary 应用程序项目。简单来说，该应用程序为使用者提供日志记录的功能，还提供了添加日志的媒体资源的功能，包括添加文本、照片和音频等。应用程序的运行效果如图 1-11 所示。

图 1-11　MyDiary 应用程序中的日记、定位、作者介绍功能

第 2 章

认识 Xcode 4

本章内容

在 2010 年 6 月的 WWDC⊖ 大会上，苹果官方宣布了全新升级的 iOS 开发工具 Xcode 4。到了 2012 年 11 月，苹果已经将其发行版本升级到了 Xcode 4.5，并且使加入 iOS 开发者计划的用户可以在自己的账户中下载到 Xcode 4.6 的开发者预览版。

与 Xcode 3 相比，Xcode 4 可以说具有里程碑式的意义。它完全重写了 IDE（Integrated Development Environment，集成开发环境），其新特性包括单窗口编辑、导航栏、集成 Interface Builder、集成 Git 版本控制和产品配置方案（Schemes，配置和共享产品的构建设置的一种方法）等。

Xcode 4 的改变不仅仅停留在界面和开发者的使用体验上面，从 4.0 版本开始，苹果使用了 LLVM 3.0 编译器（从 Xcode 4.4 开始使用 LLVM 4.0 编译器）来代替之前的 LLVM-GCC 编译器。LLVM 3.0 编译器使用了 Clang⊖ 作为前端，这使得代码的自动完成功能更加流畅自然。与之前的 LLVM-GCC 编辑器相比，LLVM 3.0 编译器在程序代码的编译和调试速度方面也有相当大的提升。

从本章开始，我们就要创建一个贯穿本书始终的应用程序项目：MyDiary。该应用程序最主要的功能是可以供使用者记录不同类型的日记（包括文本、照片和音频）。除此以外，我们还会创建一些附属功能，比如设备位置定位、屏幕旋转等。

本章主要向大家介绍 Xcode 4.5 IDE 的使用方法，iOS 模拟器的使用方法，内置的版本控制系统和产品配置方案，通过项目配置选项来设置应用程序的图标和启动画面，最后介绍 Organizer 的相关知识。

在第 1 章中，我们已经成功下载并安装了 Xcode 4.5，现在可以启动它创建 MyDiary 应用程序项目了。

2.1 Xcode 的欢迎界面

在 Application 文件夹中找到 Xcode 图标并双击运行，或者通过 Spotlight 搜索"Xcode"关键字，该应用程序会出现在搜索列表的最上方。

在 Xcode 运行以后，我们首先会看到一个欢迎界面，如图 2-1 所示。在欢迎界面中，我们可以创建一个新的运行于 Mac、iPhone 或 iPad 设备的应用程序项目（Create a new Xcode project）；连接到一个"仓库"，通过 Xcode 内置的版本控制功能导入仓库中的项目代码，从而可以在本地继续进行程序代码的编写（Connect to a repository）；也可以打开 Xcode 和 iOS 相关的开发帮助文档（Learn about using Xcode），以及快速登录到 iOS 开发中心页面（Go to Apple's developer portal）。

Xcode 欢迎界面的右侧显示的是最近打开的应用程序项目，点击相应的项目以后便在 Xcode IDE 中打开此项目。如果需要打开的项目没有出现在欢迎界面右侧列表中，可以点击欢迎界面最下方的 Open Other 按钮，再选择本地的项目文件即可。如果下次运行 Xcode 时不希望看到这个欢迎界面，可以将 Open Other 按钮右侧的 Show this window when Xcode launches 复选框中的勾选去掉。

⊖ WWDC 为苹果电脑全球研发者大会（Apple Worldwide Developers Conference）的简称，该大会每年定期由苹果公司（Apple Inc.）在美国举行。大会主要目的是向研发者们展示最新的软件技术和硬件产品。

⊖ Clang 是苹果公司开发的 C、C++、Objective-C 语言的轻量级编译器。

图 2-1　Xcode 欢迎界面

注意　如果将 iPhone、iPad 或 iPod Touch 设备首次连接到用于开发的 Mac 电脑上，可能会看到一个是否使用该 iOS 设备进行应用程序开发的消息，点击 Ignore 按钮跳过此步骤。否则，会显示 Organizer 窗口并同步这个用于开发的设备。需要注意的是，要想在真机上面测试应用程序项目，必须加入苹果的 iOS 开发者计划。

2.2　使用模板创建 MyDiary 项目

在这部分的学习中，我们将创建 iPhone 应用程序项目 MyDiary。

步骤 1　点击欢迎界面中的 Create a new Xcode project。此时 Xcode 中会出现项目模板对话框。

步骤 2　选择 Single View Application 模板，如图 2-2 所示。该模板只提供一个用于显示的视图和管理这个视图的控制器。除此以外，还包含了一个应用程序委托类型（UI Application Delegate）的对象，它用于响应一些系统事件，比如应用程序的启动，进入后台和程序终止退出。

步骤 3　点击 Next 按钮后，模板会引导我们输入应用程序项目名称。

步骤 4　设置 Product Name 为 MyDiary。设置 Organization Name 为自己的名字，也可以设置为组织机构或单位的名称。填写 Company Identifier 为 cn.project，它作为应用程序提交到 App Store 时的标识。Bundle Identifier 此时会变成 Company Identifier 加 Product Name 的组合。Class Prefix 用于为模板所创建的类添加前缀，这里默认即可。选择 Devices 为 iPhone，代表我们的应用程序项目是专门为 iPhone（包含 iPod Touch）设备开发的。勾选 Use Storyboards 和 Use Automatic Reference Counting 复选框，这两个都是 Xcode 4 的新特性，如图 2-3 所示。点击 Next 按钮进入下一步。

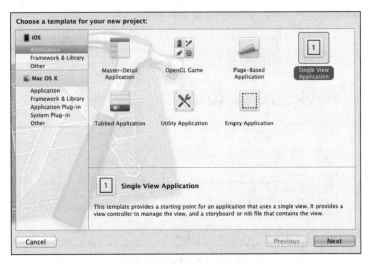

图 2-2　在模板对话框中选择创建的项目类型

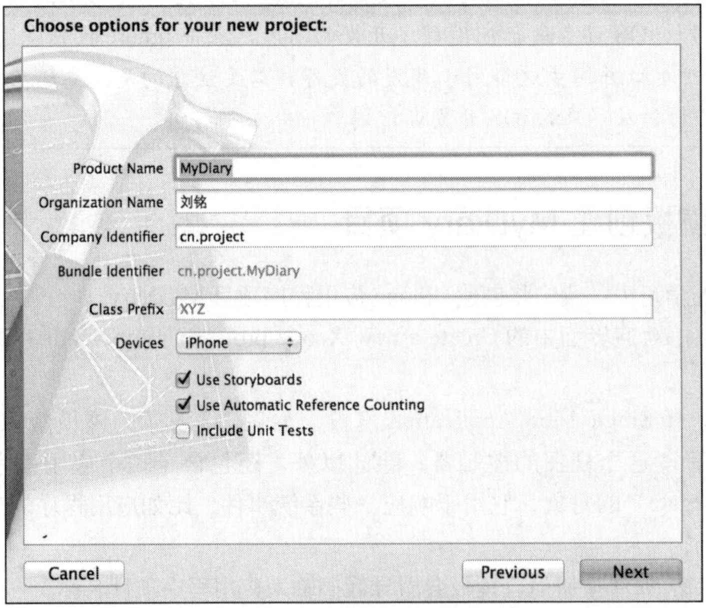

图 2-3　项目选项对话框

步骤 5　接下来会询问我们保存项目的本地位置。我们可以将它保存到任意的位置上。

步骤 6　我们还会注意到在项目保存对话框中，有一个 Create local git repository for this project 的选项。当我们希望创建一个本地仓库的时候可以勾选此项，在默认情况下它是未勾选的。如果是一个团队在进行多人项目开发，可以使用该功能。

步骤 7　点击 Create 按钮创建 MyDiary 项目。

2.3　Xcode 的工作界面

创建好项目以后，我们就会看到 Xcode 的工作界面。乍一看，Xcode 4.5 与 iTunes 的界面非常相似。最上方是工具栏，其下方分别显示有导航区域、编辑区域、调试区域和通用区域四部分，如图 2-4 所示。其实 Xcode 工作界面的每个区域还有更细致的划分，在接下来的内容中我们会针对每个区域进行详细的介绍。

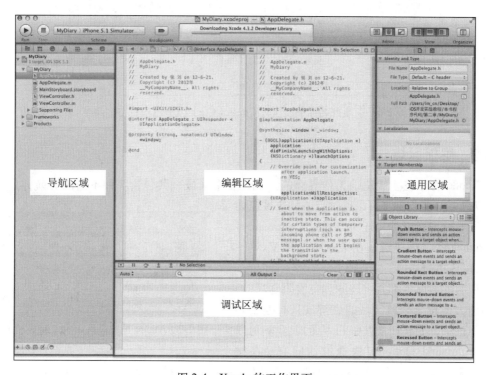

图 2-4　Xcode 的工作界面

2.3.1　Xcode 工具栏

Xcode 工具栏中所呈现的 Run/Stop 按钮与 iTunes 中的 Play/Stop 按钮很像，如图 2-5 所示。其右侧的产品配置方案（Schemes）中包含了构建配置选择器，后面还有一个与 iTunes 相似的 LED 效果信息窗。虽然，Xcode 整个工具栏所呈现的按钮数量远远少于其他 IDE 开发工具，但是这并不会让开发者在使用时感觉不便。苹果化繁至简的理念贯穿其所有的软硬件产品，花费的心思可见一斑。

图 2-5　Xcode 工具栏

这里还要向大家介绍一个小技巧，当我们在工具栏顶端的项目名称上使用鼠标执行 Control-Click[⊖] 操作时，可以看到本项目在磁盘存储位置的路径列表快捷菜单，如图 2-6 所示。当选择其中某项时，Finder 就会自动打开相应的路径。

图 2-6 在项目名称上面执行 Control-Click 以调出项目路径菜单

2.3.2 导航区域

Xcode 的导航区域位于工作界面的左侧，整个区域一共包含 7 种不同的导航方式，如图 2-7 所示。我们除了可以通过点击相应按钮切换不同导航方式以外，还可以通过 Command+1 至 Command+7 快捷键或在菜单中选择 View → Navigators 进行切换。

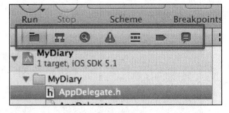

图 2-7 Xcode 导航区域中的 7 种导航方式

所有的导航器都具有过滤和范围限定功能，该功能大多位于导航区域的底部（只有搜索导航位于顶部，导航切换按钮的下面）。我们可以通过 Command+Option+J 快捷键访问它。在按下该快捷键以后，编辑光标就会出现在过滤框之中，而且该快捷键适用于所有导航方式。

说明 由于 Xcode 3 中的 Smart Group（智能分组）功能并不实用，在 Xcode 4 以后就将该功能取消了。但是当我们在 Xcode 4 中打开具有 Smart Group 的项目时，Smart Group 功能并不会被移除。这样在 Xcode 3 中再次打开该项目，仍然可以看到 Smart Group。

1. 项目导航器

项目导航器（Project Navigator）会显示项目的所有内容，通过树型结构，将一些相关的文件组织到类似于文件夹的组之中，它相当于 Xcode 3 中的 Groups and Files 视图。从名称就可以猜到，项目导航器可以帮助我们快速定位源代码文件、框架文件和项目目标。项目导航器中还提供源代码控制状态显示。也就是说，在版本控制状态下，当我们增加文件到项目中

⊖ Control-Click是指按住Control键并点击鼠标左键的操作，也就是实现点击鼠标右键的功能。

时，它们都会被自动增加到代码控制仓库中，同时我们也可以从代码控制仓库中更新开发者删改的项目文件，如图 2-8 所示。

被修改的文件
可以更新到代码仓库

项目导航器中的
过滤和范围限定

图 2-8　项目导航器中的代码控制和过滤功能

一般情况下，我们在 Xcode 工作区中只会打开一个项目，其实在 Xcode 工作区中也可以同时打开多个项目。此时，工作平台保存文件的扩展名为 xcworkspace，它包括对一个或多个项目文件的引用。之所以提供这样的功能，是因为有时开发者会同时在不同平台开发同一个项目，比如同时开发 MyDiary 项目的 iOS 版本和 Mac 版本，在本书中我们不会创建这样的工作平台。多项目的导航视图如图 2-9 所示。

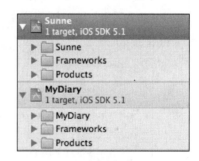

要创建一个新组（Group），我们可以在项目导航器中通过执行 Control-Click 选择一个现存的节点，然后在快捷菜单中选择 New Group。我们还可以通过拖曳方式将文件移出或移入某个组。但是需要说明的是，在项目导航器的组中移动文件是不会改变本地磁盘中文件的存储位置的。

图 2-9　项目导航器中的多项目

要想删除一个文件，我们只要选择该文件后按键盘上的 delete 键即可。此时，Xcode 会询问是要删除本地磁盘中真正的文件，还是只删除在项目导航器中的引用。删除一个组的操作与文件相同，不过删除一个组，就会删除组中的一切文件。

虽然我们可以在项目导航器中随意创建任意数量的组，但是有三个组是在应用程序创建的时候就已经存在的。第一个是项目组，它与我们创建的项目名称相同，而且所有的代码文件和资源都包含在这里。第二个是框架（Frameworks）组，其中包含了项目中用到的代码库。第三个是产品（Products）组，它包含了真正的 iOS 应用程序。

在项目导航器的最下方有一组图标。通过这组图标我们可以过滤需要显示在项目导航器中的内容，如图 2-10 所示。其中，通过第一个增加新文件的按钮，我们不仅可以为项目创建一个新的文件，还可以将其他位置的文件添加到当前项目中来。

2．符号导航器

通过 Command+2 快捷键可以跳转到符号导航器（Symbol Navigator）。符号导航器可以帮助我们方便快捷地定位项目中

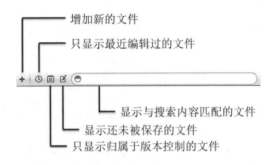

图 2-10　项目导航器最下方的图标按钮功能

的某个类、方法或属性。因为在 Xcode 4.5 中的 LLVM 编译器使用了 Clang 作为前端，所以在符号导航器中浏览类、方法和属性的速度要快很多。

3．搜索导航器

除了使用 Command+3 快捷键切换到搜索导航器（Search Navigator）以外，我们还可以使用 Command+Shift+F 快捷键快速进入搜索功能。搜索导航器可以帮助我们在指定的范围内搜索指定的内容，搜索结果将会显示在其下方的区域中，如图 2-11 所示。

点击搜索框中的放大镜，然后选择 Show Find Option 可以为搜索指定一个范围，如图 2-12 所示。

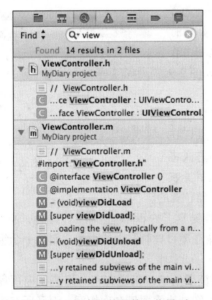

图 2-11　搜索导航器的工作界面

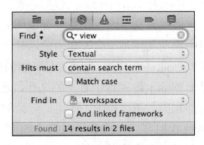

图 2-12　搜索范围限定

4．问题导航器

当我们构建项目的时候，编译器所产生的警告、错误消息和分析警告会显示在问题导航器（Issue Navigator）之中。在列表中选择某个警告或错误后，代码编辑器中就会快速打开相应文件中有问题的那行源代码。

5．调试导航器

使用 Command+5 快捷键可以快速切换到调试导航器（Debug Navigator）。与其他导航器相比，它使用了一个范围滑块来代替过滤功能。通过调整滑块，在调试状态下我们就可以改变看到的所有运行着的线程以及每个线程中对象、函数前后调用的关系。

6．断点导航器

第六个导航器是断点导航器（Breakpoint Navigator），我们可以通过它管理在项目中设置的断点。在点击该导航器中的断点以后，编辑器会快速定位到该位置。同时我们也可以在这里禁止或删除某个断点。

值得注意的是，我们可以在断点导航器中共享断点给自己的同事。在列表中选择某个断点，然后执行 Control-Click，选择 Share Breakpoints 即可。

7．日志导航器

Xcode 4 中的日志导航器（Log Navigator）代替了 Xcode 3 中的日志窗口。当我们在日志导航器中选择一个构建条目的时候，它的结果会显示在编辑区域之中。如果双击其中的警告和错误，还可以直接在代码编辑器中将其打开。当我们点击日志最后面的命令行图标时，还可以看到更详细的信息日志，帮助我们查找问题和错误，如图 2-13 所示。

图 2-13　日志导航器中条目的详细信息

2.3.3　编辑区域

关于编辑区域的功能，相信大家都很清楚，它用于编辑项目中的各种文件。Xcode 4.5

有 3 个主要的编辑器。我们可以通过工具栏中的 Editor 选择器来切换不同类型的编辑器，如图 2-14 所示。除了标准编辑器（Standard Editor）以外，另外两个分别是助手编辑器（Assistant Editor）和版本编辑器（Versions Editor）。

图 2-14　工具栏中的 Editor 选择器

在选择助手编辑器以后，编辑区域会被分割为左右两个编辑窗口，左边显示在项目导航器中选择的文件，而右边窗口会智能地打开与其相关的文件。比如，当我们编辑一个类的头文件（.h 文件）的时候，右边编辑器会智能地开启相对应的执行文件（.m 文件）。

我们经常会使用助手编辑器从 Interface Builder 增加 IBAction 或 IBOutlet 声明到头文件之中并建立相应的关联，这样的操作比 Xcode 3 中的旧有操作要方便许多。

Xcode 4 的版本编辑器可以帮助我们轻松对比两个不同版本的源代码。如果项目使用的是 Git 或 SVN，我们就可以通过编辑器对比当前正在编辑的文件和仓库中保存的以前版本文件的不同。

2.3.4　通用区域

通用区域位于整个工作界面的右侧，它分为上下两部分。上面的部分叫做检查窗口部分，下面则叫做库，如图 2-15 所示。

检查窗口部分可以帮助我们对编辑器中选择的对象进行属性、行为等方面的设置，如控件的大小、位置、背景色、字体和字号的大小等。以后介绍有关故事板章节的时候，会向大家进行详细的介绍。

通用区域的下半部分包含了文件模板库、代码片段库、对象库和媒体库这四部分。

1. 文件模板库

文件模板库（File Templates Library）提供了一些我们在开发中经常会用到的 Cocoa 类文件。想要使用这些文件模板，直接用鼠标将其拖曳到项目导航器中即可。

通过文件模板库中的分类下拉框，可以选择 iOS 和 Mac OS X 的文件模板，然后拖曳这些文件模板到导航项目之中。我们还可以更改模板库的显示方式，有图标方式和图标加相关文字说明的方式，如图 2-16 所示。

图 2-15　Xcode 的通用区域

提示　在选择某个文件模板以后，一个信息窗口会显示在当前选择条目的左侧，其中包含了该文件模板的功能描述，我们可以通过它来获取文件模板的相关信息。

2. 代码片段库

代码片段库（Code Snippets Library）中包含了一段段可以在应用程序中复用的代码段。当我们需要使用它的时候，直接用鼠标将其拖曳到文件中相应的位置即可，如图 2-17 所示。

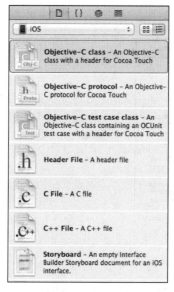 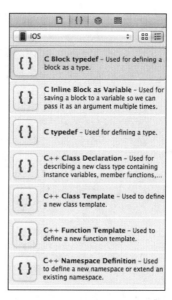

图 2-16　通用区域中的文件模板库　　图 2-17　通用区域中的代码片段库

另外，我们还可以创建自己的可复用的代码片段，并将其添加到代码片段库之中。将代码片段库的分类设置为 User，然后在源代码编辑器中选择一段代码，将其拖曳到 User 库之中，最后在自动打开的片段编辑器中编辑必要的信息即可，如图 2-18 所示。如果想删除自定义的代码片段，选中相应条目按 Delete 键即可。

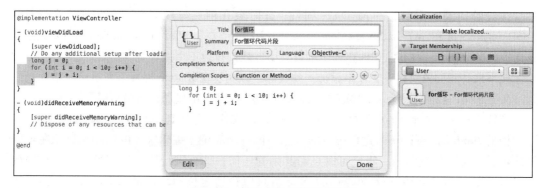

图 2-18　创建自定义的代码片段

提示　如果我们增加了新的代码片段或编辑了已有的代码片段，这些片段图标会被打上一个 User 标记，用以区分用户自定义的和系统自带的代码片段。

3．对象库

对象库（Object Library）中包含了各种供 Interface Builder 使用的可视化对象，如图 2-19 所示。在后面的章节中我们将进行详细介绍。

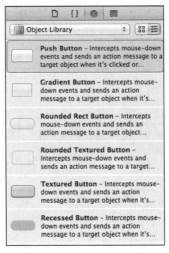

图 2-19　通用区域中的对象库

4．媒体库

媒体库（Media Library）包含了项目资源文件夹中的图像和图标等媒体资源。通过其下方的搜索工具，我们可以快速定位某些指定的媒体资源。

2.4　使用代码编辑器

让我们回到刚刚创建的 MyDiary 项目，此时会在项目导航器中看到以下 5 个文件：AppDelegate（.h 和 .m）类，ViewController（.h 和 .m）类和 MainStoryboard.storyboard 故事板文件。当然还有一些其他文件存在于项目之中，我们暂时不用去管它。

接下来，我们要向程序文件中添加一些代码，以实现在 iPhone 屏幕上面显示一条欢迎信息。在这期间，我们不用刻意理解新增代码的用途，只要能够成功运行就可以了。

步骤 1　在项目导航器中选择 ViewController.m 文件，并找到 viewDidLoad 方法。

借助 Jump Bar 可以快速定位类中的方法，Jump Bar 位于编辑区域的顶端，显示在项目导航中指定文件的全路径。我们可以点击其中的任何一部分进行快速的切换，比如点击最后一部分的 @implementation ViewController 就可以快速定位 viewDidLoad 方法，如图 2-20 所示。

图 2-20　通过 Jump Bar 快速定位指定类的方法

步骤 2　在 viewDidLoad 方法中添加下面粗体字的内容。

```
- (void)viewDidLoad
{
    [super viewDidLoad];

    [self.view setBackgroundColor:[UIColor yellowColor]];

    CGRect frame = CGRectMake(10, 170, 300, 50);

    UILabel *label = [[UILabel alloc] initWithFrame:frame];

    label.text = @"欢迎来到 iPhone 应用程序开发的世界！";
    label.textColor = [UIColor redColor];

    [self.view addSubview:label];
}
```

技巧　除了可以在 Jump Bar 中快速定位 viewDidLoad 方法以外，我们还可以使用符号导航器（Command+2 快捷键）快速找到 ViewController 类中的 viewDidLoad 方法。

　　步骤 3　在确定没有产生任何警告和错误以后，点击工具栏中的 Run 按钮（或使用 Command+R 快捷键）编译和运行应用程序项目。在编译成功以后，iOS 模拟器软件被打开，我们可以看到应用程序的运行效果，如图 2-21 所示。

　　如果是第一次接触 iOS 开发，在 Mac 上面看到这样一个类似于 iPhone 的东西被启动，而且运行着所编写的程序项目，那将是一件令人非常惊喜的事情。我们打开的这个软件就是 iOS 模拟器，它在 iOS 应用开发过程中是不可或缺的。接下来，我们就来详细了解有关 iOS 模拟器的知识。

图 2-21　MyDiary 项目在 iOS 模拟器中的运行效果

2.5　iOS 模拟器

　　iOS 模拟器是一个运行在 Mac 上面的应用程序，它允许我们在不使用 iOS 真机设备的情况下调试所编写的程序项目。它属于 iOS SDK 的一部分，所以在安装 iOS SDK 的时候会直接被装入 Mac 系统之中。当我们在 Xcode 中运行应用程序时，可以选择项目是在模拟器中运行还是在真机上面运行。如果选择在模拟器上运行，则 Xcode 会在成功编译代码以后自动将其打开。

　　下面来设置 MyDiary 项目的运行设备。

　　步骤 1　点击工具栏的 Scheme（里面 ">" 后面的部分），此时弹出的菜单中列出了 iOS Device、iPad 6.0 Simulator 和 iPhone 6.0 Simulator 三个可选项。

　　步骤 2　选择 iPad 6.0 Simulator，然后构建并运行应用程序，运行效果如图 2-22 所示。

　　虽然 MyDiary 项目是专门为 iPhone 设计的，但是它仍然可以在 iPad 模拟器上运行。反过来就不行了，我们不能让一个专门为 iPad 开发的应用程序项目运行在 iPhone 模拟器上。

提示　如果我们在 Scheme 中选择了 iOS Device，则需要加入 iOS 开发者计划才可以，而且其间还要完成一些开发认证的步骤。

图 2-22　在模拟的 iPad 上运行 MyDiary 项目被放大 1 倍和 2 倍的效果

2.5.1　iOS 模拟器的特性

我们可以使用 iOS 模拟器模拟不同的设备（The new iPad、iPad、iPhone 4 和 iPhone 3GS）及不同的 iOS 系统版本。在模拟器运行的时候，我们通过在菜单中选择"硬件→版本"来改变 iOS 的版本，如图 2-23 所示。在版本菜单中，我们可以选择的 iOS 系统版本完全依赖于在 Xcode 上是否安装了相应的 iOS SDK。

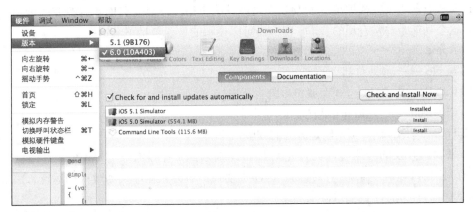

图 2-23　在 iOS 模拟器中选择模拟不同的 iOS 版本

提示　如果需要安装其他版本的 iOS SDK，需要在 Xcode 菜单中选择 Preferences（偏好设置）→ Download → Components，选择相应的版本下载即可。

通过"硬件→设备菜单",我们可以在模拟器中切换不同的设备。最新的 iOS 模拟器可以模拟下面 5 种设备：iPhone（iPhone 3GS）、iPhone Retina（3.5 英寸）、iPhone Retina（4 英寸）、iPad（iPad 1、iPad 2 和 iPad mini）和 iPad Retina（The new iPad 和 iPad 第 4 代）。

我们可以通过在位置菜单中选择向左旋转（Command+ ← 快捷键）或向右旋转（Command+ → 快捷键）来调整模拟器的方向，如图 2-24 所示。

iOS 模拟器允许我们模拟一个或两个手指的多点触摸操作。一个手指的操作，比如点击、长按、划动等都可以通过鼠标很好地模拟。实现两个手指的操作需要按住键盘上的 Option 键，然后按住鼠标进行拖曳以模拟缩放操作。如果要移动两个手指在屏幕的中心位置，则需要同时按住 Shift 和 Option 两个键。点摇动手势可以通过硬件→摇动手势来完成。

如果我们开发的应用程序需要地图数据，可以在应用程序运行的时候，使用 iOS 模拟器模拟一个位置。选择"调试→位置→自定位置"，然后输入经纬度数值即可，如图 2-25 所示。

图 2-24　旋转 iOS 模拟器的方向

图 2-25　iOS 模拟器中的位置菜单

iOS 模拟器还可以模拟位置的改变。当设计的应用程序需要获取实时改变的地理位置数据时，这个功能是非常有用的。iOS 模拟器可以模拟的位置包括下面这些：

❑ Apple Store —— 苹果商店的位置。

❑ Apple —— 苹果总部。

❑ City Bicycle Ride —— 在城市中骑自行车。

❑ City Run —— 在城市中跑步。

❑ Freeway Drive —— 无确定方向的驾驶汽车。

如果我们开发的应用程序允许用户打印一些东西，在没有兼容 AirPrint 打印机的情况下，可以使用打印机模拟器模拟打印。打印机模拟器不会在程序启动时自动运行，需要选择文件菜单中的打开打印机模拟器来启动。

2.5.2　模拟器中 iOS 系统的基本设置

在新安装好 Xcode 以后，在模拟器中运行的 iOS 操作系统的默认语言是英文，默认区域格式是美国，输入法也仅有英文一种。在中国，我们总是希望将模拟器设置成和国内 iPhone

手机用户一样的使用环境，所以需要进行下面几步操作。

步骤 1　在 iOS 系统的主屏点击 Settings → International，将 Language 设置为简体中文。此时，系统的语言变成了简体中文。

步骤 2　在"设置→通用→键盘→国际键盘→添加新键盘"中，选中"简体中文 - 拼音"和"简体中文 - 手写"，这样在利用虚拟键盘输入的时候就可以调用中文输入法。

步骤 3　在"设置→通用→多语言环境"中，将"区域格式"设置为中国。

iOS 模拟器最主要的目的就是有效节省程序员开发的时间。如果一个应用程序要在真机上调试，需要经过上传、安装、运行这三个阶段，这将花费很长的时间，因为哪怕是一点点代码的修改，每次测试都需要经历这三个阶段。假如这个应用程序中包含了大量的图片、音频或视频文件，相信这将是对开发人员耐性的一个巨大挑战。

注意　在 iOS 模拟器上应用程序的运行效果（如执行速度、切换的平滑程度等）并不等同于在 iPhone 真机上的运行效果，毕竟 iPhone 的硬件资源无法与 Mac 相比，而且每一代 iPhone 手机的推出都伴随着 CPU 性能的增强。避免这种情况出现的最好方法就是在真机上进行测试，如果仍然出现上述问题，就需要优化算法。

2.5.3　在模拟器中安装和卸载应用程序

如果在 Xcode 中运行应用程序项目，该项目就会被自动安装到模拟器之中。

我们不能删除 iOS 模拟器中默认的应用程序，如照片、通信录、设置、Game Center、报刊杂志和 Safari。要卸载（删除）iOS 模拟器中自己编写的应用程序，操作步骤和真机上操作是一样的。

步骤 1　在应用程序图标上按住鼠标，直到图标开始摇晃起来。

步骤 2　当图标摇晃起来的时候，可以看到其左上角有一个 X 按钮。点击要删除应用程序图标左上角的 X 按钮，此时弹出警告对话框提示删除操作，如图 2-26 所示。

步骤 3　点击"删除"按钮，确认卸载操作。

图 2-26　删除 iOS 模拟器中的应用程序

注意　对于代码存有 Bug 的应用程序，在模拟器中运行的时候可能会引起崩溃。此时 Xcode 将会运行代码调试器，进入 Debug 状态。我们只要点击 Xcode 工具栏中的 Stop 按钮就可以结束应用程序在模拟器中的运行并关闭代码调试器。

步骤 4　如果想快速清空模拟器中全部的应用程序，可以选择"设置→通用→ Reset"，点击"还原位置警告"，在弹出的警告视图中点击"还原警告"按钮即可，如图 2-27 所示。

图 2-27　将模拟器还原为出厂设置

2.5.4　iOS 模拟器的限制

尽管 iOS 模拟器可以完美地运行我们编写的 iOS 应用程序，但是在某些方面还是存在一定限制的，它不能完成如下这些操作：

❑ 模拟手机来电的状态。

❑ 使用重力加速器和三维陀螺仪。

❑ 发送和接收短信息。

❑ 从 App Store 上下载安装应用程序。

❑ 使用前后置摄像头。

❑ 使用设备的麦克风（如果开发设备具备麦克，则可以使用）。

❑ 一些 OpenGL ES 的核心特性。

尽管 iOS 模拟器存在上面的这些限制，但对于测试应用程序来说还是非常有用的，只不过它还不能完全代替在真机上的测试。

2.6　管理 MyDiary 项目的配置选项

在 MyDiary 创建好以后，会自动生成一个配置文件来描述当前这个项目。比如设置应用程序的图标和启动画面，确定设备可支持的旋转方向等，这些都储存在项目的 plist 文件中。

在项目导航中找到 Supporting Files 文件夹，从中可以找到一个前缀为项目名称（当前项目为 MyDiary）、后面跟着 Info.plist 的文件。它是在创建项目的时候由 Xcode 自动生成的，我们可以通过修改其中的条目值或添加某些需要的条目来配置项目。除了可以直接修改 MyDiary-Info.plist 文件以外，我们还可以使用另外一种更简单的方法来配置项目文件。

在项目导航器中点击最上面的项目名称图标（标题为蓝色的那个），然后选中编辑区域中 TARGETS 下面的项目名称使其处于高亮状态。此时，在编辑区域顶部会出现一些标签，如图 2-28 所示。第一个是 Summary（概述），在这里我们可以通过可视化方式设置项目的很多属性。第二个是 Info，我们可以直接在这里修改 plist 文件的内容。

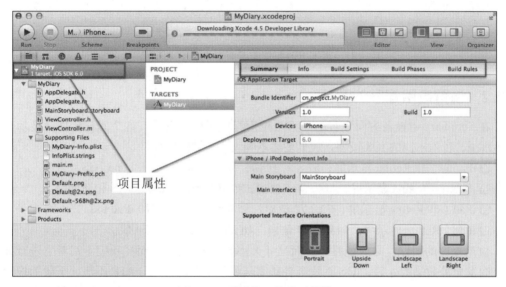

图 2-28　项目的一些重要属性

2.6.1　设置设备的支持方向

不是所有的应用程序都支持 iOS 设备的全部旋转方向（Home 按键在下、左、右、上的四个方向）。通过编辑 Summary 中的 iPhone/iPod Deployment Info 分类中的 Supported Interface Orientations 选项，我们可以设置当前应用程序所允许的旋转方向。点击相应方向的图标使其成为嵌入状态，嵌入状态代表该项目允许选中的设备方向，反之则代表禁止。

当前，我们设置 MyDiary 应用程序的设备旋转方向为 Portrait，也就是仅允许设备的支持方向为垂直（Home 键在下方），如图 2-29 所示。

注意　如果要让应用程序支持多个旋转方向，则程序界面中所显示的子视图和可视化控件（如标签、按钮、文本框等）是不会根据设备方向的变化而进行自动调整的，这就需要我们在程序代码或 Interface Builder 中对这些子视图和控件进行大小和位置的设置，具体方法将在第 17 章中进行详细介绍。

图 2-29　设置 MyDiary 应用程序的设备支持方向

2.6.2　设置应用程序的图标

在 Summary 中设备方向设置的下方是应用程序图标的设置，这个图标最终会显示在设备主屏上。针对不同的 iOS 设备，我们需要不同大小尺寸的图标。

❏ iPhone：非 Retina 显示屏，57×57 像素，如 iPhone 3G 和 iPhone 3GS。
❏ iPhone：Retina 显示屏，114×114 像素，如 iPhone 4、iPhone 4S 和 iPhone 5。
❏ iPad：非 Retina 显示屏，72×72 像素，如 iPad 1、iPad 2 和 iPad mini。
❏ iPad：Retina 显示屏，144×144 像素，如 iPad 第 3 代和第 4 代。

应用程序的图标，必须是符合上面尺寸大小的 PNG 文件，而且我们不用对它进行如圆角、内发光等效果的处理，iOS 系统会自动为其添加上述的效果。如果不想让系统为应用程序图标添加这些效果，可以勾选其后面的 Prerendered 选项。从 Finder 中拖曳图标文件到相应的位置即可，如图 2-30 所示。从本书提供的资源文件夹中找到 icon.png 文件，将其拖曳到标准图标位置，再将 icon@2x.png 文件拖曳到 Retina Display 位置。

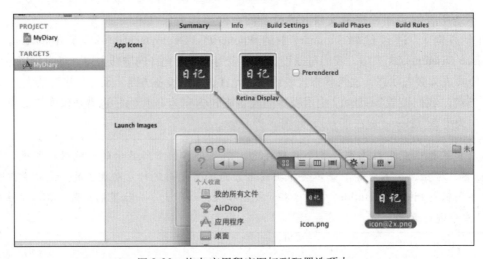

图 2-30　拖曳应用程序图标到配置选项中

构建并运行应用程序，然后点击 Home 键返回主屏，这时候我们就会看到刚刚设置好的 icon 图标，如图 2-31 所示。

图 2-31　MyDiary 应用程序在主屏幕上的图标

注意　对于 Retina 显示屏设备所使用的图像，iOS 使用了特有的 @2x 命名规则，这看起来可能感觉怪怪的。实际上，在 iOS 系统中像这样带 @2x 的文件都是供 Retina 显示屏使用的。如果一个运行在 Retina 设备上的应用程序需要载入和显示图片，它首先会尝试载入图片文件名 +@2x 后缀的图片文件，若以 @2x 为后缀命名的文件不存在，再载入常规的图片文件。

2.6.3　设置显示状态栏

在 iPhone 屏幕上还有一个状态栏，它位于屏幕最上方，用来显示窝蜂信号、Wi-Fi 信号、GPS 定位和电池电量等信息。我们可以在 Status Bar 中设置状态栏的显示状态，如图 2-32 所示。

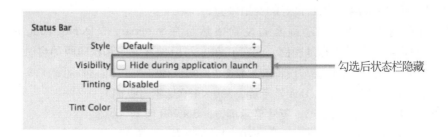

图 2-32　在 Summary 中直接设置状态栏的显示状态

如果我们希望通过修改 MyDiary-Info.plist 文件来设置状态栏，可以进行下面这样的操作。

步骤 1　在项目导航器中选择顶层的项目名称，然后选择 TARGETS 中的 MyDiary 项目。

步骤 2　选择 Info 标签，会看到该标签下有 Custom iOS Target Properties 分类。点击该分类前面的三角，确保该分类内容全部展开。此时我们会发现呈现的全部内容与 Supporting Files 组中的 MyDiary-Info.plist 文件中的内容一致，都是以键（Key）／值（Value）配对的方式呈现的。我们还能够在这里看到刚才设置的应用程序图标和设备的支持方向。

步骤 3　欲增加状态栏的设置，在表格上选择 Control-Click，并从弹出的快捷菜单中选择 Add Row，此时列表中会增加一行。

步骤 4 在新增行的左侧一列会显示可用的属性列表。向下滚动该列表，会看到 Status bar is initially hidden（状态栏在初始化时隐藏）选项，此时选中该项目。接下来，在右侧列中可以选择 YES 或 NO，如图 2-33 所示。将 Value 设置为 NO，代表应用程序启动的时候显示状态栏。

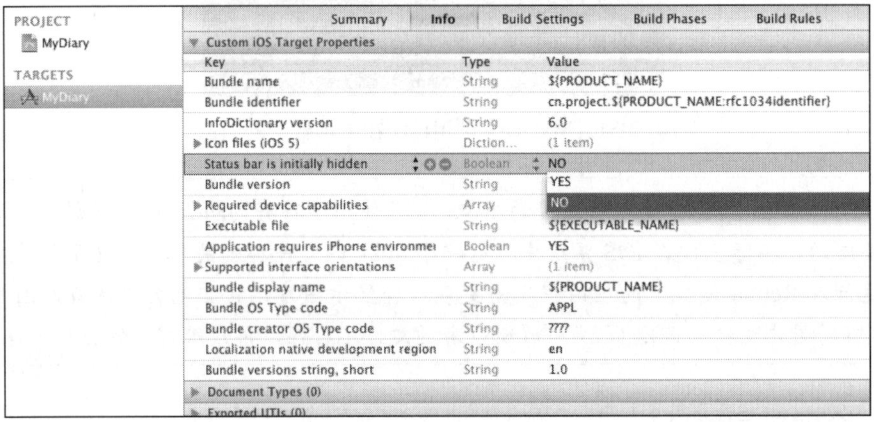

	Summary	Info	Build Settings	Build Phases	Build Rules

PROJECT	
MyDiary	

▼ Custom iOS Target Properties

Key	Type	Value
Bundle name	String	${PRODUCT_NAME}
Bundle identifier	String	cn.project.${PRODUCT_NAME:rfc1034identifier}
InfoDictionary version	String	6.0
▶ Icon files (iOS 5)	Diction...	(1 item)
Status bar is initially hidden	Boolean	NO
		YES
Bundle version	String	NO
▶ Required device capabilities	Array	
Executable file	String	${EXECUTABLE_NAME}
Application requires iPhone environmei	Boolean	YES
▶ Supported interface orientations	Array	(1 item)
Bundle display name	String	${PRODUCT_NAME}
Bundle OS Type code	String	APPL
Bundle creator OS Type code	String	????
Localization native development region	String	en
Bundle versions string, short	String	1.0

▶ Document Types (0)

▶ Exported UTIs (0)

图 2-33 在 Info 中增加状态栏属性

2.6.4 设置应用程序的启动画面

除了应用程序图标以外，我们还可以增加一个"启动画面"到项目中。它会在应用程序启动的时候显示，从而给予用户良好的使用体验。

与方向和图标一样，启动画面的设置依然是在 Summary → Deployment Info 中。在 iPhone 上，只需要设置纵向启动画面，而在 iPad 上可以设置纵向和横向两种启动画面。启动画面必须是 PNG 格式，而且要与设备的屏幕分辨率相一致。

❑ iPhone 3GS 以前：非 Retina 显示屏，320×480 像素（纵向）。

❑ iPhone 4S 以前：Retina 3.5 英寸显示屏，640×960 像素（纵向）。

❑ iPhone 5：Retina 4 英寸显示屏，640×1136 像素（纵向）。

❑ iPad：非 Retina 显示屏，768×1024 像素（纵向）。

❑ iPad：Retina 显示屏，1 536×2048 像素（纵向）。

上面提到的这些设置都是用于纵向显示的，如果是横向显示的，则需要将图片的大小设置为 1024×768 像素和 2048×1536 像素（只有 iPad 可以）。

步骤 1 为不同的 iOS 设备创建三种不同分辨率的启动画面，我们可以直接使用本书资源文件中提供的启动画面 Default.png、Default@2x.png 和 Default-568h@2x.png。

步骤 2 找到 Launch Images 部分，在每个默认画面上选择 Control-Click，删除模板为我们提供的黑色启动画面。

步骤 3　删除 Supporting Files 组中现有的三个启动画面图片。

步骤 4　将之前准备好的三张图片拖曳到相应的位置即可，如图 2-34 所示。

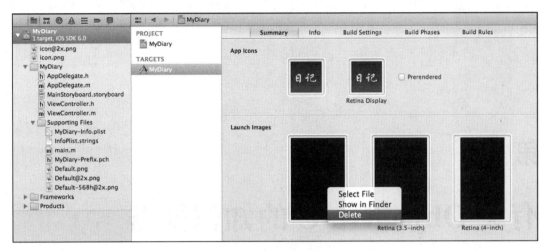

图 2-34　拖曳启动画面到配置选项中

经过这些设置，我们就可以使用 Command+R 快捷键构建并运行该项目了。此时，MyDiary 应用程序的启动画面在"秒显"之后会很快消失，然后进入之前设置过的视图界面，状态栏也出现在应用程序界面的上方。

第 3 章

有关 Objective-C 的知识储备

本章内容

要想使用 Xcode 进行 iOS 应用程序开发，不能不提 Objective-C 语言。不管我们开发的是 Mac 还是 iOS 应用程序，其中 99% 都是使用 Objective-C 语言写成的。本章将重点介绍 Objective-C 中最关键的一部分内容：内存管理。

从 iOS 5 开始，苹果引入了自动引用计数器（Automatic Reference Counting，ARC）特性。对于有过 Xcode 3 开发经历的程序员来说，这一特性带来了脱胎换骨的开发体验。因为它有效地减少了手动内存管理所容易产生的 Bug，进而降低了应用程序执行时发生崩溃和非法退出的可能性。除此以外，我们还会学习如何使用属性（Properties）和访问器（Accessor）去管理类中的成员变量。

3.1　内存管理基础

iOS 5 中增加了一个非常强大的功能，那就是自动引用计数器。ARC 可以最大限度地减少程序员在编写代码过程中经常出现的关于内存管理方面的 Bug：操作 retain 和 release 时所产生的问题。对于现在刚刚开始接触 Objective-C 开发，或者在此之前没有使用 Xcode 3 开发过应用程序的读者，笔者觉得其很有必要学习一下 Objective-C 的内存管理机制。

如果说在 C 语言中对于初学者最大的学习障碍是如何熟练掌握及运用指针，那么在 Objective-C 语言中，如何理解和熟练掌握内存管理机制，便是 iOS 初学者的一个学习屏障。因为 Objective-C 在 iOS 平台上是不具备垃圾回收机制的（这一点非常重要，我们会在多个地方提及这个问题），这与使用 Objective-C 在 Mac 上开发应用程序有所不同 [○]。因此，在 iOS 中，我们要将程序中对象所占用的内存空间进行手动释放。然而，手动释放内存的操作往往极易造成 Bug（忘记释放或提前释放）从而导致应用程序运行时的崩溃。但是从 iOS 5 开始，内存管理就变得不是问题了，因为我们不需要手动释放内存，而由编译器在编译的时候添加相应释放内存的操作。尽管如此，手动管理内存的相关技术对于深层次开发应用程序还是非常重要的，所以建议大家通过阅读相关资料、项目实战、沟通交流等方式，熟练掌握在 Objective-C 中管理内存的方法。

如果之前学习过 C 语言，应该熟悉"指针"、"分配"和"销毁"这三个词。如果对这些词还有些陌生，我们在这里先做一个简单的回顾。

iOS 设备上的内存容量是非常有限的，最新的 iPhone 5 虽说有 1 GB 的内存空间可以使用，但是我们也不能随意挥霍这些宝贵的资源，毕竟如今的 iPhone 应用用到了越来越多的高清图片和视频，使可使用的内存往往还是捉襟见肘。这里所说的内存，特指的是随机存储器（RAM），它具有比手机内置的 SSD 更快的读写速度，因此应用程序在运行以后就会占用这些内存空间。当应用程序在 iOS 系统中启动以后，它会占用一块块当前未使用的内存空间给自己。我们将这一块块的内存空间称做"堆"。只要应用程序占用了某个"堆"，这块内存空

○　我们使用Objective-C为Mac OS X 10.5及其以上版本开发桌面应用程序的时候，其内存管理是通过垃圾自动回收机制进行的。

间就不会被其他应用程序所使用，除非我们释放这块内存空间。

在应用程序中创建一个对象后，该对象就会从内存中占用一个堆。随着程序的运行，还会创建更多的对象，这些对象就会占用更多的"堆"，iPhone 中的可用内存空间就会逐渐减少。但是，其中大部分对象是不需要长期存在的，所以当我们不再需要某个对象的时候，就应该将其释放，把它所占用的"堆"返还给内存，从而达到重复使用内存的目的。

需要注意的是，应用程序中对于内存的动态使用、返还和复用的操作，必须要有一个非常完善的内存管理方法，否则可能就会出现下面的两类问题。

❑ 过早销毁：对象所占用的"堆"被返还、销毁后就已经不存在了，但是程序代码又调用了该对象所引发的情况。

❑ 内存溢出：对象不再使用了，但是所占用的"堆"没有被返还，从而使得系统无法复用该块内存（除了重新启动 iPhone）。

3.1.1　C 语言中的内存管理

在 C 语言中，我们可以通过函数来明确要求分给某个变量具体的内存空间大小，这个操作就叫做"分配"。其中负责分配的函数是 malloc。例如，想占用 80 字节的内存空间，就需要编写下面这样的代码：

```
void setDiary(void)
{
    char *diaryTitle = malloc(80);
}
```

执行上面的 setDiary 函数，应用程序将会得到 80 字节的内存空间用于存储和显示字符串。这段内存空间位置的首地址会存储在 diaryTitle 指针变量中，我们可以通过指针变量 diaryTitle 访问这 80 字节的内存空间。

当我们不再需要这 80 字节内存空间的时候，就需要使用 free 函数将其销毁。

```
void setDiary(void)
{
    char *diaryTitle = malloc(80);
    // 使用 diaryTitle 完成一些事情
    // ……
    free(diaryTitle);
}
```

在调用 free 函数后，指针变量 diaryTitle 所指向的 80 字节的内存空间会返还给内存。如果另一个 malloc 函数被执行，这 80 字节的空间有可能成为其他变量所占用内存空间的一部分。

3.1.2　面向对象的内存管理

第一个比较完善且被广泛认同的基于对象的程序设计语言是 Smalltalk，它是在 20 世纪

70 年代由施乐公司的帕洛阿尔托研究中心（Xerox PARC）的 Smalltalk 团队开发的，在 20 世纪 80 年代开始流行。Objective-C 语言创建于 1986 年，具有类似于 Smalltalk 的语法且是基于 C 语言的。1988 年 NeXT 公司 ⊖ 获准使用 Objective-C，并且基于 Objective-C 开发出了自己的框架 API——NeXTStep。最后，NeXT 公司被苹果收购，其原先使用的应用程序框架经过升级和改造就变成了 Cocoa，Cocoa 就是 Mac OS X 的应用程序开发框架，因此可以说苹果的 Cocoa 框架就是基于 Objective-C 的。通过以上这些介绍，我们就清楚了为什么 iOS 编程会使用 Objective-C 语言。

在面向对象应用程序的开发过程中，我们是不能使用 malloc 和 free 函数进行内存分配的，这是因为我们不能精确地设置某个对象到底需要多少内存空间。

其实在面向对象的开发中，每个被实例化后的对象都清楚地知道自己会占用多少内存空间。当我们实例化一个类的时候，会向类发送 alloc 消息，该类的 alloc 方法负责向对象分配适合大小的内存空间，并返回一个指向该内存空间的首地址。

除了有分配的操作以外，同样还要有销毁的操作。当应用程序不再需要该对象的时候，会执行 dealloc 方法。在对象收到 dealloc 消息的时候，就会销毁自己并释放所占用的内存空间。

与传统的 C 语言相比，Objective-C 中的类方法 alloc 取代了 malloc 函数用来创建对象，实例方法 dealloc 取代了 free 函数用来销毁对象。但是，我们在任何时候都不能直接发送 dealloc 消息给要销毁的对象，因为对象自己会负责发送 dealloc 消息给自己，也就是说，对象总是自己负责销毁自己。这样就会出现一个问题：对象在销毁自己的时候如何确定是安全的呢？这就需要借助"引用计数器"。

3.2　引用计数器

在 Cocoa Touch 框架中，苹果采用了"引用计数器"（Reference Counter）的方式去管理内存。

什么是引用计数器呢？这里笔者我先给大家讲一个故事：小明拥有一只刚刚出生的宠物小狗，给它取名为汪汪，此时汪汪的主人就是小明一个人。后来小明结婚了，于是夫妇两个人一起喂养汪汪，此时汪汪的主人变成了两个。时光荏苒，汪汪长的越来越大，城市里不能喂养大型狗，于是夫妇二人忍痛将其送给了农场的小李。此时，汪汪原来的主人不再拥有它，现有的主人变成了唯一一个——小李。而小李并不喜欢这只大狗，养了一段日子以后就将其扫地出门了。此时的汪汪没有了主人，变成了一只流浪狗。在经历了众多磨难以后，汪汪带着一丝悲伤离开了这个世界。

现在，让我们先从些许的感伤中回来。汪汪在有主人的时候还是过得很好的，但当它没

　⊖　NeXT公司是乔布斯被排挤出苹果公司后自己创建的另外一个电脑公司。但有意思的是，当乔布斯重新回到苹果公司的时候，又将NeXT公司收购到苹果旗下。

有主人以后就慢慢地接近了死亡。这就是引用计数的原理：当一个对象（故事中的汪汪）被创建的时候，它有一个拥有者（主人）。在这段时间里，它可以有更多的拥有者，而且它的拥有者对象也可以发生变化，但是只要当它的拥有者数量变为 0 时，自己就会销毁自己——调用 dealloc 方法。

3.2.1 使用引用计数器

在 Objective-C 中，对象永远也不会知道自己的拥有者（主人）是谁，但它清楚地知道自己当前的拥有者数量，我们将对象当前具有的拥有者数量称做"引用保留数"（Reference Retain Count），如图 3-1 所示。

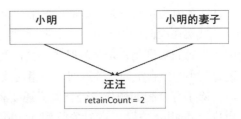

让我们回到 Objective-C 中，当对象 WangWang 被创建的时候，它有一个拥有者 Ming（创建它的那个对象），此时 WangWang 的引用保留数为 1。当另一个对象 MingWife 也想拥有 WangWang 的时候，就会向 WangWang 发送 retain 消息。

图 3-1 拥有者与汪汪的引用保留数

WangWang 收到消息以后，会将自己的引用保留数加 1，此时 WangWang 的引用保留数为 2。

当 Ming 不想再拥有 WangWang 的时候，Ming 会向 WangWang 发送 release 消息。当收到 release 消息以后，WangWang 将自己的引用保留数减 1，此时的引用保留数为 1。

同理，如果 MingWife 也不想再拥有 WangWang，也会向其发送 release 消息。最后，当 WangWang 的引用保留数为 0 的时候，它会向自己发送 dealloc 消息销毁自己。直到此时，其所占用的内存空间会被全部释放。

可以想象一下，类中的 retain 和 release 方法应该如下面这样：

```
- (id)retain
{
    retainCount++;
    return self;
}

- (void)release
{
    retainCount--;
    if ( retainCount == 0 )    [self dealloc];
}
```

为了弄清楚引用保留数是如何工作的，我们再来举一个例子：假如你是一个公司的老板，星期一上班的时候，你将公司本星期要做的事情创建了一个任务清单给你的助理，于是你和你的助理成了这个清单的拥有者。助理是一个聪明的小伙子，做事情绝对放心。你将任务清单给他以后就释放了对任务清单的拥有权。此时，任务清单的拥有者只有一位，就是你的助理。助理要在这个星期之内完成所有任务，并且在完成以后也释放了对清单的拥有权。到此为止，任务清单没有拥有者，自己销毁了。

　　根据上面的描述，可以编写如下的代码：

```
- (void) bossCreateTaskList   // 实现老板创建清单的函数
{
    // 老板创建任务清单，对清单有拥有权
    TaskList *t = [[TaskList alloc] init];   //retainCount 的值为 1

    // 将清单给你的助理
    [assistant takeTaskList:t];   // 助理拥有该任务清单，t 的 retainCount 的值为 2

    // 作为老板，你非常信任你的助理，因此释放了对任务清单的拥有权
    [t release];   // 你已经释放了对任务清单的拥有权，此时 t 的 retainCount 值为 1

// 直到助理也释放清单的拥有权后，t 的 retainCount 值为 0，然后 t 自己调用 dealloc 方法将自己销毁
}
```

以下为助理的执行代码：

```
- (void) takeTaskList:(TaskList *)y
{
    // 助理获取对任务清单的拥有权
    [y retain];

    // 将任务清单的指针赋值给自己的成员变量
    myList = y;
}
```

　　但是，如果操作不正确，采用手动内存管理方式就会发生前面所说的两类问题：内存溢出和过早销毁。接着我们前面的例子：作为老板，你创建了任务清单给你的助理。助理拥有了这个清单，而你并没有释放它。助理完成了任务清单并将其释放（随意扔掉了清单），你虽然拥有清单，但此时却不知道清单在哪里了。这个清单的 retainCount 永远大于 1，它永远不会执行自己的 dealloc 方法，内存溢出的情况就发生了。

　　将上面的这个例子放在 Objective-C 中，我们把任务清单转化为数组（NSArray），当在某个方法中创建这个数组以后，会有一个指针变量指向该数组。根据面向对象语言中方法的生存期定义规则，我们一旦离开了这个方法的范围就无法释放该数组，因为在其他地方无法调用该数组的指针，从而也就无法向这个数组发送 release 消息。即使该对象的其他拥有者都释放了对这个任务清单数组的拥有权，该数组还是无法从内存中销毁。

　　我们再来解释下过早销毁的问题。作为老板，你创建了任务清单并且把它交给你的助理，但是你的助理犯了糊涂，并没有获取对任务清单的拥有权（没有向你要这个任务清单）。当你释放对清单拥有权的时候，清单发现自己的引用保留数为 0，于是自毁了。而后，你的助理在试图使用这个任务清单的时候，发现怎么也找不到了。

　　过早销毁除了使助理无法使用清单完成任务以外，还会引发另外一个问题，即当应用程序试图访问一个不存在的对象时，就相当于访问一个无法获得正确信息的内存地址，从而导

致访问失败，引起应用程序崩溃退出。

为了能够更好地说明 iOS 的手动内存管理机制，我们需要创建一个不使用 ARC 特性的项目 NoneARCMyDiary。然后，我们要为其添加用于存储日记的类——Diary。

步骤 1 创建一个新的项目，在项目模板中选择 OS X 分类中的 Application，然后选择右侧的 Command Line Tool，点击 Next 按钮。

步骤 2 将 Product Name 设置为 NoneARCMyDiary，将 Organization Name 设置为刘铭，将 Company Identifier 设置为 cn.project，将 Type 选为 Foundation，最后还要将 Use Automatic Reference Counting 前面的勾选去掉，这一步非常关键。完整的设置如图 3-2 所示。确认无误后点击 Next 按钮，然后点击 Create 按钮完成项目的创建。

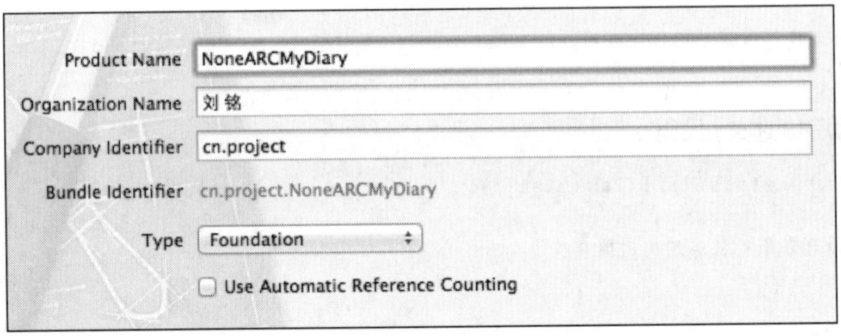

图 3-2　创建一个不使用 ARC 特性的项目

步骤 3 在项目导航器中选中 NoneARCMyDiary 组，然后执行 Control-Click，在弹出的菜单中选择 New File。

步骤 4 在新文件模板中选择 iOS → Cocoa Touch → Objective-C class，如图 3-3 所示，然后点击 Next 按钮。

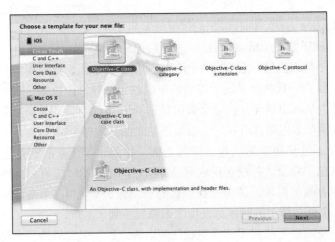

图 3-3　创建一个新类

步骤 5　设置 Class 的名称为 Diary，Subclass of 为 NSObject，如图 3-4 所示，然后点击 Next 按钮。

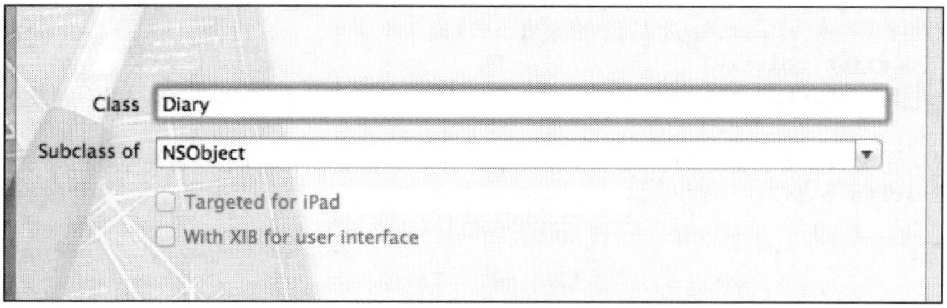

图 3-4　设置新类的名称及其父类类型

步骤 6　确定保存位置以后，点击 Create 按钮。

此时 NoneARCMyDiary 项目中新增加了两个文件 Diary.h 和 Diary.m，其中 Diary.h 是 Diary 类的头文件，Diary.m 是 Diary 类的执行文件（类似于 C 语言中的 .h 和 .c 文件）。我们使用这个类来存储单条的日记信息。

步骤 7　修改 Diary.h 文件，添加下面粗体字的内容。

```
#import <Foundation/Foundation.h>

@interface Diary : NSObject
{
    NSString        *title;
    NSString        *content;
    NSDate          *dateCreate;
}
@end
```

在 Diary 类的声明部分（大括号中的部分），我们为类添加了 3 个属性（成员变量）：title 用于存储日记的标题，content 用于存储日记的文本内容，dateCreate 用于存储日记的创建时间。

步骤 8　在项目导航器中找到 Supporting Files 组中的 main.m 文件，在文件中添加下面粗体字的内容。

```
#import <UIKit/UIKit.h>
#import "AppDelegate.h"

// 会用到 Diary 类，所以导入 Diary.h 文件
#import "Diary.h"

int main(int argc, char *argv[])
{
    @autoreleasepool {
```

```
    // 创建并初始化一个 NSMutableArray 类型的可变数组对象
     NSMutableArray *diaries = [[NSMutableArray alloc] init];
    // 此时 diaries 的 retainCount 值为 1

    // 当不再使用 diaries 数组时，释放 diaries
     [diaries release];
    // 此时 diaries 的 retainCount 值为 0，diaries 会自己执行 dealloc 方法，销毁自己

    // 将 diaries 变量指向的内存空间地址设置为 nil，防止再次调用已经销毁的对象
    diaries = nil;
    }
    return 0;
}
```

注意　在 main 函数中添加的程序代码要放在 @autoreleasepool 命令的花括号之中，因为本章所涉及的代码需要使用到自动释放池（Auto Release Pool）。

我们来梳理一下新添加的程序代码。因为会用到 Diary 类，所以首先添加 #import "Diary.h" 语句导入该类。在 main 函数中，我们创建了 NSMutableArray 类型的实例 diaries，它是存储日记用的一个可改变数组（有关数组的知识会在后面的章节中进行介绍）。对于这个数组，我们现在能够知道两件事：一是当前的 main 函数拥有这个数组对象；二是该数组对象当前的引用保留数为 1。作为它的拥有者，main 函数还要负责在不需要该数组的时候将其释放。因为生命周期的问题，我们在随后的程序代码中会立即将其释放。因此在后面向 diaries 发送了 release 消息时，main 函数释放了对 diaries 对象的拥有权，diaries 的引用保留数减 1。当引用保留数为 0 时，diaries 会调用自身的 dealloc 方法释放其所占用的内存空间。最后，执行 diaries= nil 语句，这样做是为了将其指向内存的地址设置为空，如果后面再有调用 diaries 变量的情况，就不会因为访问不存在的对象地址而发生应用程序崩溃退出的情况。

3.2.2　使用 autorelease

通过上面的实战，我们在 main 函数中创建了一个 diaries 数组，最后 main 函数还要负责释放 diaries。但是，如果创建的对象来自于其他类，那该怎么办呢？

我们有时会遇到这样一种情况：通过类方法返回一个类的实例。下面我们先为 Diary 类添加一个类方法，通过它获得一个新的 Diary 类的实例。

步骤 1　选择 Diary.h 文件，声明一个类方法：createDiary。添加下面粗体字的内容。

```
@interface Diary : NSObject
{
    NSString        *title;
    NSString        *content;
    NSDate          *dateCreate;
}
```

```
+ (id)createDiary;
@end
```

步骤 2　选择 Diary.m 文件，添加 createDiary 方法的定义。

```
+ (id)createDiary
{
    Diary *newDiary = [[Diary alloc] init];
    return newDiary;
}
```

假如我们在 main 函数中调用 Diary 的类方法 createDiary，将会得到一个 Diary 类型的对象。但是根据引用计数器规则，Diary 类才是这个对象的拥有者，因为对象是在 Diary 类中创建的。到目前为止，该对象的引用保留数为 1。

虽然是由 Diary 类自己的类方法创建的对象，但是 Diary 类自己却不能使用这个对象。类方法 createDiary 在 main 函数中被调用，main 函数便得到了这个 Diary 类型对象的地址。那么，我们应该如何在 main 函数中释放这个 Diary 类型的对象呢？有人马上可能会想到下面这样的做法：

```
for (int i = 0; i < 10; i++) {
    Diary *d = [Diary createDiary];
    [diaries addObject:d];

    // 这样做是否合理
    [d release];
}
```

上面这段代码存在一个问题：我们不能去释放不属于我们的对象，比如不能取消你朋友的生日派对一样。main 函数并不是 Diary 对象的拥有者，因为在 main 函数中，我们并没有向 Diary 类发送 alloc 或 retain 消息，它只是得到了一个 Diary 对象的指针而已。

如此说来，释放 Diary 对象的任务似乎应该放在 Diary 类中，具体说，应该放在 createDiary 方法中。但是到底应该放在什么位置呢？

```
+ (id)createDiary
{
    Diary *newDiary = [[Diary alloc] init];

    [释放 newDiary] // 如果在这里释放 newDiary，它会被直接销毁，导致 return 一个无效的对象
    return newDiary;
    [释放 newDiary] // 如果在这里释放，该语句永远不会被执行
}
```

看来使用以上这种方法创建的对象，它的释放操作放在方法中的哪个位置都不合适！幸运的是，苹果提供了一个 autorelease 方法，它可以为对象做一个标记，在将来的某个时间将其释放。当一个对象接收到 autorelease 消息时，代表它不会马上被释放，而是被添加到

一个 NSAutoreleasePool 的实例对象之中，这个 NSAutoreleasePool 的实例会跟踪所有标记为 autorelease 的对象。自动释放池则会定期发送 release 消息给这些对象并将被释放后的对象从池中移除。需要注意的是，自动释放池中的对象接收到 release 消息一次后就被移出了池子，而不会在释放池中被重复释放。

当一个对象被标记为 autorelease 后，它就会面临两种命运：一种是该对象等待着死亡；另一种是被另一个对象所拥有。如果被另外一个对象拥有，它的引用保留数为 2。在以后的某个时间，当自动释放池释放该对象的时候，该对象的 retainCount 值就变为 1，代表它的生死完全在"另一个拥有它的主人"手里。

被标记为 autorelease 的对象是"在未来的某个时间被释放"的，不知大家是否会对这个解释产生疑惑。到底是什么时间呢？在应用程序运行以后，会有一个"运行环"存在于应用程序生命周期之中。这个运行环会检查是否有触摸、计时器等用户交互事件发生，如果发生，应用程序将会挂起运行环去处理事件所调用的方法。在方法中的代码执行完毕以后，应用程序再返回运行环中继续运行。每次在运行环结束的时候，所有被标记为 autorelease 的对象会接收到 release 消息，如图 3-5 所示。因此，当事件被触发时，我们所标记的 autorelease 对象是不会被释放的，可以放心使用。

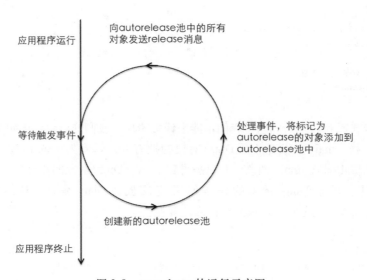

图 3-5　autorelease 的运行示意图

因为 autorelease 方法的返回值是被标记的实例对象，所以我们可以像下面这样嵌套使用 autorelease 消息。

```
NSObject *o = [[[NSObject alloc] init] autorelease];
```

接下来我们修改 Diary 类的 Diary.m 文件，为新创建的 Diary 对象发送 autorelease 消息。

```
+ (id)createDiary
{
```

```
    Diary *newDiary = [[Diary alloc] init];

    return [newDiary autorelease];
}
```

我们再来看一下 main 函数，现在通过 Diary 类的 createDiary 类方法获取到了具有 autorelease 标记的 Diary 类型对象。当它被添加到 diaries 数组中的时候，它的引用保留数是 2。这是因为之前被标记为 autorelease 的时候该对象的引用保留数是 1，而当它被添加到 diaries 数组中的时候，数组会自动拥有它，此时它的引用保留数值为 2。可以想象，当自动释放池对每个池中的对象执行 release 操作的时候，这些 Diary 对象的引用保留数就为 1 了，diaries 数组就是这些 Diary 对象的唯一拥有者。

像下面这样修改 main 函数中的代码：

```
int main(int argc, char *argv[])
{
    @autoreleasepool {
        NSMutableArray *diaries = [[NSMutableArray alloc] init];
        // 此时 diaries 的引用保留数为 1

        for (int i = 0; i < 10; i++) {
            Diary *d = [Diary createDiary];
            // 对象 d 的引用保留数为 1
            [diaries addObject:d];
            // 当对象 d 被添加到数组中后，对象 d 的引用保留数为 2。当一个运行环结束的时候，
            // 对象 d 的引用保留数为 1，此时 diaries 是对象 d 的唯一拥有者
        }

        // 在释放 diaries 数组的时候，diaries 会对数组中的每个元素发送 release 消息，
        // 释放对数组中元素的拥有权
        [diaries release];
        diaries = nil;
    }
    return 0;
}
```

3.3　类的 setter 与 getter 方法

如果我们想在类中拥有一个不是自己创建的对象，那就必须要拥有（retain[一]）这个对象，也就是要获取对它的拥有权。举个例子，如果一个类中的成员变量指向该类以外的一个对象，那么我们必须拥有这个对象，否则当该对象在类以外的其他地方被释放并自行销毁时，如果在该类中还继续访问该对象，就会使得应用程序崩溃退出。获取对象的拥有权，我们可以通过在成员变量的 setter: 方法中执行 retain 操作来实现。

我们先来看看 Diary 类中的成员变量。Diary 类中有 3 个成员变量：title、content 和

〇　虽然 retain 是留存的意思，但是在 Objective-C 中，我们使用 retain 消息来获取对外来对象的拥有权。

dateCreate。其中，title 和 content 两个变量均指向类以外的字符串类型对象；dateCreate 变量用于记录日记的创建时间，它不会指向类外部的对象，所以它不用设置 setter: 方法。现在，我们先为成员变量 title 编写 setter: 方法。

步骤 1 选择 Diary.h 文件，添加对 setTitle: 方法的声明。

```
@interface Diary : NSObject
{
    NSString        *title;
    NSString        *content;
    NSDate          *dateCreate;
}

+ (id)createDiary;

- (void)setTitle:(NSString *)str;
@end
```

步骤 2 选择 Diary.m 文件，定义 title 的 setter: 方法。

```
- (void)setTitle:(NSString *)str
{
    title = str;
}
```

这个 setter: 方法还没有完成，其中 Diary 类的成员变量 title 会指向一个从类外部传递进来的 NSString 类型的字符串对象，但我们的 Diary 类此时并没有拥有这个字符串对象。如果这个 NSString 对象在类以外的其他地方被释放，它很有可能被销毁。此时，Diary 类再访问这个 NSString 对象，就会出现对象在内存中过早销毁而导致应用程序崩溃退出。

基于以上考虑，我们要在成员变量 title 的 setter: 方法中拥有这个传递进来的字符串对象。只有 Diary 对象拥有了该对象，才能在当前类中正常使用它。修改 title 的 setter: 方法，添加下面粗体字的内容。

```
- (void)setTitle:(NSString *)str
{
    [str retain];
    title = str;
}
```

上面代码中粗体字一行表明，setTitle: 方法将传递进来的字符串对象的引用保留数加 1。这样，不管该对象在类以外的其他地方如何改变，都不会影响 Diary 类正常使用该对象，因为已经拥有了这个对象。

除了在 setter: 方法中执行 retain 命令拥有新传递进来的对象以外，我们还要释放之前指向的对象。继续像下面这样修改 title 的 setter: 方法：

```
- (void)setTitle:(NSString *)str
{
```

```
    [str retain];
    [title release];
    title = str;
}
```

此时，成员变量 title 的 setter: 方法算是大功告成了。但是初学者需要注意的一点是，我们一定要在执行 retain 以后再执行 release。这是出于一种安全的考虑。设想一下，当新传递进来的字符串对象和当前成员变量本身所指向的是同一个对象，如果先释放这个对象，有可能使它的引用计数器的值变为 0，即便马上再对它执行 retain 也于事无补了。

步骤 3　在 Diary 类中继续添加成员变量 content 的 setter: 方法。

```
- (void)setContent:(NSString *)str
{
    [str retain];
    [content release];
    content = str;
}
```

在 Diary.h 文件中，我们还要添加 setContent: 方法的声明。

```
@interface News : NSObject
{
    NSString    *title;
    NSString    *content;
    NSString    *dateCreate;
}

+(id) createNews;

- (void)setTitle:(NSString *)str;
- (void)setContent:(NSString *)str;
@end
```

如果对于成员变量的 setter: 方法，传递进来的参数对象是 nil，会是什么样的情况呢？如果 setTitle: 方法传递进来的参数为 nil，则该方法会拥有这个 nil 对象，然后释放成员变量 title 当前指向的对象拥有权，最后指向 nil。这样导致的结果就是不管对 title 执行任何的操作，都不会产生任何的效果，当然也没有任何错误发生。

这里我们没有提及成员变量的 getter 方法，getter 方法一般不会涉及内存管理的操作。

步骤 4　在 Diary.h 文件中增加下面粗体字的代码。

```
+ (id)createDiary;

- (void)setTitle:(NSString *)str;
- (NSString *) getTitle;

- (void)setContent:(NSString *)str;
- (NSString *) getContent;
```

步骤 5   在 Diary.m 文件中增加对 getter 方法的定义。

```
- (NSString *) getTitle
{
    return title;
}
- (NSString *)getContent
{
    return content;
}
```

除了 title 和 content 两个成员变量以外，还有一个 dateCreate，应该如何处理呢？它是不需要 setter 方法的。当我们在 Diary 类内部创建 dateCreate 所指向的对象时，会让它指向 NSDate 类型的对象，所以 Diary 类就是它的拥有者，到时候注意释放就可以了。

3.4   dealloc 方法

我们在 Diary 类中设置 title（执行 setter 方法）的时候会执行一次 release 操作。但是，当 Diary 对象被销毁的时候，应该如何释放全部成员变量所指向的对象呢？

当 Diary 对象的引用保留数为 0 时，它就会向自己发送 dealloc 消息来销毁自己。在销毁的过程中，我们也要释放所有成员变量所指向对象的拥有权。因此，我们需要在 Diary 类的 dealloc 方法中释放这些成员变量。

在 Diary.m 文件中添加 dealloc 方法，代码如下：

```
-(void)dealloc
{
    [title release];
    [content release];
    [dateCreate release];

    [super dealloc];
}
```

在创建该类自己的 dealloc 方法的时候，必须先释放本类中的成员变量，最后执行父类的 dealloc 方法。

注意   因为这里是重写父类的 dealloc 方法，所以在 Diary.h 文件中是不需要声明 dealloc 方法的。

3.5   使用 properties 简化访问器

现在，我们已经在 Diary 类的 setter: 方法中实现了内存管理。但是试想一下，如果一个类中有 20 个以上需要外部访问的实例变量，光 setter: 和 getter 方法一共就需要 40 个，这将大大增加代码文件的阅读难度。下面向大家介绍一种简便的用来创建这些成员变量的访问器方法，即使用 @property 命令在 Diary.h 文件中声明访问器。

在 Diary.h 文件中删除之前对 setter: 和 getter 方法的声明，添加下面粗体字的内容。

```
@interface Diary : NSObject
{
    NSString       *title;
    NSString       *content;
    NSDate         *dateCreate;
}

+ (id)createDiary;

@property NSString  *title;
@property NSString  *content;
@property NSDate    *dateCreate;
@end
```

需要注意的是，在 Diary.h 中我们所使用的 @property 命令位于花括号的下面。在一般情况下，使用 @property 命令声明成员变量访问器是在类方法和初始化方法以后，其他实例方法的声明之前。

但是，仅仅做到这些还是不够的，还要在 Diary.m 文件中使用 @synthesize 命令生成访问器方法。但是在这之前还需要在 property 中设置一下成员变量访问器的属性（Attributes）参数。

每一个 property 都可以设置多个属性参数。下面列出了常用的属性参数。

❑ readonly：设置成员变量的属性为只读。其实，在默认情况下，成员变量是可读写的。但是如果将其指定为只读属性，那么在 .m 文件中只需要一个 getter 方法就足够了。在这种状态下，如果试图使用点操作符为成员变量赋值，将会得到一个编译错误。

❑ readwrite：设置成员变量的属性为读写。这也是默认属性。getter 和 setter: 方法都会在 .m 文件中被实现。

❑ assign：在一般情况下，对基础数据类型（NSInteger 和 CGFloat）和 C 数据类型（int、float、double、char 等）起作用。此设置说明在 setter: 方法中直接将传递进来的参数对象赋值给该成员变量，这也是默认的。

❑ retain：如果设置了成员变量的这个属性，那么在 setter: 方法中会对传递进来的 NSObject 或其子类的对象进行 retain 操作，再将成员变量进行 release 操作。此属性只适用于 Objective-C 对象类型，而不能用于 Core Foundation 对象，因为 retain 会增加对象的引用保留数，而基本数据类型或 Core Foundation 对象都没有引用保留数。

❑ nonatomic：禁止多线程，保护变量，提高性能。

atomic 是 Objective-C 所使用的一种线程保护技术，是为了防止数据在写操作未完成的时候被另外一个线程读取，造成数据错误的机制。这种机制是耗费系统资源的，所以在 iPhone 这种小型设备上，如果没有使用多线程间的通信编程，那么 nonatomic 是一个很普遍的设置。

有了上面的介绍，我们继续修改 Diary 类中成员变量的属性。

```
@interface Diary : NSObject
{
    NSString          *title;
    NSString          *content;
    NSDate            *dateCreate;
}

+(id)createDiary;

@property (nonatomic, retain) NSString  *title;
@property (nonatomic, retain) NSString  *content;
// 只产生 getter: 方法
@property (nonatomic, readonly, getter=dateCreate) NSDate  *dateCreate;
```

在 Diary.h 文件中，我们先删除之前声明的成员变量，然后为 3 个 @property 命令添加相应的属性。虽然删除了成员变量的声明，但是通过 @property 命令，系统会自动为 Diary 类生成 3 个成员变量，分别是 _title、_content 和 _dateCreate。

成员变量 _dateCreate 没有 setter: 方法，它的属性参数除了 nonatomic 和 readonly 外，还有一个 getter=dateCreate，用来设置 dateCreate 的 getter 方法名称。

如果我们在 .m 文件中使用成员变量，应首选 self.title 语句。这会调用类中 title 变量的访问器方法。如果想在类在直接操作成员变量，则需要使用 _title 变量。

如果使用的是 Xcode 4.5 以前的 IDE 开发环境，除了在 .h 文件中使用 @property 命令生成成员变量以外，还要在 .m 文件中使用 @synthesize 命令告诉编译器生成访问器方法。但是从 Xcode 4.5 开始，我们就不需要这样了，编译器会在编译项目的时候自动加上该命令，因此大家还是尽量将 Xcode 升级到最新版本。

构建并运行应用程序，虽然运行效果没有什么变化，但是在整个应用程序的代码结构上面形成一种规范，尤其是在内存管理方面显得更加合理。

3.6 手动内存管理的规则

下面，我们来总结一下手动引用计数器管理内存的规则：

❑ 如果想拥有一个外部对象，就需要向它发送 retain 消息，以确保在使用该对象的时候不会被外界销毁。当我们不再需要它的时候，要将其释放（向其发送 release 消息而不是 dealloc 消息）。

❑ 向对象发送 release 消息并不见得会将这个对象销毁。当对象的引用计数器值减小到 0 的时候，该对象会被销毁。此时，系统将发送 dealloc 消息给这个对象来销毁其自身，并释放所占用的内存空间。

❑ 我们只能对执行了 retain 方法或使用 copy、mutableCopy、alloc 及 new 方法创建的对

象发送 release 消息，而且我们还要重写 dealloc 方法，进而在销毁对象之前释放类中
的成员变量。

❏ 如果在方法中我们不再需要某个对象，但是需要执行 return 将它返回，就需要向它发
送 autorelease 消息以保证它在将来的某个时段被释放。

❏ 当应用程序终止运行时，其所有占用内存空间的对象都会被释放，不管这个对象是否
在自动释放池中。

❏ 当我们开发 iOS 应用程序的时候，自动释放池会在应用程序运行的过程中周期性地创
建和释放其中的对象。在这种情况下，如果想确保一个被标记为 autorelease 的对象在
使用的时候不会被自动释放，就需要向它发送 retain 消息，这样就可以防止在使用它
的时候被自动销毁。

3.7　自动引用计数器

在我们掌握了手动管理内存的相关知识以后，就已经具备了学习 ARC 的资本。

ARC 是 iOS 5 推出的新特性，全称叫 Automatic Reference Counting。简单地说，就是代
码中自动加入 retain 和 release，原先需要手动添加的用来处理内存管理的引用计数的代码可
以自动地由编译器完成了。

该特性在 iOS 5 和 Mac OS X 10.7 开始引入，通过 Xcode 4.2 及以上版本可以使用该特
性。简单地理解 ARC，就是通过指定的语法，让编译器（LLVM 3.0 及以上）在编译代码时，
自动生成用于管理对象的引用计数部分的代码。需要注意的一点是，ARC 并不等同于其他语
言的垃圾回收机制，它只是一种代码静态分析（Static Analyzer）工具。让我们通过下面的两
段代码来看看使用 ARC 前后的区别。

未使用 ARC 机制的程序代码：

```
@interface NoneARCObject : NSObject {
    NSString *title;
}
-(id)initWithTitle:(NSString *)newTitle;
@end

@implementation NoneARCObject
-(id)initWithTitle:(NSString *)newTitle {
    self = [super init];
    if (self) {
        title = [newTitle retain];
    }
    return self;
}

-(void)dealloc {
    [title release];
    [Super dealloc];
```

```
}
@end
```

使用 ARC 机制的程序代码：

```
@interface ARCObject : NSObject {
    NSString *title;
}
-(id)initWithTitle:(NSString *)newTitle;
@end

@implementation ARCObject
-(id)initWithTitle:(NSString *)newTitle {
    self = [super init];
    if (self) {
        title = newTitle;
    }
    return self;
}
@end
```

我们在使用 Objective-C 的手动内存管理时，必须要遵守之前介绍过的规则。但是，在使用 ARC 以后，我们就不需要这样做了，甚至连最基本的 release 都不用了。

使用 ARC 都有哪些好处呢？通过前面所展示的代码，我们可以清楚地知道，使用 ARC 特性的代码会变得简单很多，因为我们不需要担心烦人的内存管理规则，以及所产生的内存泄露问题。其次是代码的总量变少了，增加了代码的可读性。最后，因为 ARC 使用编译器管理引用计数的工作，所以减少了低效代码的可能性。

与手动内存管理相同，ARC 特性虽然大大降低了程序员的开发难度，但是也有一些需要我们掌握的规则。

❑ 当创建对象的时候，绝对不能调用 retain、release、autorelease 或与 retainCount（引用计数器）相关的方法，也不能通过选择器方法调用它们，比如 @selector(retain) 或 @selector(release)。

❑ 在 ARC 的类中，我们不需要定义 dealloc 方法。但是，如果我们非要自定义 dealloc 方法，比如释放某些资源而不是成员变量，则在 dealloc 方法中不能执行 [super dealloc] 语句。

❑ 在不使用 ARC 特性的时候，我们声明成员变量需要使用 @property 命令，其属性包括 retain、assign 和 copy。在使用 ARC 特性的时候，这些参数都不能再用了，取而代之的是 strong 和 weak 两个参数。

❑ 如果使用 ARC 编译特性，就不能使用 NSAutoReleasePool 对象，而要使用 @autoreleasepool{} 形式的代码块。

除了在创建应用程序项目的时候可以勾选使用 ARC 特性以外，还可以在菜单中选择 Edit → Refactor → Convert to Objective-C ARC... 工具对旧有项目添加 ARC 特性。这个工具会自动移去项目中对 retain 方法和 release 方法的调用，还会帮助我们修复迁移后的一些问题。ARC 迁移工具会转换项目中所有的文件以符合 ARC 标准，并且在迁移的过程中还可以让我们有选择性地指定对哪些文件进行 ARC 迁移，对哪些文件使用手动内存管理。

在 Xcode 4.2 以后的版本中，默认 ARC 是 ON 的状态，所以当我们编译旧代码的时候往往会有 "automatic Reference Counting Issue" 的错误信息。此时，可以将项目编译设置中的 "Objective-C Automatic Reference Counting" 设为 NO，如图 3-6 所示。

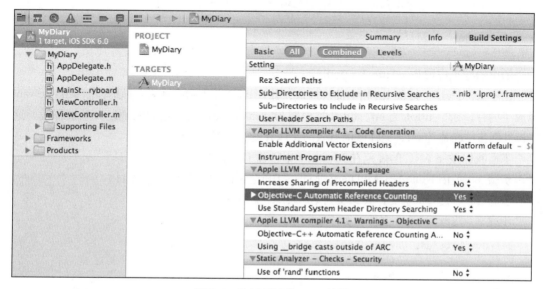

图 3-6　关闭项目的 ARC 特性

3.7.1　强引用

在 ARC 中，我们不可以使用 retain 参数作为成员变量的属性，必须使用 strong 来代替。

strong 关键字与 retain 类似，使用它以后，引用保留计数自动加 1。思考一下下面这段代码的执行结果：

```
@property (nonatomic, strong) NSString *title1;
@property (nonatomic, strong) NSString *title2;

self.title1 = [[NSString alloc] initWithUTF8String:" 标题 1"];
self.title2 = self.title1;
self.title1 = nil;
NSLog(@"Title 2 = %@", self.title2);
```

调试控制台中输出的结果为：Title 2 = 标题 1。

由于 title1 和 title 2 都具有强引用属性，因此它们同时拥有字符串对象"标题 1"的地址，这使得在移除 title1 的引用以后，title 2 所指向的那个对象仍然存在。

3.7.2 弱引用

weak 关键字与 assign 类似，它只是普通的赋值，不会改变所指向对象的引用保留计数的值。例如下面这段代码：

```
@property (nonatomic, strong) NSString *title1;
@property (nonatomic, weak) NSString *title2;

self.title1 = [[NSString alloc] initWithUTF8String:"标题 1"];
self.title2 = self.title1;
self.title1 = nil;
NSLog(@"Title 2 = %@", self.title2);
```

输出的结果应该是：Title 2 = (null)。

由于 self.title1 与 self.title2 指向同一地址，并且 title2 并不拥有该内存地址，而 self.title1=nil 释放了内存，所以 title1 为 nil。title2 被声明为 weak 指针，指针指向的地址一旦被释放，这些指针都将被赋值为 nil。这样做能有效防止内存的过早释放。

下面我们按照 ARC 的规范在 MyDiary 中创建 Diary 类。

步骤 1 关闭 NoneARCMyDiary 项目，打开之前创建的 MyDiary 项目。

步骤 2 创建 Diary 类，其父类为 NSObject 类型。

步骤 3 修改 Diary.h 文件，如下：

```
#import <Foundation/Foundation.h>

@interface Diary : NSObject

+ (id)createDiary;

@property (nonatomic, strong) NSString   *title;
@property (nonatomic, strong) NSString   *content;
@property (nonatomic, readonly, getter = dateCreate) NSDate *dateCreate;
@end
```

步骤 4 修改 Diary.h 文件，如下：

```
#import "Diary.h"

@implementation Diary

+ (id)createDiary{
    Diary *newDiary = [[Diary alloc] init];
    return newDiary;

}

@end
```

步骤 5 构建并运行应用程序，确保编译的过程中没有任何问题出现。

第 4 章

Xcode 中的 Interface Builder

本章内容

在前面的章节中，我们向大家介绍了 Xcode 工作区和 iOS 模拟器的相关知识，也介绍了如何在 Objective-C 中进行有效的内存管理。接下来，我们将会学习如何使用 Interface Builder 设计应用程序的用户界面。

被整合到 Xcode 4 中的 Interface Builder 是一个非常重要的编辑器，它提供了一种可视化的方式来搭建应用程序的用户界面，从而使得整个设计过程非常简单和直观。

4.1 了解 Interface Builder

Interface Builder 可以帮助我们创建应用程序的用户界面，但它并不仅仅是一个图形界面的绘制和搭建工具。使用 Interface Builder，我们可以不用编写程序代码就能轻松构建和实现一些功能，有效减少 Bug 的出现，缩短开发的时间，便于后期项目的升级和维护。

如果阅读过苹果的开发文档，就会了解到 Interface Builder 是 Xcode 的编辑器之一，它以前其实是作为一个独立的应用程序存在于 Xcode 开发工具包之中的。Interface Builder 会将界面文件最终转化为 Objective-C 代码。如果没有 Interface Builder，我们创建用户界面就会非常麻烦。

4.1.1 Interface Builder 中的关联

在 Xcode 中，我们可以通过编写程序代码的方式创建用户界面：先实例化一个界面对象，设置对象的属性，最终将它添加到控制器的视图体系之中。比如，第 2 章我们在 ViewController 类中创建了一个 UILabel 类型的对象，通过它在屏幕上面显示一段欢迎信息。

```
[self.view setBackgroundColor:[UIColor yellowColor]];
CGRect frame = CGRectMake(10, 170, 300, 50);
UILabel *label = [[UILabel alloc] initWithFrame:frame];

label.text = @"欢迎来到 iPhone 应用程序开发的世界！";

label.textColor = [UIColor redColor];
[self.view addSubview:label];
```

现在我们清楚地知道，这 5 行代码只是在视图中显示一个文本标签，还没有设置有关标签的字体、字号等属性。如果要在视图中同时出现文本、按钮、图像和其他可视化控件，则需要编写更多的代码。这需要我们花费大量的精力在这些技术含量很低的重复代码上面，而且出现 Bug 的几率也会大大增加。

该是 Interface Builder 大显身手的时候了。我们可以在 Interface Builder 上面添加和设计界面元素来代替手工编写界面代码。但是，在 Interface Builder 中创建的这些可视化控件还要与应用程序的代码之间建立一种简单的连接，我们称为关联。通过关联，就可以在代码中控制这些控件，包括在控件中显示指定的文本内容或图片、修改状态等。如果用户在应用程序的运行过程中与控件有交互操作，通过关联还会向相应的类发送消息，进而执行相关代码。

4.1.2　故事板

从 Xcode 4 开始，苹果引入了一个新的界面设计和组织管理工具——故事板（Storyboard）。它能够包含应用程序中所有需要的场景（scene）。每个场景对应一个视图控制器。场景中可以包含按钮、标签、表格视图、图像、滑块、开关等界面元素，以及一些其他非界面元素。故事板中除了会包含很多的场景以外，还显示了场景与场景之间的切换效果。

比如本书介绍的 MyDiary 项目，它需要有一个用于显示日记列表的场景，供使用者浏览和选择。另外还需要一个用于显示单个日记详细内容的场景。

故事板不仅仅具有很酷的外观，还能创建自定义的界面元素对象。需要注意的是，故事板中的这些可视化对象是不需要我们进行手工创建（alloc）和初始化（init）的。当故事板中的某个场景被载入应用程序并在屏幕上面显示的时候，我们就可以通过关联访问场景中的这些对象。

1．故事板的文档大纲

在项目导航器中选择 MainStoryboard.storyboard 文件，此时 Interface Builder 会被自动打开。文件的内容显示在 Interface Builder 编辑器中，而故事板大纲则出现在 Interface Builder 编辑器的左侧，如图 4-1 所示。

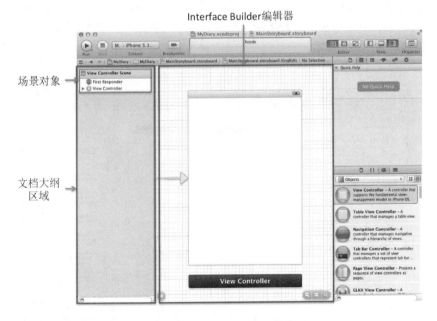

图 4-1　故事板文件打开后的界面

提示　如果在故事板界面中没有看到文档大纲，可以在菜单中选择 Editor → Show Document Outline，或者点击编辑区域左下角的箭头将其打开。

目前文档大纲只有一个场景 View Controller Scene，我们可以在上面放置很多的界面对象来收集用户的输入信息和显示要输出的信息。后面我们还要为应用程序添加更多的场景。

在文档大纲的 View Controller Scene 中一共包含 3 个图标：First Responder、View Controller 和 View。其中前两个比较特别，它们并不属于界面对象。

- First Responder：指向当前正在进行人机交互的界面对象。当用户打开 iOS 应用程序的时候，可能会有多个对象负责响应屏幕触摸或键盘输入的操作。用户当前和哪个对象进行交互，First Responder 就会指向谁。比如用户正在一个文本框（UITextField 类型的对象）中输入内容，First Responder 就会指向它，直到用户将焦点转移到其他界面对象。

- View Controller：视图控制器代表一个对象。在应用程序运行的过程中，视图控制器对象会载入故事板中相应的场景。它可以控制场景中的所有对象（需要和这些对象建立关联），接受用户的交互操作。我们将在下一章对视图控制器进行详细的介绍。

- View：视图对象是 UIView 类型的一个对象，它可以呈现各种界面对象。视图控制器会载入这个视图并将其显示在 iOS 设备的屏幕上面。视图实际上是分层的，这意味着我们可以向视图中添加各种界面控件，也可以添加子视图。除此以外，我们还可以在这里设置界面对象的属性。

当我们构建用户界面的时候，随着界面对象数量的逐渐增多，文档大纲中各个场景的 View 中的对象也会不断增加。有些场景可能会包含十几甚至几十个不同的界面对象，形成一个复杂的场景，如图 4-2 所示。

图 4-2　故事板的场景及其场景中呈现的界面控制器

在文档大纲中我们可以收缩或展开场景中的视图结构，以便更好地关注当下最重要的内容。

说明　这部分所介绍的视图对象（UIView 对象）是一个能够包含其他视图、界面元素或响应用户交互事件的矩形区域。所有的界面元素（如按钮、文本框等）都可以添加到视图对象之中，实际上它们都是 UIView 的子类，同时也是大纲场景中 View 对象的子视图。

---

2. 文档大纲区域中的对象

在 Interface Builder 中，文档大纲区域会显示各种被添加的界面元素的图标。在实际的开发过程中，我们可以用它来做什么呢？其实，在编辑器文档大纲中，View 中的每一个图标都是对被添加进去的界面元素的一个引用。我们通过拖曳图标的方式，可以和代码文件建立关联。

作为一个呈现在 View 上面的界面元素（比如按钮），要在被触发的时候（用户点击按钮）执行一段代码。在大纲区域中找到该按钮的条目，拖曳其到 View Controller 图标上，这样就可以为按钮创建一个交互响应的方法。

另外，对于那些在视图中的非可视化对象（比如 First Responder 和 View Controller 对象），我们还可以在编辑器的界面场景下方的图标栏中找到它们，如图 4-3 所示。

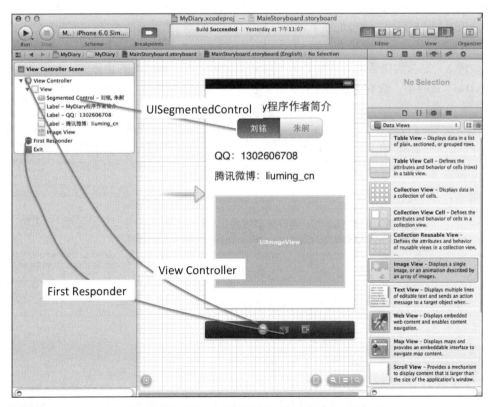

图 4-3　故事板场景中的图标栏和文档大纲之间的关系

注意 对于在 Interface Builder 编辑器中没有被选中的场景，其下方的图标栏中并不会显示代表 First Responder 和 View Controller 对象的图标，而只会显示该视图控制器的名称。如果选中该场景，则会出现上面介绍的图标。

4.2 创建用户界面

此前我们在图 4-1 和图 4-2 中分别看到了一个空白视图和一个含有多个界面元素的视图。下面我们就通过实践来完成用户界面的搭建。

打开 MyDiary 项目中的 MainStoryboard.storyboard 文件，确保文档大纲可见，此时 Interface Builder 编辑器中只有一个视图控制器的 View。

从 Xcode 4.5 开始，Interface Builder 针对用户界面的布局加入了一个 Auto Layout 特性，该内容并不在本书的讨论范围之内，所以这里在创建视图界面之前先关闭该功能。

步骤 1 在项目导航中选择 MainStoryboard.storyboard，在通用区域中选择文件检查窗口（Option+Command+1 快捷键）。

步骤 2 在文件检查窗口中的 Interface Builder Document 部分中取消对 Use Autolayout 的选择。

从 Xcode 4.5 开始，当我们在 Interface Builder 中创建视图界面的时候，可能会发现其像素大小与最新的 iPhone 5 的 640×1156 相同，我们可以先将其调整为普通 iPhone 4 的视图大小。

步骤 3 点击编辑器右下方的长方形按钮来切换 4 英寸和 3.5 英寸屏幕，如图 4-4 所示。在 MyDiary 项目中，我们将视图设置为 3.5 英寸。

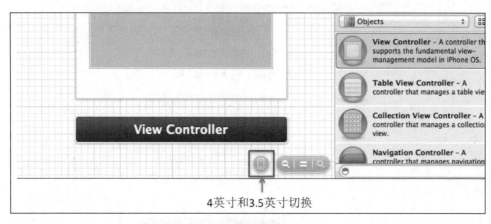

图 4-4　切换视图大小

4.2.1 对象库

我们可以将对象库（The Object Library）中的任何对象添加到视图之中，如按钮、文本框、图像视图和表格视图等。可以从菜单中选择 View → Utilities → Show Object Library
（Control+Option+Command+3 快捷键）打开对象库。此时，对象库应该出现在通用区域的下
方。在对象库的顶端，我们还可以从下拉菜单中选择某一类的界面对象。

注意　Xcode 不仅仅只有这一个库（Library）。对象库只包含用户界面对象。除此以外，还
有文件模板库、代码片段库和媒体库，我们可以点击库区域中相应的图标打开它们。

如果我们在对象库中双击某个元素一段时间，就会弹出一个信息框显示这个界面对象的具
体功能信息，如图 4-5 所示。这种做法在 Xcode 中非常普遍，其他库都可以进行这样的操作。

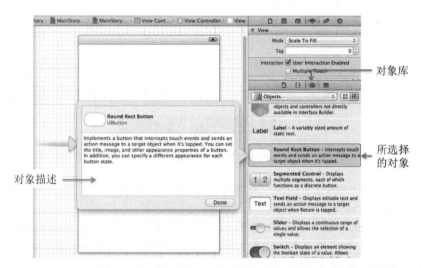

图 4-5　在对象库中查看每个界面控件的描述

在对象库的顶端还有对两种视图进行切换的按钮，它可以在图标视图和列表视图之间进
行切换。如果知道某个对象的名称并希望快速定位该对象，可以在对象库底部的过滤文本框
中输入相关的文字。

4.2.2　向视图添加界面元素

要想增加界面元素到视图之中，只要将其从对象库拖曳到视图里面相应的位置即可。

步骤 1　打开 MyDiary 项目中的 MainStoryboard.storyboard 文件，选择编辑器中
ViewController 场景，在对象库中找到 UILabel 对象，然后将其拖曳到视图之中。双击
UILabel 对象，键入"MyDiary 程序作者简介"几个字，如图 4-6 所示。

虽然只是一个很简单的拖曳动作，但是一个 UILabel 对象就创建好了。如果在代码文件
中实现，需要编写很多行代码才可以。

步骤 2　按照图 4-2 所示添加其余的界面对象，从对象库的下拉菜单中选择 Controls，
从中选择 Segmented Control，将其拖曳到 UILabel 对象的下方。Segmented Control 由两个或
两个以上的按钮组成，用户可以通过点击按钮进行交互操作。

图 4-6 将 UILabel 对象添加到 ViewController 场景中

双击 Segmented Control 中的第一个按钮，修改名称为刘铭（读者可修改为自己的名字）。如法炮制，将第二个按钮修改为另一个名字。

步骤 3 在 Segmented Control 对象的下方添加两个 UILabel 对象。因为此时 Segmented Control 默认选中的是第一个人物，所以可分别将这两个 UILabel 对象的内容修改为第一位作者的 QQ 账号和微博账号。

步骤 4 在对象库底部的搜索过滤框中输入 image，此时对象库列表中会出现 Image View 对象，将该对象拖曳到 UILabel 的下方并将其调整到合适的大小。

要想从视图中移除一个对象，可以先选中该对象，然后按 Delete 键。我们还可以使用复制、粘贴的方式快速创建视图中多个相似的界面元素。

说明 编辑区域右下角的 +/- 号放大镜用于缩放用户界面，在故事板中创建的场景越来越多以后，这个功能就非常有用了。不幸的是，我们不能在场景被缩放的情况下编辑其中的对象，所以苹果提供了＝按钮快速跳转到 100% 的显示比例。

4.2.3 Interface Builder 的布局工具

Interface Builder 提供了一些有用的工具来帮助开发者对界面布局进行调整。

1. 参考线

当我们在视图中拖曳某个对象的时候，就会注意到有参考线出现，如图 4-7 所示。参考线可以帮助我们完成对界面的布局。

参考线是自动出现在视图之中的，它会进行合理的磁力停靠，这样可以防止界面元素被放置在视图的边缘，避免了用户手指无法触控的情况。

提示　我们还可以手动增加自定义的参考线到视图之中，在菜单中选择 Editor，点击 Add Horizontal Guide 或 Add Vertical Guide 即可。

2．选择句柄

除了参考线以外，大部分的界面元素都含有选择句柄用于调整对象横向或纵向的大小。当我们选择好一个对象时，其周围有八个位置会出现小矩形，点击并拖曳它们就可以改变元素的大小，如图 4-8 所示。

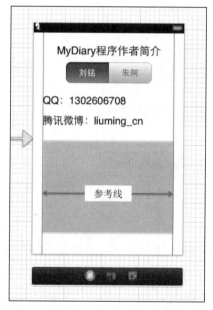

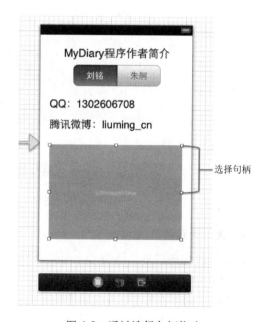

图 4-7　参考线可以帮助开发者在视图中　　　　图 4-8　通过选择句柄修改
　　　　对界面控件进行定位　　　　　　　　　　　Image View 的大小

如果我们选择的是 Segmented Control，就会发现它的高度是不能修改的。有部分的界面对象，其大小是不能调整的。苹果之所以这么做，是考虑到 iOS 应用程序的规格要有一定的统一性。

3．对齐

要想在视图中快速对齐几个对象，需要先拖曳出一个矩形将它们全部包含进去，或者按住 Shift 键后选择需要对齐的对象，然后选择菜单中的 Editor → Align，选取相应的对齐类型即可。

在 View Controller 场景中选择所有的对象，在 Align 菜单中选择 Left Edges（Command+[快捷

键），然后选择 Horizontal Center 并调整好位置即可，如图 4-9 所示，因为 Command+[是一个快捷键操作。

说明 对于对象位置的微调，我们可以在选中它以后按上、下、左、右键来调整四个方向的位置，每按一次只会移动 1 点（对 Retina 屏幕来说是 2 像素）。

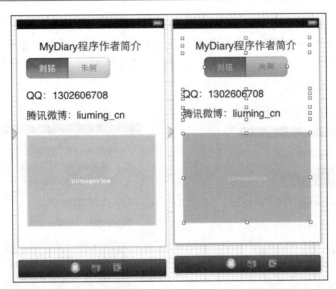

图 4-9　对视图对象左对齐和水平中心对齐

4．大小检查窗口

除了选择句柄以外，还有一个可以帮助我们调整对象大小的工具，就是大小检查窗口（The Size Inspector）。在 Interface Builder 中有很多检查窗口，如属性、帮助、标识、大小和关联。其中，大小检查窗口不仅用于设置对象的大小尺寸，还可以设置位置和停靠。

要打开大小检查窗口，首先选择一个或几个对象，然后点击通用区域上方的尺子图标即可，也可以在菜单中选择 View → Utilities → Show Size Inspector（Option+Command+5 快捷键），如图 4-10 所示。

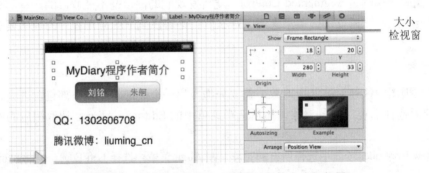

图 4-10　通过大小检查窗口调整对象的大小和位置

技巧　在视图中选择好一个对象，然后按住 Option 键再移动鼠标，鼠标停留在另一个对象上，就会出现两个对象之间的距离数值，这个数值是以点（Point）为单位的。

4.3　自定义界面的外观

我们不仅可以调整呈现在视图上的界面元素的大小和位置，还可以设置对象其他方面的属性，比如字体、字号、颜色等。这些都可以在 Interface Builder 中的检查窗口中进行设置。

4.3.1　属性检查窗口

在 Interface Builder 中，我们使用属性检查窗口（Attributes Inspector）调整界面元素大部分的常规设置。属性检查窗口位于通用区域顶端，用一个滑块图标显示。我们也可以在菜单中选择 View → Utilities → Show Attributes Inspector（Option+Command+4 快捷键），打开属性检查窗口。

步骤 1　选择 MainStoryboard.storyboard 文件中的 View Controller 场景，选中之前创建的位于视图顶部的 UILabel 对象，然后打开属性检查窗口，如图 4-11 所示。

图 4-11　选中 UILabel 对象打开属性检查窗口

步骤 2　在 Text 属性中，可以修改 UILabel 的显示内容。确定 Alignment 为居中，字号为 "System 23.0"。

步骤 3 为 UILabel 对象设置文字的颜色和背景色。

经过上面的三步操作，是否感受到在 Interface Builder 中设置对象的属性是一件很轻松的事情呢？这里需要提醒的是，对于 Objective-C 高级程序员来说，通过代码方式设置对象的属性更为常用，因为这样可以灵活地控制每一个界面元素在不同状态下的效果。

属性检查窗口中包含了当前对象的各种属性，比如文本内容、字体、字号、颜色、对齐方式等。在属性检查窗口的下半部分还会显示很多继承的属性。

提示 作为开发者，不建议大家特意去记忆每一个界面对象的每一个属性，只要熟练掌握每个对象的关键特征属性即可。如果有特殊需要，再去查阅相关资料去寻找解决问题的办法。

4.3.2 设置辅助功能

一直以来，我们通常只关注界面元素的外观视觉效果。如今，苹果对界面外观进行了更多的延展，那就是通过语音来描述用户界面。iOS 包含了具有屏幕朗读技术的画外音（Voiceover）功能。画外音可以帮助用户进行操作导航，针对那些有视觉障碍的用户提供人性化的设计。

要想自定义界面元素的画外音，需要打开标识检查窗口。除了可以在通用区域顶端点击窗口图标打开标识检查窗口以外，还可以在菜单中选择 View → Utilities → Show Identity Inspector（Option+Command+3 快捷键），打开标识检查窗口。可设置的属性一共包括 4 个方面，如图 4-12 所示。

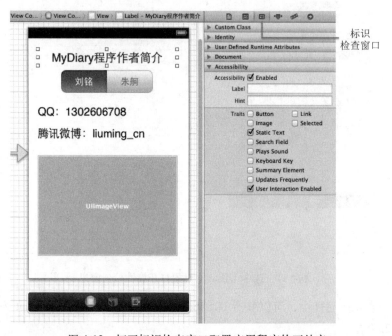

图 4-12 打开标识检查窗口配置应用程序的画外音

❑ Accessibility：如果被勾选，则该对象可使用画外音功能。注意，对于那些必须通过查看才能交互的界面对象，则要禁止使用画外音功能。

❑ Label：可以设置一两个简单的单词。比如需要用户在文本框中输入姓名，则可以将 Label 设置为 "您的姓名"。

❑ Hint：一个简短的描述，一般用来提示用户如何使用或操作。当 Label 不能提供足够信息时，在这里填写相关内容。

❑ Traits：该部分提供很多的复选框供开发者勾选，这些复选框都是描述界面对象特征的。像这个对象是干什么的和当前正处于什么状态。比如当点击 UIImageView 对象的时候，如果勾选了 Image，那么画外音会说明它是一个 Image。

提示　在 iOS 模拟器中是无法模拟画外音效果的，我们只能在真机上测试该功能，还需要在 "设置→通用→辅助功能→ VoiceOver" 中将画外音功能打开。

4.3.3　在模拟器中使用辅助功能

虽然 iOS 模拟器中没有画外音功能，但是会有一个辅助功能的开关选项（设置→通过→辅助功能→ Accessibility Inspector）。通过这个开关，我们可以了解界面对象的辅助功能信息，如图 4-13 所示。

图 4-13　打开 iOS 辅助功能检查器

辅助功能检查器在模拟器的工作界面中增加了一个浮动层，上面显示了选中对象的标签、提示、特征信息。使用辅助功能检查器左上角的 × 按钮可以关闭检查器。辅助功能检查器在关闭时只是一个小条，没有任何的作用和影响。辅助功能检查器在打开时会禁止所有的交互行为，用于显示辅助信息。

4.4 与代码进行关联

通过上面的学习，我们已经知道如何在 Interface Builder 中创建界面对象，但是在创建完这些对象以后又要做什么呢？简单来说，需要将界面对象和程序代码关联起来。

4.4.1 要完成的效果

本章的实践一共包含 4 个可交互的界面元素：1 个按钮栏（Segmented Control），2 个文本标签（UILabel）和 1 个图像视图（Image View）。同时，这些界面元素会根据用户的交互操作显示不同的作者信息，如图 4-14 所示。

图 4-14　通过按钮栏选择不同的作者来显示相应的内容

由于篇幅和本章学习内容的限制，我们在接下来的实践中只去实现与关联相关的代码。在第 5 章中会着重讲解如何在视图控制器中通过关联响应用户的交互操作。

4.4.2　outlet 变量和 action 方法简介

outlet 就是一个在程序代码中创建的指针变量，它会指向故事板中相应的界面元素。比如，在前面的实践中我们创建了 UILabel 对象，它会根据不同的作者显示不同的 QQ 账号。因此，需要在代码中创建一个名为 qqNumber 的 outlet 变量，通过这个成员变量控制故事板中的 UILabel 对象所显示的文本内容。

action 代表一个动作，当界面元素发生某个交互事件的时候，就会调用这个动作所关联的程序代码。比如当用户点击视图中按钮的时候，就会触发一个事件，这个事件会调用在程序中定义的 action 方法。

根据 MyDiary 项目的功能，我们需要创建下面这些 outlet 变量和 action 方法。

❏ authorChanged：一个 action 方法，响应用户切换作者的事件。

❏ authors：一个 outlet 变量，用于设置 Segmented Control 的状态。

❏ qqNumber：一个 outlet 变量，显示指定作者的 QQ 账号。

❏ weiBo：一个 outlet 变量，显示指定作者的腾讯微博账号。

❏ authorImage：一个 outlet 变量，显示指定作者的照片。

现在，让我们开始建立上述这些关联。

4.4.3　为 ViewController 类添加成员变量

因为代码中的 ViewController 类对故事板中的 View Controller 场景负责，所以我们需要在 ViewController.h 中声明 4 个 outlet 变量和 1 个 action 方法。

步骤 1　在项目导航器中选择 ViewController.h 文件，添加下面粗体字的代码。

```
#import <UIKit/UIKit.h>
@interface ViewController : UIViewController

@property (weak, nonatomic) IBOutlet UILabel *qqNumber;
@property (weak, nonatomic) IBOutlet UILabel *weiBo;
@property (weak, nonatomic) IBOutlet UIImageView *authorImage;
@property (weak, nonatomic) IBOutlet UISegmentedControl *authors;

- (IBAction)authorChanged:(id)sender;

@end
```

从代码中我们可以看到，ViewController 类一共声明了 4 个 outlet 变量和 1 个 action 方法。需要注意 4 个 outlet 变量的属性必须是 weak，outlet 类型的变量一般都是弱引用。这是因为故事板中的每一个场景都专属于指定的视图控制器类（故事板中的 View Controller 场景专属于 MyDiary 项目中的 ViewController 类），而类中的成员变量被特定关联到场景中已经创建好的界面对象，所以我们不用再去拥有它。

从 Xcode 4.5 开始，我们在声明成员变量的时候，不用在花括号中单独声明成员变量的类型及名称。编译器在编译的时候会自动将 @property 命令生成的访问器方法转化为成员变量，例如将 qqNumber 转化成 _qqNumber，将 weiBo 转化成 _weiBo。在程序代码中，我们可以使用访问器方法 self.qqNumber 对变量进行读写，也可以直接操作成员变量 _qqNumber（前缀为下划线）。这里强烈建议大家使用访问器方法，除非该成员变量有只读属性，这时才使用前缀下划线的方法为变量赋值。

ViewController 类中的 action 方法则包含一个参数，该参数传递进来的是用户当前所交互的界面对象的指针。

步骤 2 在 ViewController.m 文件中，删除之前我们在 viewDidLoad 方法中添加的程序代码。

```
- (void)viewDidLoad
{
    [super viewDidLoad];
    // 删除之前的所有代码
}
```

步骤 3 在 ViewController.m 文件中添加下面粗体字的代码。

```
@implementation ViewController
// 从 Xcode 4.5 开始，可以不使用 @synthesize 来生成访问器方法

- (IBAction)authorChanged:(id)sender {
    NSLog(@"执行了 authorChanged: 方法。");
}
```

@synthesize 命令用于在 .m 文件中生成成员变量的访问器方法。从 Xcode 4.5 开始，如果不写该命令，编译器在编译的时候会自动添加该语句。

在 action 方法 authorChanged: 中，我们使用了 NSLog 函数。当此 action 方法被调用的时候，可以在调试控制台显示指定的信息。

4.4.4 创建 outlet 关联

在 Interface Builder 中建立一个 outlet 关联，可以有两种方法：第一种方法是将大纲视图中的 View Controller 图标通过 Control-Drag⊖ 拖曳到视图中相应的界面元素上，另一种方法则是将 View Controller 图标通过 Control-Drag 拖曳到文档大纲中相应的元素图标上。

步骤 1 选择 MainStoryboard.storyboard 文件，在文档大纲中选中 View Controller（或场景下方的图标栏中的 View Controller 图标），将其通过 Control-Drag 拖曳到场景中的 QQ 号码 UILabel 对象上面，如图 4-15 所示。

步骤 2 在弹出的 Outlets 关联菜单中选择 qqNumber，如图 4-16 所示。此操作会将 ViewController 类中的 qqNumber 变量指向场景中的 UILabel 对象。

步骤 3 重复上面的操作，将 weiBo 变量关联到微博 UILabel 对象，将 authorImage 变

⊖ Control-Drag 相当于按住鼠标右键进行拖动的操作。

量关联到 UIImageView 对象，将 authors 变量关联到 Segmented Control 对象。

图 4-15　将大纲视图中的 View Controller 图标显示 QQ 号码的 UILabel 上面

图 4-16　在关联菜单中选择 qqNumber

4.4.5　创建 action 关联

　　建立 action 关联的方法与建立 outlet 有些区别。用户与界面元素交互会触发一个动作，从而执行代码中的方法。因此，建立 action 关联的操作方法正好与建立 outlet 相反，将场景中的对象通过 Control-drag 拖曳到 View Controller 图标上，然后选择在 ViewController 类中声明的 action 方法即可。

上面的方法虽然简单，但是并不推荐大家使用，因为我们并没有指明用户的哪个操作事件被触发了。对于一个按钮对象，到底是想让用户在点击的时候触发一个方法，还是在点击以后抬起手指的时候触发呢？

同一个界面元素可以触发很多的事件，所以我们需要确保触发的是我们想要的事件。

步骤 1 选择场景中位于上方的按钮栏（Segmented Control），在通用区域顶端选择关联检查窗口。我们也可以在菜单中选择 View → Utilities → Show Connections Inspector（Option+Command+6 快捷键），将关联检查窗口打开。

步骤 2 此时关联检查窗口中会列出与 Segmented Control 相关的很多事件，每一个事件的后面都会有一个圆圈。按住 Value Changed 后面的圆圈并将其通过 Control-Drag 拖曳到文档大纲的 View Controller 图标上面，如图 4-17 所示。在弹出的 action 关联菜单中选择 authorChanged: 方法即可。

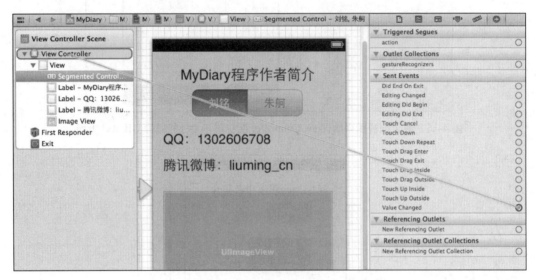

图 4-17　使用关联检查窗口建立 action 关联

到目前为止，我们已经建立好所有的 outlet 和 action 关联。如果此时构建并运行应用程序，在触发相应的事件以后，就会调用相应的方法，同时，在调试控制台中会显示调用的相关信息。

4.4.6　使用快速检查器查看关联

如果我们在建立关联时出现了错误，比如关联了错误的 outlet 变量，为错误的事件指定了一个 action 方法等，要想查看场景中所有的关联信息，可以在大纲视图的 View Controller 图标上通过 Control-Click 调出快速检查器，如图 4-18 所示。

在快速检查器中，我们可以点击已关联好的对象前面的 × 按钮移除关联，也可以点击后面的圆圈建立新的关联。点击检查器左上角的 × 按钮可以关闭整个快速检查器。

除了通过快速检查器检查关联以外，在代码文件中也可以查看是否成功关联。

步骤 1　在项目导航器中选择 ViewController.h 文件。

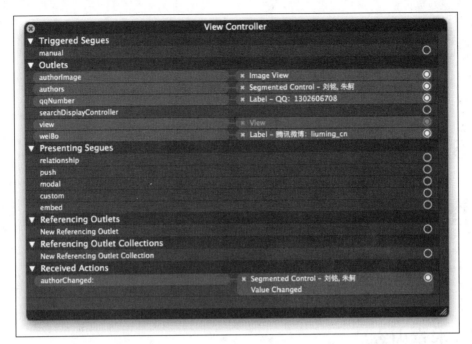

图 4-18　Control-Click View Controller 图标打开的快速检查器

步骤 2　在 IBOutlet 和 IBAction 的声明语句之前看到实心的圆点，代表已经成功建立关联，如图 4-19 所示。如果看到的是空心圆圈，则代表没有建立关联。

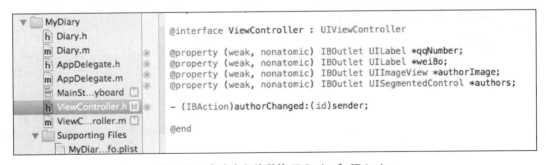

图 4-19　成功建立关联的 IBOutlet 和 IBAction

提示　在故事板中成功建立关联以后，如果此时想要在代码中删除 outlet 变量或 action 方法，则还需要在故事板中删除建立的关联，否则会导致程序崩溃退出。

第 5 章

视图控制器

本章内容

在 iOS 应用程序中，视图控制器（View Controller）负责管理视图，并处理与其相关的诸多任务，包括视图的管理，设备方向的旋转，当发生低内存警告时卸载部分无用的视图对象。每个视图控制器都有属于自己的视图，并形成属于自己的视图体系结构，所有的界面对象都会呈现在这个体系之中。

在前面的章节中，我们使用 Single View Application 应用程序模板构建了 MyDiary 项目，并且为 View Controller 中的视图添加了必要的界面元素。在本章的实践练习中，我们将针对该视图进行操作，完成相关的功能。但在此之前，我们有必要先了解一下设计模式的相关知识。

5.1　MVC 设计模式简介

要想成为一名优秀的 iOS 程序开发人员，我们至少要具备一种面向对象程序设计语言的开发经验，比如 Java、C++ 或 C＃，并且 C 语言也是我们要熟练掌握的。在此基础上，我们再学习 Objective-C 语言就会更加游刃有余。但是，除此以外，我们还要对设计模式有一定的了解。在 iOS 中最重要的并且使用最多的一种设计模式，就是数据 - 视图 - 控制器（Model-View-Controller，MVC）设计模式。

作为在 iOS 应用程序开发中被广泛使用的一种设计模式，我们可以把 MVC 理解为：在开发 iOS 应用程序的过程中，开发人员所创建的任何类都属于下面这 3 个类型中的一个：视图对象（View）、数据模型对象（Model）和控制器对象（Controller）。

视图对象是指负责用户界面的对象，比如第 4 章 View Controller 场景中的 Label、Segmented Control 和 Image View，这些都是视图对象。一般地，视图对象是 UIView 类或其所继承的子类，比如 UITextField、UIButton、UISlider 等。当然，如果需要，还可以自定义一些视图类对象，如 BackgroundView、ShoppingView 等，相信一看类名称，大家就知道它们是负责显示的视图对象。

数据模型对象是负责处理数据的，它与视图对象之间没有任何关系。在本章的实例中，我们的 Model 对象就是作者的个人信息。

作为数据模型对象，它们通常是一些标准的集合对象（如 NSArray、NSDictionary 和 NSSet 类）和一些标准数值对象（如 NSString、NSDate、NSNumber 类）。对于大型或复杂的数据模型，往往需要创建自定义类，比如 Shopping、Employee 等。

如果把应用程序看作一座工厂，那么视图对象和数据模型对象就好比是工厂中不同分工的工人，他们都只负责做好自己应该做的事情。举例来说，UILabel 对象只负责在用户界面中的指定位置显示一个指定尺寸的文本信息，至于文本的内容，它并不关心，到时候"会有人告诉他"。而 NSString 对象只负责储存一个字符串，至于这个字符串用在哪里，它并不关心，到时候"会有人来指定"。

控制器对象用来管理应用程序，它负责视图对象和数据模型对象之间的联系与同步，控制着在程序中传递的各种信息流。简单说来，当用户点击屏幕上的按钮想得到需要的反馈信息时，该按钮会把用户触发的事件通过视图对象报告给控制器，控制器会联系数据模型对象，告诉它需要哪些方面的数据，请其提供。最后控制器再把数据模型提供的数据传递给视图对象，这样用户需要的反馈信息就显示在屏幕上面了，如图 5-1 所示。

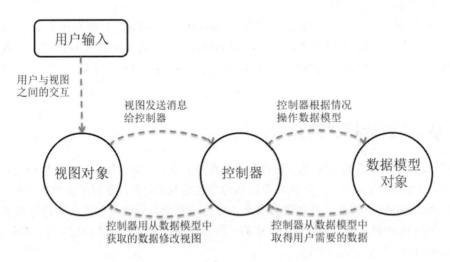

图 5-1 应用程序内部信息流

从图 5-1 中我们可以看出，控制器对象就像中介一样，左右分别联系着视图和数据模型。在日常生活中，我们都比较讨厌中介（尤其是那些频繁给你打电话的房屋中介），那么为什么就不能让视图和数据模型直接联系，非要有个中介呢？道理很简单，面向对象编程的优势之一就是类的可复用。如果去掉控制器这个中介，用户在 iPhone 屏幕上的交互操作都是直接由视图对象去操作数据模型对象，那么，视图中势必包含了对数据模型的引用语句（♯ import）。但是，当我们在其他地方复用该视图类时，又可能会包含进其他的数据模型类。也就是说，复用越多，包含不必要的数据模型类的可能性越大。再有，随着程序代码的不断升级和完善，在修改数据模型类（比如添加、删除模型类中的属性和方法）以后，就有可能会对视图调用数据模型产生非常严重的影响，为应用程序的运行添加了很多不稳定因素。

在使用项目模板创建 iOS 应用程序的时候，Xcode 已经自动为我们生成了一个控制器。需要清楚的是，大部分的应用程序都会含有不止一个控制器，因为本章的实践练习非常简单，所以只含有一个控制器——View Controller。

项目中 View Controller 的任务就是当用户点击 Segmented Control 的时候，会触发类中的一个方法，这个方法会将相应作者的数据提供给各个视图对象。

5.2 MyDiary 项目中的"关于作者"控制器

在本章的练习中，我们会完成 View Controller 的构建，它主要完成"关于作者"的功能。在前面的章节中已经基本完成视图对象的创建，接下来，我们主要关注控制器和数据模型方面的构建。

5.2.1　为"关于作者"控制器准备照片素材

在"关于作者"控制器中，我们需要准备两位作者的照片，并通过 ImageView 类将其呈现在 iPhone 屏幕上面。

步骤 1　在故事板中选择 Image View 对象，使用 Option+Command+5 快捷键打开尺寸检查窗口，记录下 Image View 对象的大小尺寸，在本实例中 Image View 的大小为 280×193 点。注意，这里所用的单位是点而不是像素。我们需要为每一位作者准备 2 张不同像素值的图片：280×193 像素和 560×386 像素（具体像素值根据 Image View 的实际大小而定）。究其原因，多数读者能够猜到：一张是为 iPhone 设备准备的，而另外一张是为 iPhone Retina 设备准备的。

步骤 2　使用 Photoshop 或其他绘图工具为两位作者分别制作不同大小的两张照片。文件名称分别定义为 liuming.png、liuming@2x.png、zhuge.png 和 zhuge@2x.png。

步骤 3　在 Xcode 中使用 Command+1 快捷键切换到导航模式，选择 MyDiary 组（前面为黄色文件夹的图标），执行 Control-Click 后在关联菜单中选择 New Group，将 Group 更名为 Resources。

步骤 4　将前面准备的 4 个文件拖曳到 Resources 组之中，此时会弹出添加文件选项对话框，如图 5-2 所示。确定"Copy items into destination group's folder (if needed)"被勾选，点击 Finish 按钮。

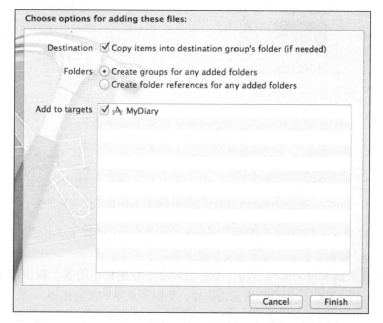

图 5-2　向 Resources 组中添加 4 个图片文件时的选项对话框

此时，Resources 组中会出现 4 个新的图片文件，以备我们在应用程序中使用。

说明 使用 @2x 格式的 PNG 图像是苹果专门为 Retina 屏幕使用的图片。当应用程序运行在 iPhone 3GS 设备上时会使用普通的 PNG 图片，但是当运行在 iPhone Retina 设备上时会先搜索带有 @2x 名称的 PNG 图片，如果没有再使用普通 PNG 图片。幸运的是，这一过程完全由 iOS 系统自动执行，我们只需要提供两种不同大小的图片即可。

5.2.2 设置 Segmented Control

除了准备好需要的照片以外，我们还要设置 Segmented Control 的属性，以便在应用程序运行的时候按照我们的要求显示照片。在第 4 章中我们只是向 View Controller 中添加了一个 Segmented Controller，修改了其中两个按钮的 Title。

Segmented Control（UISegmentedControl 类型的对象）可以呈现一个线性按钮组（也叫做按钮栏）。我们可以使用它在屏幕上切换不同的分组或信息，比如本实例中，它负责 MyDiary 项目里面两位作者的个人信息切换。

在故事板中选中 Segmented Control 对象，然后使用 Option+Command+4 快捷键切换到属性检查窗口，如图 5-3 所示。下面介绍 Segmented Control 的属性。

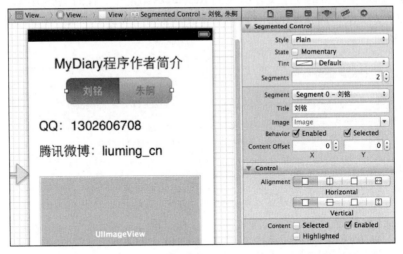

图 5-3　Segmented Control 在属性检查窗口中显示的各种属性

- ❑ Style：从 Xcode 4.5 开始，苹果为 Segmented Control 提供了 3 种不同的风格：Plain、Bordered 和 Bar。
- ❑ State：在勾选 Momentary 以后，不管用户点击按钮栏中的哪个按钮都不会停在按下的状态，而是可以让用户再次点击选择，类似于菜单的交互操作。
- ❑ Tint：当 Style 为 Bar 风格时，我们可以修改 Segmented Control 的颜色。
- ❑ Segments：用于设置按钮栏中一共有几个按钮。

❏ Segment、Title、Image、Behavior 和 Content Offset：它们属于一组联动属性设置。当我们从 Segment 中选择一个按钮以后，就可以单独设置它的 Title 和 Image。但 Title 和 Image 只能设置一个，当设置了 Title 属性后，Image 属性就不起作用，反之亦然。但是对于按钮栏中的所有按钮，我们可以单独设置每一个按钮的 Title 或 Image 类型，比如可以将刘铭的按钮设置为文字类型，朱舸的按钮设置为图片类型。Behavior 包含两个行为，Enabled 代表可以进行点击交互，而 Selected 代表当前该按钮处于选中状态。Content Offset 代表按钮中显示的内容（文字或图片）在 X 轴或 Y 轴方向的偏移量。

对于我们的实践练习 MyDiary 项目，使用 Segmented Control 的默认设置即可；如果愿意，还可以通过 Segments 多设置几位作者。

5.2.3　为控制器准备相关数据

接下来我们要为 MyDiary 项目准备数据模型。这个数据模型比较简单，不用单独创建数据模型类，直接在 ViewController 类中完成即可。

步骤 1　在项目导航器中选择 ViewController.m 文件，修改 viewDidLoad 方法，添加下面粗体字的内容。

```
// 当控制器的视图被载入内存以后，会执行该方法
- (void)viewDidLoad
{
    [super viewDidLoad];

    // 设置作者 QQ 账号的文本标签
    self.qqNumber.text = @"QQ：1302606708";

    // 设置作者腾讯微博账号的文本标签
    self.weiBo.text = @"腾讯微博：liuming_cn";

    // 在 Image View 中显示作者的照片
    self.authorImage.image = [UIImage imageNamed:@"liuming.png"];
}
```

构建并运行应用程序，我们在模拟器中可以看到视图中会显示第一个作者的信息和照片。只不过，现在点击 Segmented Control 中的第二个作者是不起任何作用的。

当控制器载入整个视图体系到内存以后，会调用 viewDidLoad 方法。在一般情况下，我们会重写 viewDidLoad 方法去完成一些在界面对象载入完成后的相关初始化工作。

说明　视图控制器中的 viewDidLoad 方法只会在控制器被初始化的时候执行一次。此后在整个控制器的生命周期里面都不会再次运行。

步骤 2　修改 authorChanged: 方法，添加下面粗体字的内容。

```
// action 方法，当用户点击 Segmented Control 的按钮时会执行该方法
- (IBAction)authorChanged:(id)sender {
```

```
// 获取用户点击 Segmented Control 的按钮索引值，索引值由左向右从 0 开始
int value = [(UISegmentedControl*)sender selectedSegmentIndex];

// 根据索引值设置界面元素的显示信息
switch (value) {
    case 0:
        // 第一个作者的显示信息
        self.qqNumber.text = @"QQ：1302606708";
        self.weiBo.text = @"腾讯微博：liuming_cn";
        self.authorImage.image = [UIImage imageNamed:@"liuming.png"];
        break;
    case 1:
        // 第二个作者的显示信息
        self.qqNumber.text = @"QQ：1234567890";
        self.weiBo.text = @"腾讯微博：xxxxxxxx";
        self.authorImage.image = [UIImage imageNamed:@"zhuge.png"];
        break;
    default:
        break;
}
}
```

构建并运行应用程序，当前视图会显示第一个作者的信息。当用户点击第二个作者的时候，视图中马上会显示第二个作者的信息，如图 5-4 所示。

图 5-4　MyDiary 项目的运行效果

其实代码编写到这里还并不完美。试想一下，如果我们在故事板中修改了 Segmented Control 的 Behavior 属性，将第二个作者设置为 Selected 状态，那么当应用程序运行的时候，Segmented Control 中的第二个按钮处于选中状态，而其下面显示的是第一个作者的信息。

为了解决这个问题，我们需要在 ViewController 类中先进行判断和设置。

步骤 3　修改 viewDidLoad 方法中的代码。

```
- (void)viewDidLoad
{
    [super viewDidLoad];

    // 获取故事板中 Segmented Control 当前被选中按钮索引
    switch (self.authors.selectedSegmentIndex) {
        // 如果当前第一个作者按钮处于选中状态
        case 0:
            self.qqNumber.text = @"QQ：1302606708";
            self.weiBo.text = @" 腾讯微博：liuming_cn";
            self.authorImage.image = [UIImage imageNamed:@"liuming.png"];
            break;
        case 1:
            self.qqNumber.text = @"QQ：1234567890";
            self.weiBo.text = @" 腾讯微博：xxxxxxxx";
            self.authorImage.image = [UIImage imageNamed:@"zhuge.png"];
            break;
        default:
            break;
    }
}
```

现在，不管我们在故事板中如何设置 Segmented Control 对象，View Controller 都会显示正确的作者信息。

通过以上代码可以看出，在程序中一定要尽量降低控制器（ViewController 类）和视图（故事板中的 View Controller Scene）之间的耦合度。selectedSegmentIndex 是 Segmented Control 的属性，它代表当前按钮栏中被选中按钮的索引值，这个索引值由左向右从 0 开始。也就是说，第一个作者的索引值为 0，第二个作者的索引值为 1。

构建并运行应用程序，在 iOS 模拟器菜单中选择"硬件→设备→ iPhone（Retina）"。此时我们会看到关于作者的图片自动使用高分辨率的格式，这就是 iOS 系统自动调用 @2x 文件的结果。如果我们在项目资源中没有定义 @2x 格式的图片，则会将低分辨率的图片进行放大显示。

5.2.4　UIImage 的类方法介绍

本节的实践练习中用到了 UIImage 类，通过它我们可以非常方便地在应用程序中载入资源包中的图片。在 viewDidLoad 和 authorChanged: 方法中，我们均调用了 UIImage 类的 imageName: 方法。该方法属于类方法，所提供的参数是已经被添加到项目中的图片的文件名称。

```
self.authorImage.image = [UIImage imageNamed:@"liuming.png"];
```

UIImage 类的 imageName: 方法会在项目资源包中搜索指定名称的图片文件。如果找到，图片将被载入并被缓存到 iOS 系统之中，这意味着此后我们管理的是该图片在内存中的缓存信息。

如果图片文件是在应用程序安全沙箱（在第 11 章会详细介绍）的其他位置，则可以使用 imageWithContentsOfFile: 方法载入图片。该方法传递的参数是一个指向图片文件的全路径字符串对象，但是与 imageName: 方法不同的是，它并不会缓存图片到系统之中。

使用 imageName: 或 imageWithContentsOfFile: 方法的优势在于，针对不同分辨率的设备，可以调用不同的像素值图片。之前介绍过比例因子，对于比例因子是 2 的设备，这两种方法首先会去搜索文件名后缀为 @2x 格式的文件。

这也就意味着，当应用程序运行到 [UIImage imageNamed:@"liuming.png"] 语句时，在 Retina 设备上，应用程序首先会尝试去载入资源包中的 liuming@2x.png 文件，如果找不到该文件，则会搜索 liuming.png 文件。如果应用程序运行在非 Retina 设备上，则应用程序会直接搜索 liuming.png 文件。

除了使用 @2x 的方式以外，我们还可以通过后缀来指定该图片是为哪个设备所使用的（比如 ~ iphone 和 ~ ipad）。liuming.png 图像会被 iPhone 和 iPod Touch 设备使用，liuming ~ ipad.png 可以在 iPad 设备上使用。例如，文件名称为 liuming@2x ~ ipad.png，代表为 The new iPad 使用的图片。

说明 iOS 支持的图像类型包括：PNG、JPEG、JPG、TIF、TIFF、GIF、BMP、BMPF、ICO、CUR、XBM 和 PDF。除了 PDF 以外，UIImage 支持其他所有的格式，而 UIWebView 则支持 PDF 格式。

5.3 视图控制器的重构

通过本章前面两节的实践练习，我们已经完成了"关于作者"视图控制器的构建。因为 MyDiary 项目在开始的时候是由应用程序项目模板自动创建的，而且我们选择的模板是 Single View Application，所以到目前为止我们一直在操作这个项目中唯一的视图控制器。因为显示的是"关于作者"的内容，所以我们希望这个视图控制器叫做 About View Controller 更好一些。

要修改项目中某个类的名称，大家可能会认为：这个非常简单呀！直接修改类名称和类的文件名就可以了。但是实际上在项目中修改一个类的名称要考虑很多的事情，类文件名称、类声明和定义的名称、其他类中引用该类的名称及故事板中 View Controller 对象的引用等都需要进行修改。因此，Xcode 为我们提供了重构功能，方便我们进行类的改名。

步骤 1 在项目导航器中选择 ViewController.h 文件，将光标定位到下面这行之中。

```
@interface ViewController : UIViewController
```

这一步比较关键，如果光标没有被定位到声明类的行中，则修改类名称的操作就不能被执行。

步骤 2　在 Xcode 菜单中选择 Edit → Refactor → Rename，此时会弹出视图控制器更名对话框，如图 5-5 所示。将文本框中的 ViewController 修改为 AboutViewController，将下方的 Rename related files 前面的复选框勾选上。此时 Preview 按钮变成可选，点击它。

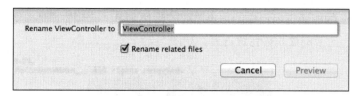

图 5-5　修改 ViewController 的类名称

步骤 3　在 Renaming ViewController to AboutViewController 对话框中，我们可以看到项目中一共有 3 个文件需要进行修改，它们是 MainStoryboard.storyboard、AboutViewController.h 和 AboutViewController.m 文件，并且在右侧的代码对比窗口中会显示前后两者的区别。如果确定没有问题，点击右下角的 Save 按钮即可，如图 5-6 所示。

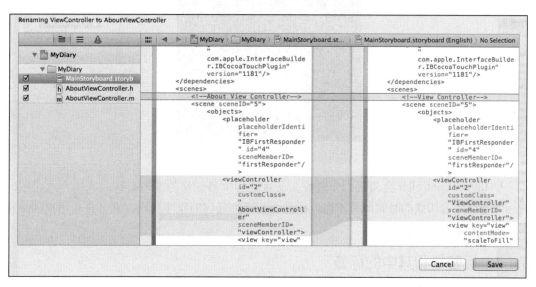

图 5-6　将 ViewController 类更名为 AboutViewController

修改完类名称以后，在项目导航中我们可以发现 ViewController 类已经不存在了，取而代之的是 AboutViewController.h 和 AboutViewController.m 这两个文件。选择 MainStoryboard.storyboard 文件，其中的 View Controller Scene 也变成了 About View Controller。通过 Command+B 快捷键构建整个应用程序项目，如果构建成功则代表整个重构过程没有问题。

5.4 标签栏控制器

在 iOS 中，有一种控制器叫做标签栏控制器（UITabBarController），它在 iOS 应用程序中被广泛使用。从名称我们就可以想象到，它是由一组标签组成的，并且会呈现在屏幕的下方。标签的内容可以是文字和图标，用户通过点击其中的标签来切换不同场景，每一个场景都用于完成应用程序中的不同功能或呈现相对独立的信息。

例如，iPhone 的电话应用程序就使用了标签栏控制器，其标签栏中呈现了个人收藏、最近通话、通讯录、拨号键盘和语音留言等，如图 5-7 所示。

图 5-7 在电话应用程序中使用标签栏控制器切换不同的场景

UITabBarController 会为我们处理好关于视图控制器切换的所有事情。当用户点击不同的标签进行场景切换的时候，并不需要手动为其添加任何的程序代码，它会自动切换到用户所需要的场景。

5.4.1 标签栏和其中的标签

在故事板中添加一个标签栏控制器是非常简单的事情。标签栏控制器包含一个从外表上看类似于工具栏的标签栏，控制器中所呈现的任何场景都会显示在标签栏上方很大的区域内，如图 5-8 所示。

被呈现到标签栏控制器中的场景（视图控制器）必须包含一个标签配置条目（UITabBarItem），它具有标题、图像，而且可以设置一个徽章（一个红色圆圈，里面显示一个数字）。

显示各个控制器
中的视图

该区域显示各视
图控制器的标签

图 5-8　UITabBarController 在应用程序窗口中的显示效果

有些人可能认为在标签中显示一个徽章并没有太大的意义。想象一下，在应用程序标签栏中有一个日程提醒的场景，当用户切换到其他场景以后，如果当前有一个提醒事件发生，就可以通过这个徽章提醒用户有需要处理的事情。

标签栏中可以显示的标签数量是有限的，当标签栏中包含很多标签的时候，位于后面的标签会被自动归并到一个"更多"的标签中。在用户点击"更多"以后，会呈现一个剩余标签的列表供用户选择。

在一般情况下，我们可以将 UITabBarController 看成父视图控制器，它所包含的其他需要通过标签栏呈现出来的控制器都是其子视图控制器。需要注意的是，标签栏中所呈现的各个视图控制器的关系应该是同级、并列关系，如果是父子或包含关系，则需要使用 UINavigationViewController 控制器来进行组织和管理。

5.4.2　在故事板中添加标签栏控制器

在接下来的实践练习中，我们要为 MyDiary 应用程序另外创建两个新的视图控制器，一个用于显示日记列表，另一个用于显示用户的位置信息。再加上之前的关于作者的视图控制器，我们一共要在应用程序窗口之中呈现 3 个视图控制器。要想达到这样的目的，就需要借助标签栏控制器（UITabBarController）类。

在 Xcode 推出故事板功能以前，要想完成这个任务是比较麻烦的，需要编写很多的程序代码来实现，而且可能会出现一些 Bug。下面我们就借助故事板来快速搭建标签栏控制器及其相关的几个新的视图控制器。

步骤 1 在项目导航中选择 MainStoryboard.storyboard 文件。此时，故事板中只有一个场景 About View Controller。

步骤 2 在对象库的下拉菜单中选择 Controllers & Objects 分类，找到其中的 Tab Bar Controller，如图 5-9 所示。

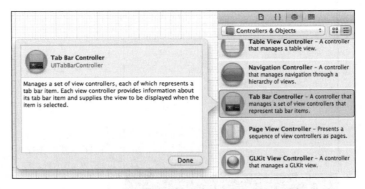

图 5-9　在对象库中选择 Tab Bar Controller 对象

步骤 3 拖曳 Tab Bar Controller 对象到故事板中，此时故事板中会新增 3 个视图控制器，如图 5-10 所示。通过观察我们可以发现，新增加的 3 个控制器中最主要的是 Tab Bar Controller，它负责管理 View Controller - Item1 和 View Controller - Item2 这两个控制器。

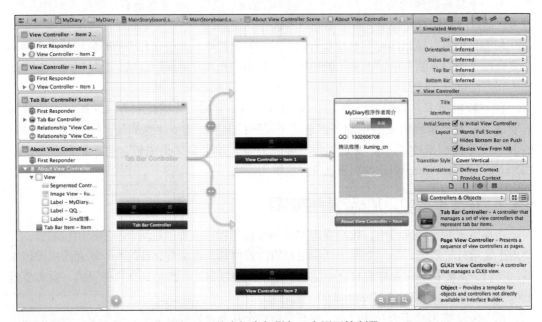

图 5-10　故事板中新增加 3 个视图控制器

步骤 4　选择之前的 About View Controller，通过 Option+Command+4 快捷键打开属性检查窗口，在 View Controller 部分中可以看到 Initial Scene 中的 Is Initial View Controller 被勾选，而且在故事板中该场景左侧也有一个箭头指向它。这代表应用程序开始运行的时候会首先调用 About View Controller 控制器，显示其视图中的内容。但是从现在开始，我们需要将 Tab Bar Controller 作为开启应用程序时的初始控制器。

步骤 5　选择 Tab Bar Controller，在属性检查窗口中勾选 Is Initial View Controller。此时该控制器左侧会有一个箭头指向自己，而且 About View Controller 中的箭头消失。由此可见，一个应用程序的初始控制器只能有一个。

除了可以使用上述方法更改应用程序的初始控制器以外，我们还可以在故事板中直接拖曳指向初始控制器的那个箭头，然后将其放在目标控制器上。

步骤 6　继续选中 Tab Bar Controller，通过 Option+Command+6 快捷键打开关联检查窗口，如图 5-11 所示。从 Relationship 中我们可以看出，目前与 Tab Bar Controller 有联系的控制器是 View Controller - Item1 和 View Controller - Item2。

图 5-11　Tab Bar Controller 与其他控制器的关联情况

步骤 7　按住 Relationship 后面的圆点，拖曳鼠标到故事板中的 About View Controller 上，此时它们之间会出现一条蓝色连接线，很像 outlet 和 action 关联，如图 5-12 所示。松开鼠标以后，Relationship 会增加一个关联的控制器，如果愿意可以再调整一下它们之间的位置，如图 5-13 所示。

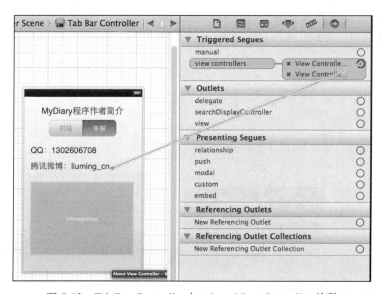

图 5-12　Tab Bar Controller 与 About View Controller 关联

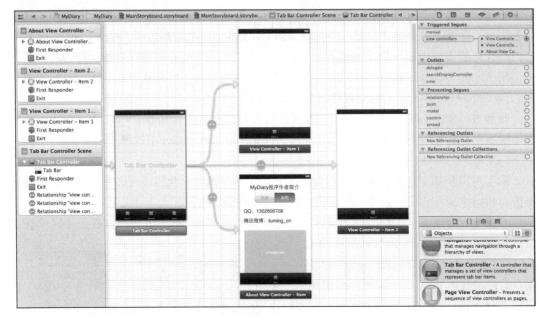

图 5-13　调整 Relationship 以后故事板的样子

　　构建并运行应用程序，我们会发现应用程序下方出现 3 个不同的标签，当前选中了第一个标签 Item 1，其上面是一个空白的视图。当点击第三个标签的时候，之前的"关于作者"视图会出现在我们眼前。

　　有时，我们想调整各个视图控制器在标签栏中的排列位置，选中故事板中的 Tab Bar Controller 场景，可以看到视图下方的 Tab Bar Controller 中一共有 3 个标签：Item1、Item2 和 Item，按住其中一个标签并将其拖曳到合适的位置即可，如图 5-14 所示。

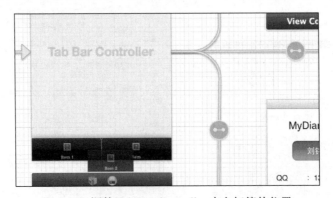

图 5-14　调整 Tab Bar Controller 中各标签的位置

5.4.3　设置标签栏配置条目

　　当前的标签栏控制器一共包含 3 个子视图控制器，我们需要分别设置这 3 个控制器的

Tab Bar Item 属性。

步骤 1　在故事板中选中 About View Controller Scene，点击其下方标签栏中的 Item。通过 Option+Command+4 快捷键打开属性检查窗口，如图 5-15 所示。

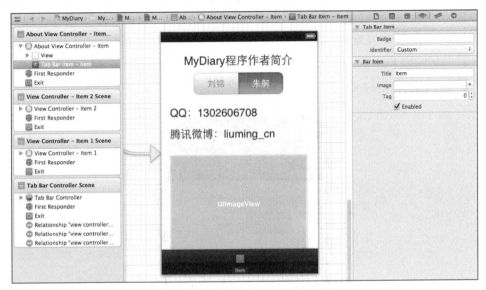

图 5-15　打开 Tab Bar Item 的属性检查窗口

步骤 2　在 Tab Bar Item 部分中，我们可以为 Badge（徽章）设置一个数值。通过 Identifier 下拉菜单为标签设置一个预定义效果，其中包括 More、Favorites、Featured、Contacts 等。如果我们选择这些预定义效果，则不能自定义其下方 Bar Item 部分的 Title 和 Image 属性，这是因为苹果希望统一某些标准标签。

步骤 3　在 Tab Bar Item 部分中设置 Title 为关于作者、Image 为 about.png，该图片位于本书提供的资源文件中，设置前需要将其添加到项目的 Resources 组之中，设置完成以后如图 5-16 所示。

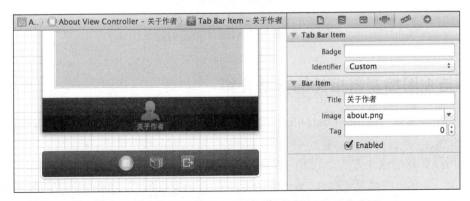

图 5-16　设置 About View Controller 的 Tab Bar Item 属性

说明 提供给 Tab Bar Item 所显示的图片不能大于 32×32 点，图像要为单色，并且背景颜色必须是透明的，否则在标签中显示的图片会出现问题。

步骤 4 另外两个视图控制器的 Tab Bar Item 也需要如法炮制。将第一个视图控制器的 Title 设置为"我的日记"，第二个视图控制器的 Title 设置为"我的位置"。将一个图像设置为 diary.png，另一个设置为 location.png。这两个文件可以在本书提供的资源文件中找到，将其拖曳到 Resources 组中即可。

构建并运行应用程序，在 iOS 模拟器中我们可以看到完整的标签栏描述，如图 5-17 所示。

图 5-17　修改 Tab Bar Item 后的效果

5.5　与视图控制器相关的方法介绍

在视图控制器（UIViewController）类中，有几个与视图操作相关的方法，在这里做一下简单介绍。

之所以要介绍这些方法，是因为控制器中的视图在应用程序的运行过程中往往会被呈现很多次（显示、隐藏算一次）。举一个例子，要想让视图每次呈现在屏幕中的时候都显示一个已经排序好的项目清单，就需要使用 viewWillAppear: 或 viewDidAppear: 方法。要想使控制器中的数据在每次其视图从屏幕消失的时候清零，就需要使用 viewWillDisappear: 或 viewDidDisappear: 方法。

这 4 种方法都定义在 UIViewController 中，我们可以在视图控制器或其子类中重写这些方法。

```
- (void)viewWillAppear:(BOOL)animated;
- (void)viewDidAppear:(BOOL)animated;
- (void)viewWillDisappear:(BOOL)animated;
- (void)viewDidDisappear:(BOOL)animated;
```

在 AboutViewController.m 文件中，我们重写这 4 种方法，在每种方法中均添加了 NSLog 函数。

```
- (void)viewWillAppear:(BOOL)animated
{
    NSLog(@"AboutViewController 将要出现！");
    [super viewWillAppear:animated];
}

- (void)viewDidAppear:(BOOL)animated
{
    NSLog(@"AboutViewController 已经出现！");
    [super viewDidAppear:animated];
}

- (void)viewWillDisappear:(BOOL)animated
{
    NSLog(@"AboutViewController 将要消失！");
    [super viewWillDisappear:animated];
}

- (void)viewDidDisappear:(BOOL)animated
{
    NSLog(@"AboutViewController 已经消失！");
    [super viewDidDisappear:animated];
}
```

构建并运行应用程序，当屏幕中出现 AboutViewController 视图时，会出现下面的显示信息：

```
2012-07-08 21:52:41.499 MyDiary[3036:f803] AboutViewController 将要出现！
2012-07-08 21:52:41.515 MyDiary[3036:f803] AboutViewController 已经出现！
```

当 AboutViewController 的视图在屏幕上消失的时候（如切换到"我的日记控制器"），会出现下面的显示信息：

```
2012-07-08 21:53:13.300 MyDiary[3036:f803] AboutViewController 将要消失！
2012-07-08 21:53:13.301 MyDiary[3036:f803] AboutViewController 已经消失！
```

注意　在这里，不管是视图出现还是消失的响应方法，都先执行 Will 再执行 Did 方法。

如果在开发应用程序的过程中出现一些问题，或者想在测试的过程中获取一些变量的值，则可以使用 NSLog 函数。使用 NSLog 函数，可以在调试控制台中打印出一些调试信息。下面是一行关于 NSLog 函数的代码：

```
NSLog( @" 打印这行信息到调试控制台中……" );
```

NSLog 函数很像传统 C 语言中的 printf 函数，可打印的通配符包括 %f（代表浮点型变量）和 %d（代表整型变量）。除此以外，还增加了 Objective-C 中所特有的 %@ 来打印各种 NSObject 对象。

```
NSLog( @" 打印 UILabel 对象 %@ 到调试控制台。", qqNumber);
```

上面这一行代码会要求打印 qqNumber 对象。每一个 NSObject 对象都含有 description 方法，它会返回一个描述类的字符串。我们可以重写 description 方法。比如通过 NSLog 打印 NSArray 对象，就会显示数组中所有对象元素的值。

表 5-1 列出了 NSLog 函数中可以使用的特殊字符串格式及其说明。

表 5-1　NSLog 函数中常用的特殊字符串格式及其说明

格　　式	说　　明
%@	NSObject 对象中 description 或 descriptionWithLocale: 方法的返回值
%%	显示 % 字符
%d, %i, %D	带符号 32 位整型，使用 %qi 则为带符号 64 位整型
%u, %U	无符号 32 位整型，使用 %qu 则为无符号 64 位整型
%hi	带符号 16 位整型
%hu	无符号 16 位整型
%f	64 位浮点型
%c	无符号 8 位字符
%C	Unicode 字符，16 位
%s	8 位字符串数组
%S	16 位字符串数组
%p	指针地址，小写十六进制，以 0x 为前导
%x	小写无符号十六进制（32 位）
%X	大写无符号十六进制（32 位）

通过实践练习我们可以发现，NSLog 函数中并不需要提供"硬回车"字符，每一个 NSLog 函数的执行，都会在调试控制台中显示新的一行信息。除此以外，每条信息都会显示一个时间戳，如前面所看到的：

```
2012-07-08 21:53:13.300 MyDiary[3036:f803] AboutViewController 将要消失！
```

第 6 章

通过设备获取用户位置

本章内容

在本章的实践练习中，我们将向大家介绍有关委托（它是 Cocoa Touch 开发中经常使用的一种设计模式）的相关知识。除此以外，我们还要介绍如何使用 Core Location 框架去定位设备当前的位置。

在 MyDiary 项目中我们会创建 LocationViewController 视图控制器，该控制器用于获取 iOS 设备的当前位置信息。之所以在构建 MyDiary 应用程序之初就要完成一个似乎与日记本身不太沾边的功能，是因为要让读者对委托设计模式有一个非常清楚的认识和了解，进而使我们日后的程序开发事半功倍。

6.1 项目、目标和框架

在 Xcode 中我们是通过创建一个新的项目来建立 MyDiary 的。项目（Project）实际上是一个包含所有用到的文件（包括源代码、资源文件、框架和库）的列表文件。项目文件以 .xcodeproj 作为扩展名，比如 MyDiary.xcodeproj。

每个项目至少有一个目标（Ttarget）。目标会使用项目中的文件去构建一个特定的产品。在 Xcode 中构建并运行的就是这个目标，而不是构建、运行一个项目。

目标所构建的产品就是一个应用程序。当我们通过模板创建一个项目的时候，Xcode 会自动创建一个目标。

在项目导航中，选择最顶端的 MyDiary 图标，我们注意到编辑区域列出了 MyDiary 的项目和目标。选择 MyDiary 目标，我们会看到相关的详细设置，在编辑区域选择顶端的 Build Phases（构建阶段），如图 6-1 所示。构建阶段会经过一系列的过程最终生成一个 iOS 应用程序。

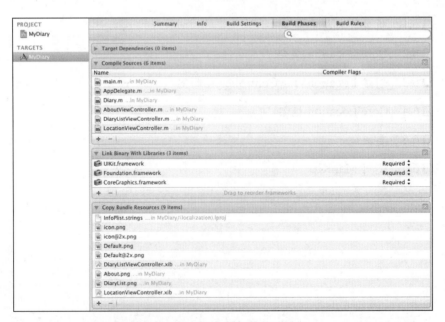

图 6-1　MyDiary 目标的构建阶段

构建阶段要经过编译源代码，链接二进制库和复制绑定资源这几个过程才能成为一个真正的 iOS 应用程序。通过 Link Binary With Libraries 我们可以为项目添加所需的框架。

一个框架就是一些相关类的集合，我们可以将其添加到 Target 中去。而 Cocoa Touch 就是所有框架的集合，使用它的一个好处就是，我们只要向项目中添加需要的框架即可，避免程序项目产生过多的冗余。

点击 Link Binary With Libraries 左侧的指示三角，我们就能看到 Target 中包含了哪些框架。当前项目中一共有 3 个框架：UIKit.framework 包含了与 iOS 用户界面相关的类，Foundation.framework 包含了如 NSString、NSArray 和 NSDictionary 这样的基础类，CoreGraphics.framework 则与图形处理相关。

除上面这 3 个框架以外，我们还需要将 CoreLocation.framework 添加到 MyDiary 项目中，因为它包含获取设备位置的相关类。点击 Link Binary With Libraries 中左下角的加号，在弹出的对话框中出现所有可用的 Cocoa Touch 框架，选择 CoreLocation.framework 并点击 Add 按钮，如图 6-2 所示。

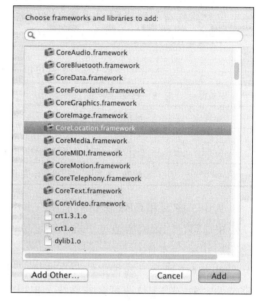

图 6-2　增加 CoreLocation 框架到 Target 中

CoreLocation.framework 将会出现在 Link Binary With Libraries 和项目导航器之中。在项目导航器中我们将其移动到 Frameworks 组内以保持项目的整洁，但这并不是必须的。

6.2　Core Location 简介

iOS 是移动平台上的操作系统，全世界上百个国家和地区的人都在使用它。在 iOS 中，通过 Core Location 框架我们能够知道设备的位置，从而可以在应用程序中合理利用这些信息为使用者提供各种服务。

Core Location 框架是多个 Objective-C 类的集合，内建于 iOS 的 Core Service（核心服务）层之中。从项目导航器中点开 CoreLocation.framework，我们可以看到该框架所包含的所有类，如图 6-3 所示。Core Location 框架通过 API 为应用程序提供位置信息及位置数据的转换，比如将经纬度坐标转换为真正的地址。

在 CoreLocation.framework 中有一个 CLLocationManager

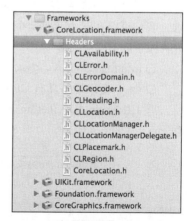

图 6-3　在项目导航器中查看 Core Location 框架所包含的类

（定位管理器）类，它用于管理位置数据流。应用程序要想得到位置信息，就必须与底层的硬件打交道，这也是由定位管理器来负责的。CLLocationManager 会将从硬件得到的新的位置信息，通过 CLLocation 封装以后传递给需要的对象。CLLocation 类中包含了位置的经纬度和精度信息。

要想使用 iOS 设备进行定位，我们还需要借助蜂窝、Wi-Fi 或 GPS 这些定位源。每一种定位源都具有不同级别的速度（定位需要的时间）、性能（定位需要消耗的电能）和精度（定位距离上的误差）。表 6-1 对这三种技术进行了比较。

表 6-1　不同定位源的速度、性能和精度对照表

定位源	速度	性能（电力消耗）	精度
蜂窝	最快	很省电，设备始终会连接到基站	低
Wi-Fi	一般	比蜂窝耗电高，但还是比较低。需要 Wi-Fi 支持，可以连接到附近的网络	较高
GPS	最慢	非常高，尤其是在持续定位时	+/−5 米或更精确

其中，蜂窝和 GPS 功能不是所有 iOS 设备都具备的。iPhone 和具有 3G 功能的 iPad 可以使用蜂窝，因为需要通过手机基站定位。此外，GPS 只在 iPhone 3G 以后的型号和具有 3G 功能的 iPad 上才有。

如表 6-1 所示，各种定位源在速度、性能和精度上都各有各的特点。如果采用蜂窝作为定位源，则它的定位速度会非常快，也很省电，但精度却很低。比如我们要开发一个根据当前位置搜索附近餐馆的应用，就可以使用蜂窝作为定位源。如果开发的是一个地图导航应用，则会要求比较高的精确度，毕竟我们不想在汽车开过十字路口 100 多米后才提示左转。所以，在开发应用程序的时候，选择哪种定位源一定要根据应用程序的具体情况而定。

在第 2 章中向大家介绍过项目配置文件 MyDiary-Info.plist，如果应用程序有定位的需求，我们可以在其中添加两个限制。找到 UIRequiredDeviceCapabilities 数组，除了 armv7 以外再添加以下两个关键字。

❑ location-services：要求该项目的设备具有定位服务功能。

❑ gps：要求设备具有 GPS 硬件。

在 UIRequiredDeviceCapabilities 数组中添加 2 个新条目，设置其值为 location-services 和 gps，如图 6-4 所示。

▼UIRequiredDeviceCapab	⊕ ⊖	Array	(3 items)
Item 0		String	armv7
Item 1		String	location-services
Item 2		String	gps

图 6-4　在 MyDiary-Info.plist 中添加对定位硬件的要求

在项目配置文件中添加对定位硬件要求的原则：如果应用程序没有这些功能就无法运

行，则需要添加这样的关键字。如果定位功能仅仅是一个可有可无的功能，则没有必要将其添加到配置文件中，比如本章的实践练习中就不需要添加这两个关键字。

注意　项目配置文件的 UIRequiredDeviceCapabilities 数组中的 armv7 指的是这个应用程序应当运行在 iOS 设备上。当我们在 Xcode 中创建一个 iOS 项目的时候，armv7 默认是必须存在的。

6.3　创建 LocationViewController 控制器

虽然我们在故事板中创建了用于显示位置的视图，但目前只是一片空白的区域而已。要想在 MyDiary 中使用设备定位功能，需要先创建一个视图控制器，然后将其与故事板中的视图控制器对象建立关联。

步骤 1　在项目导航中选择 MyDiary 组（前面为黄色的文件夹图标），执行 Control-Click 后在弹出的关联菜单中选择 New File...。

步骤 2　在新文件模板对话框中选择 iOS → Cocoa Touch → Objective-C class，点击 Next 按钮。

步骤 3　设置 Class 名称为 LocationViewController，设置 Subclass of 为 UIViewController。确定不要勾选 Targeted for iPad 和 With XIB for user interface，如图 6-5 所示，然后点击 Next 按钮。

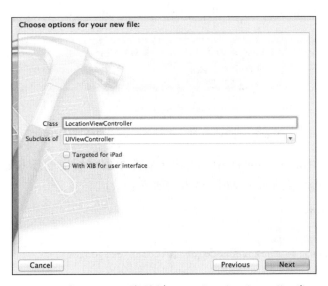

图 6-5　为 MyDiary 项目添加 LocationViewController 类

步骤 4　确定 LocationViewController 类的本地磁盘位置以后，点击 Create 按钮完成类的创建。

在创建好 LocationViewController 类以后，还要将其与之前故事板中的"我的位置"控制器建立关联。

步骤5 在项目导航器中选择 MainStoryboary.storyboard 文件，选中"我的位置"视图控制器，如图 6-6 所示。通过 Option+Command+3 快捷键打开标识检查窗口，将 Class 设置为刚刚创建的 LocationViewController。

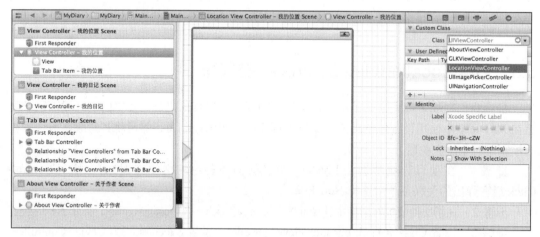

图 6-6 将"我的位置"视图与 LocationViewController 建立关联

在设置完成以后就会发现"我的位置"场景已经悄悄地变成 Location View Controller – 我的位置 Scene，其中的 View Controller 也变成了 Location View Controller，如图 6-7 所示。

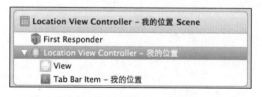

图 6-7 "我的位置"场景显示内容发生了变化

步骤6 为了测试 LocationViewController 是否和故事板中的场景建立好关联，修改 LocationViewController 类的 viewDidLoad 方法如下：

```
- (void)viewDidLoad
{
    [super viewDidLoad];
    [[self view] setBackgroundColor:[UIColor grayColor]];
}
```

我们在 viewDidLoad 方法中添加了一行设置视图背景颜色的代码，将背景设置为灰色。构建并运行了应用程序，在切换到"我的位置"标签以后，会看到灰色的背景，如图 6-8 所示。

图 6-8　修改 LocationViewController 视图的背景色

6.4　Core Location 框架

Core Location 框架包含了在应用程序中检测设备经纬度位置坐标的类，该框架中所有类的前缀均为 CL。

其实，Cocoa Touch 中的所有框架都有自己的前缀，比如 Foundation 类的前缀为 NS，UIKit 类的前缀为 UI，类的前缀用于防止发生命名冲突。假如 Foundation 和 Core Location 框架都有一个类叫做 ObjectA，碰巧我们在编写应用程序的时候，同时使用到两个框架中的这两个类，那么在编译的时候编译器就不知道应该编译哪个类了。

此外，在将 Core Location 框架添加到 Target 以后，还需要将框架中类的头文件导入需要的视图控制器之中。

步骤 1　在项目导航中选择 LocationViewController.h 文件，导入 Core Location 头文件，然后为 LocationViewController 类增加一个成员变量，这个成员变量的类型是 CLLocationManager。而从类的前缀 CL 可以看出，CLLocationManager 类属于 Core Location 框架。

```
#import <UIKit/UIKit.h>
#import <CoreLocation/CoreLocation.h>

@interface LocationViewController : UIViewController

@property (nonatomic, strong) CLLocationManager *locationManager;
@end
```

CLLocationManager 对象有两个属性需要特别说明一下，分别是 distanceFilter 和 desiredAccuracy。

☐ distanceFilter 属性：用于设定设备的监测距离，也就是 iOS 设备在移动多少米以后再次更新新的位置。

☐ desiredAccuracy 属性：用于设定 CLLocationManager 的定位精准度。这是一个非常重要的属性，因为我们必须考虑精准度与电池耗电量之间的平衡度，定位越准确，设备的耗电量也就越大。再有，位置的精准度与当时用户所在地点的移动信号塔位置或 Wi-Fi 信号接入点的位置有很大关系。

我们可以使用一个 CLLocationAccuracy 类型的常量来设置 desiredAccuracy 属性。Core Location 中的精度常量及用途如表 6-2 所示。

表 6-2 Core Location 中的精度常量与用途说明

常　　量	用　　途
kCLLocationAccuracyBest	CLLocationManager 的默认值。在这种情况下，iOS 会通过定位硬件尽可能地提供最好的定位精度
kCLLocationAccuracyBestForNavigation	如果应用程序需要最精确的定位（如导航功能），可以使用此常量。在这种情况下，iOS 会利用定位硬件以外的传感器来提供比 kCLLocationAccuracyBest 还要精确的定位，不过在该精度下非常耗电
kCLLocationAccuracyNearestTenMeters	将希望的精度设置为 10 米
kCLLocationAccuracyHundredMeters	将希望的精度设置为 100 米。当使用者在查找附近餐馆的时候可以使用该精度
kCLLocationAccuracyKilometer	将希望的精度设置为 1 000 米
kCLLocationAccuracythreeKilometer	将希望的精度设置为 3 000 米

虽然我们在程序代码中可以指定精度，但是最终的效果还会受到很多因素的影响。iOS 会根据指定的常量，尽量优化精度，自动在可以使用的定位源之间进行切换，以达到期望的精度。

步骤 2　清楚了 CLLocationManager 类的这两个属性以后就可以让它开始工作了。在项目导航器中选择 LocationViewController.m 文件，修改 viewDidLoad 方法，添加下面粗体字的内容。

```
- (void)viewDidLoad
{
    [super viewDidLoad];

    // 创建并初始化 location manager 对象
    self.locationManager = [[CLLocationManager alloc] init];

    // 设定 location manager 的距离监测为最小距离
    [self.locationManager setDistanceFilter:kCLDistanceFilterNone];

    // 设定 location manager 的精确度
    [self.locationManager setDesiredAccuracy:kCLLocationAccuracyBest];

    // 立即开始定位当前位置
    [self.locationManager startUpdatingLocation];
}
```

6.4.1　从 CLLocationManager 获取信息

如果此时构建并运行了应用程序，就可以通过 locationManager 对象获取设备当前位置信息，但是要想在任何地点随时获取这些信息就不行了。要想随时随地获取位置信息，我们可能会想到使用 CLLocationManager 类中的某个属性。想法不错，但是不可行！因为如果这样，我们就需要不断地通过循环操作来获取设备新的位置信息，这会花费大量的时间，运行效果也不好。

最好的解决办法就是当设备位置发生变化的时候由 locationManager 通知当前的视图控制器，只要设备位置发生了变化，locationManager 就会发送 locationManager:didUpdateLocations:⊖消息。那么这个消息要发送给谁呢？它就是 CLLocationManager 类中的 delegate 属性所指向的对象，这个对象需要由我们来指定。

CLLocationManager 类有一个 delegate 成员变量（属性），我们需要将这个成员变量指向希望得到位置信息的对象。对于 MyDiary 项目来说，那就是 LocationViewController 对象，如图 6-9 所示。

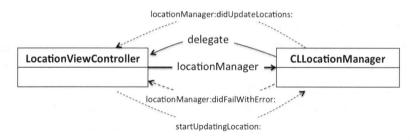

图 6-9　CLLocationManager 类的 delegate 属性指向 LocationViewController 类的示意图

⊖　该协议方法在 iOS 6 以后的版本可用。如果开发的是基于 iOS 5 的项目，则会发送 locationManager: didUpdateTo-Location:formLocation:消息，该方法在 iOS 6 中被弃用。有关协议的知识会在后面进行详细介绍。

从图 6-9 我们可以看出，LocationViewController 类有一个 CLLocationManager 类型的成员变量 locationManager，而 locationManager 对象有一个 delegate 成员变量指向 LocationViewController 类型的对象。LocationViewController 会向 locationManager 对象发送 startUpdatingLocation: 消息来启动定位功能。在定位功能启动以后，当 iOS 设备发生位置变化需要告知 LocationViewController 对象的时候，locationManager 会向 delegate 所指向的对象（就是 LocationViewController 对象）发送 locationManager:didUpdateLocations: 消息；如果定位失败，则会向 delegate 发送 locationManager:didFailWithError: 消息。

步骤 1 修改 LocationViewController.m 中的 viewDidLoad 方法，设置 locationManager 对象的 delegate 属性指向 LocationViewController 对象。

```
- (void)viewDidLoad
{
    [super viewDidLoad];

    // 创建 location manager 对象
    self.locationManager = [[CLLocationManager alloc] init];

    // 完成下面一行以后会出现警告提示，暂时不用管它
    self.locationManager.delegate = self;

    [locationManager setDistanceFilter:kCLDistanceFilterNone];
```

步骤 2 当 locationManager 对象发现 iOS 设备发生位置变化的时候，就会向自己的 delegate 发送 locationManager:didUpdateLocations: 消息，所以我们需要在 LocationViewController 中实现这个方法。

```
- (void)locationManager:(CLLocationManager *)manager
    didUpdateLocations:(NSArray *)locations
{
    CLLocation *location = (CLLocation *)[locations objectAtIndex:0];

    NSLog(@"%@",location);
}
```

通过 locationManager:didUpdateLocations: 协议方法，我们可以得到一个数组。在数组中存储的都是 CLLocation 类型的对象，其中第一个对象就是设备的最新位置信息，因此我们向 locations 对象发送 objectAtIndex: 消息将其取出来。CLLocation 对象中包含了设备经纬度的坐标及精确度等信息，在该方法中我们先将 CLLocation 类型的对象打印到控制台中。

步骤 3 如果 CLLocationManager 获取当前位置失败，我们也需要知道具体的原因。CLLocationManager 会向 delegate 发送另外一个消息：locationManager:didFailWithError:，在 LocationViewController 中添加下面粗体字的代码。

```
-(void)locationManager:(CLLocationManager *)manager
    didFailWithError:(NSError *)error
{
```

```
    NSLog(@"设备定位失败：%@", error);
}
```

　　构建并运行应用程序，当切换到 LocationViewController 视图时，模拟器会弹出提示框让我们打开设备的"定位服务"功能。点击设置以后，再打开定位服务和 MyDiary 的定位开关，如图 6-10 所示。

图 6-10　打开应用程序的定位服务

　　当应用程序第一次访问设备的定位硬件的时候，iOS 总会弹出一个权限对话框，询问用户是否允许应用程序打开定位服务。如果发生这种情况，可能会发生两件事：要么是项目中使用了 CLLocationManager，要么是配置了一个 MKMapView（地图视图）来显示在地图上的位置。除此以外，我们还可以自定义权限对话框所显示的字符串内容，通过向 CLLocationManager 发送 purpose: 消息就可以进行配置。比如：

```
[self.locationManager setPurpose:@"MyDiary 应用程序希望使用定位服务。"];
```

　　在开启定位服务以后，我们就可以在调试窗口中看到如下这样的 CLLocation 对象的描述信息。

```
2012-11-11 09:49:35.681 MyDiary[18146:c07] <+37.36543834,-122.13217241> +/- 5.00m
(speed 33.19 mps / course 291.09) @ 12-11-11 中国标准时间上午 9 时 49 分 35 秒
```

6.4.2　在程序中确认定位服务是否可用

　　我们试图在应用程序中使用定位服务之前，最好先检查服务是否可用。有很多种情况会导致无法使用设备的定位功能，比如用户使用了飞行模式，或者是在设置中对全局范围的应用程序关闭了定位服务，再有就是用户特意禁止 MyDiary 程序访问定位服务，也可能是在前面提到的权限对话框中选择了"不允许"。除了上述情况以外，在 iOS 设备的设置中有一个家长控制部分，它允许家长阻止应用程序使用定位数据。而在这种情况下，用户根本不会看到询问权限的对话框。

根据上面介绍的这些情况，我们可以使用 CLLocationManager 类进行两个层面的确认：首先确认 iOS 设备的定位服务是否已经打开，其次是针对应用程序的授权状态是何种情况。

在 LocationViewController.m 文件中修改 viewDidLoad 方法，添加下面粗体字的内容：

```
- (void)viewDidLoad
{
    [super viewDidLoad];

    if ([CLLocationManager locationServicesEnabled]) {
      NSLog(@"iOS 设备的定位服务已经开启。");

      switch ([CLLocationManager authorizationStatus]) {
       case kCLAuthorizationStatusAuthorized:
       case kCLAuthorizationStatusNotDetermined:
            NSLog(@" 应用程序可以访问定位服务。");

            // 创建并初始化 location manager 对象
            self.locationManager = [[CLLocationManager alloc] init];

            // 完成下面一行以后会出现警告提示，暂时忽略不用管它
            self.locationManager.delegate = self;

            // 设定 location manager 的距离监测为最小距离
            [self.locationManager setDistanceFilter:kCLDistanceFilterNone];

            // 设定 location manager 的精确度
          [self.locationManager setDesiredAccuracy:kCLLocationAccuracyBest];

            // 立即开始定位当前位置
            [self.locationManager startUpdatingLocation];
            break;
        case kCLAuthorizationStatusDenied:
            NSLog(@" 定位服务被使用者禁止了。");
            break;
        case kCLAuthorizationStatusRestricted:
            NSLog(@" 家长控制限制了定位服务。");
            break;
        default:
            break;
      }
    }else{
      NSLog(@"iOS 系统的定位服务被禁止了。");
    }
}
```

　　在上面的代码中，我们通过 CLLocationManager 首先检查定位服务是否开启，如果值为假，则直接将定位服务被禁止的信息打印到控制台上。发生这种情况可能是由于设备处于飞行模式或在系统设置中定位服务被关闭了。

　　如果定位服务处于开启状态，则我们还要通过 switch 语句检查授权状态。可能出现的授权状态有下面这些。

- ❑ kCLAuthorizationStatusAuthorized：应用程序可以使用定位服务。
- ❑ kCLAuthorizationStatusDenied：用户禁止了应用程序访问定位服务。
- ❑ kCLAuthorizationStatusNotDetermined：应用程序无法确定是否被授权访问定位服务。
- ❑ kCLAuthorizationStatusRestricted：不能访问定位服务，因为受到了家长控制的限制，而且用户不会见到权限对话框。

注意　即便是在 kCLAuthorizationStatusNotDetermined 状态的时候，我们也不能将其作为用户禁止了定位服务的指标。因为这种状态有可能是 iOS 在试图检查应用程序的状态时，发生了未知错误。所以在 switch 语句中，我们都是将 kCLAuthorizationStatusAuthorized 和 kCLAuthorizationStatusNotDetermined 同时作为定位服务开启的检测标准。

　　CLLocationManager 类会向我们提供用户当前位置的信息，这个信息会封装到 CLLocation 类型的对象之中，该对象中最主要的信息就是经纬度。

6.4.3　CLLocation 类

　　通过经度和纬度我们可以将地球划分成一个大网格，并且通过它进行全球的定位功能。纬度线之间是平行且等距的，赤道是 0 度，南、北极是 90 度，1 度大约是 69 英里（1 英里约合 1 609 米）。从北极到南极的线则是经度线，它的范围是从东经 180 度到 0 度再到西经 180 度。

　　在地球上定位一个位置，我们需要使用一对经纬度（纬度，经度），比如北京的经纬度就是（39.9°，116.3°）。

　　iOS 设备的位置信息被封装到了 CLLocation 类中，它包括用经纬度表示的地理位置，除此以外，还有设备的海拔及其他位置测量的信息数据。

　　下面介绍一下 CLLocation 类中一些重要的属性。

- ❑ coordinate：这个属性记录设备的纬度和经度的数值，它的声明如下：

```
@property (readonly, nonatomic) CLLocationCoordinate2D coordinate
```

其中，CLLocationCoordinate2D 的结构声明如下：

```
typedef struct{
    CLLocationDegrees altitude;
    CLLocationDegrees longitude;
}CLLocationCoordinate2D;
```

- ❑ 其中 CLLocationDegrees 代表声明的变量为双精度的类型。

❑ altitude：返回设备海拔的数值，以米为单位表示。正值代表在海平面以上，负值则代表在海平面以下。该属性的声明如下：

```
@property (readonly, nonatomic) CLLocationDistance altitude
```

❑ horizontalAccuracy：如果我们把经度和纬度的坐标想象成为一个圆的圆心，那么 horizontalAccuracy 就是这个圆的半径，它代表我们的设备就在这个圆的范围以内。该属性的声明如下：

```
@property (readonly, nonatomic) CLLocationAccuracy horizontalAccuracy
```

CLLocationAccuracy 的类型是双精度，如果为负值，则代表数据无效。

❑ verticalAccuracy：这个属性提供的是位置的垂直精度，与海拔相关。

```
@property (readonly, nonatomic) CLLocationAccuracy verticalAccuracy
```

如果为负值，则代表数据无效。

❑ timestamp：在位置被检测到以后，该属性提供一个时间。

```
@ property (readonly, nonatomic) NSDate *timestamp
```

6.5 委托

当我们设置 CLLocationManager 的 delegate 属性（将其指向 LocationViewController 对象）以后，之前在 LocationViewController 类中定义的两个方法会被执行，我们管这种设计模式叫做委托。这是一个非常重要的设计模式，有相当多的类具有 delegate 属性。

委托就像面向对象编程中的回调，当事件发生的时候就会调用它。举个例子，locationManager 在获取到一个新的位置或遇到错误的时候就会回调特定的方法。但是这些回调的方法中是没有固定代码的，我们要根据项目的具体需求来维护其中的代码。比如在当前项目的回调方法 locationManager:didUpdateLocations: 中，我们只是让它在调试控制台显示设备的当前位置信息，当然我们也可以让它进行其他操作。

让我们再来对比一下委托和目标 - 动作配对之间的区别。在前面的实践练习中使用了目标 - 动作配对的事件响应方式（点击 Segmented Control 以后会执行一个 IBAction 方法），当用户点击 Segmented Control 的时候，它会向目标对象发送一个消息，而且针对每一个事件都要创建一个目标 - 动作的配对。至于委托，我们只要在类中设置好它，就能够针对不同的事件收到不同的消息。

使用目标 - 动作配对的方式，我们可以针对某个事件设置单一的目标 - 动作配对。但委托就不这么灵活了，它只能发送特定的消息给 delegate 所指向的对象，这些特定消息的集合叫做"协议"。

6.5.1 协议

在 Objective-C 中，其实每个对象都可以被特定的 delegate 所指，只要它符合某个协议

(Protocol)。在协议中会声明一些消息，我们可以向 delegate 发送这些消息。在协议所关注的事件发生以后，delegate 会执行协议中的方法。一个类执行了协议中的方法，我们就说这个类符合某个协议。

CLLocationManager 类的委托协议像下面这样：

```
/*
 *  CLLocationManagerDelegate
 *
 *  Discussion:
 *    Delegate for CLLocationManager.
 */
@protocol CLLocationManagerDelegate<NSObject>

@optional
- (void)locationManager:(CLLocationManager *)manager
    didUpdateToLocation:(CLLocation *)newLocation
              fromLocation:(CLLocation *)oldLocation
    __OSX_AVAILABLE_BUT_DEPRECATED(__MAC_10_6, __MAC_NA, __IPHONE_2_0, __IPHONE_6_0);

- (void)locationManager:(CLLocationManager *)manager
      didUpdateLocations:(NSArray *)locations __OSX_AVAILABLE_STARTING(__MAC_NA,__
IPHONE_6_0);

- (void)locationManager:(CLLocationManager *)manager
          didUpdateHeading:(CLHeading *)newHeading __OSX_AVAILABLE_STARTING(__MAC_
NA,__IPHONE_3_0);

- (BOOL)locationManagerShouldDisplayHeadingCalibration:(CLLocationManager *)
manager __OSX_AVAILABLE_STARTING(__MAC_NA,__IPHONE_3_0);

- (void)locationManager:(CLLocationManager *)manager
        didEnterRegion:(CLRegion *)region __OSX_AVAILABLE_STARTING(__MAC_10_7,__
IPHONE_4_0);

- (void)locationManager:(CLLocationManager *)manager
        didExitRegion:(CLRegion *)region __OSX_AVAILABLE_STARTING(__MAC_10_7,__
IPHONE_4_0);

- (void)locationManager:(CLLocationManager *)manager
    didFailWithError:(NSError *)error;

- (void)locationManager:(CLLocationManager *)manager
    monitoringDidFailForRegion:(CLRegion *)region
    withError:(NSError *)error __OSX_AVAILABLE_STARTING(__MAC_10_7,__IPHONE_4_0);

- (void)locationManager:(CLLocationManager *)manager didChangeAuthorizationStatus:
(CLAuthorizationStatus)status __OSX_AVAILABLE_STARTING(__MAC_10_7,__IPHONE_4_2);

- (void)locationManager:(CLLocationManager *)manager
    didStartMonitoringForRegion:(CLRegion *)region __OSX_AVAILABLE_STARTING(__MAC_
```

```
TBD,__IPHONE_5_0);

    - (void)locationManagerDidPauseLocationUpdates:(CLLocationManager *)manager __
OSX_AVAILABLE_STARTING(__MAC_NA,__IPHONE_6_0);

    - (void)locationManagerDidResumeLocationUpdates:(CLLocationManager *)manager __
OSX_AVAILABLE_STARTING(__MAC_NA,__IPHONE_6_0);

    - (void)locationManager:(CLLocationManager *)manager
          didFinishDeferredUpdatesWithError:(NSError *)error __OSX_AVAILABLE_
STARTING(__MAC_NA,__IPHONE_6_0);

    @end
```

通过上面的协议定义可以发现，我们使用 @protocol 命令声明协议，后面是协议的名称 CLLocationManagerDelegate。紧接着的尖括号中是 NSObject，这代表在该协议中我们还引用了 NSObject 协议，表示 CLLocationManagerDelegate 协议中包含了 NSObject 协议的所有方法。之后，声明 CLLocationManagerDelegate 协议的方法。最后使用 @end 命令结束协议的声明。

我们注意到，协议并不是一个类，它只是一个非常简单的方法名称列表。协议是不能被实例化的，所以也就不能包含成员变量和方法的执行代码。我们只能在符合协议的类中去定义协议方法的执行代码。

我们将用于委托的协议叫做委托协议。委托协议的命名规则是在委托的名称后面加上 delegate。但需要注意的是，不是所有的协议都是委托协议。

6.5.2　协议方法

在协议中声明的方法可以分为必须和可选两种类型。在默认情况下，协议中的方法都是必须实现的。如果协议中需要可选方法，则要在方法的前面使用 @optional 命令。回过头来再看一下 CLLocationManagerDelegate 协议，我们会发现协议中所有的方法都是可选的。

其实，当我们向 delegate 发送可选协议方法的时候，它首先会向 delegate 发送 respondsToSelector: 消息。这是每一个对象都可以执行的方法，用来检测对象是否具有给定的执行方法。我们使用 @selector( ) 命令传递一个方法名称作为参数，比如 CLLocationManager 类可以执行下面这样的方法：

```
    - (void)finishedFindingLocation:(NSArray *)newLocations
    {
        // 因为 locationManager:didUpdateLocations: 是一个可选方法，所以我们需要先检查一下
        SEL updateMethod = @selector(locationManager:didUpdateLocations:);
        if ([[self delegate] respondsToSelector:updateMethod])
        {
            // 如果 delegate 所指向的对象可以执行该方法，则向 delegate 发送该消息
            [[self delegate] locationManager:self
                    didUpdateToLocations:newLocations];
        }
    }
```

如果协议中的方法是必须实现的，则在协议方法中是不会进行 respondsToSelector: 检测的。这就意味着，如果 delegate 所指向的对象没有实现该协议方法，就会有一个未被认证的选择器异常被抛出，并且导致应用程序运行崩溃。

为了防止这种情况的发生，编译器会要求类必须实现那些标记为 @required 的协议方法。但是编译器如何明确地知道哪些协议方法是必须执行的呢？这就需要让类符合协议，我们需要在类的头文件中 @interface 命令的后面添加一对尖括号，在尖括号之中添加该类需要符合的协议。

在 LocationViewController 类中，要让类符合 CLLocationManagerDelegate 协议，我们必须添加下面粗体字的内容：

```
@interface LocationViewController : UIViewController
<CLLocationManagerDelegate>

@property (nonatomic, strong) CLLocationManager *locationManager;

@end
```

构建并运行应用程序，此时由于编译器知道该类符合 CLLocationManagerDelegate 协议，所以前面实践中产生的那个警告信息已经消失了。

到此为止，我们可以用生活中的事例来总结一下委托。假如你是一个事业上非常成功的女老板（好比是 LocationViewController 类），你怀疑老公有外遇了，于是你委托一位私人侦探（CLLocationManager 类）替你做事。你不可能总是给私人侦探打电话询问老公现在是什么情况，于是给私人侦探一个号码存在了他的电话（好比是 CLLocationManager 类的 delegate 属性）里，在私人侦探发现新情况的时候就通过这个电话将你老公的最新情况告知你。但是你们之间的通话还不能太直白，毕竟这不是什么值得炫耀的事情。所以在这方面非常有经验的私人侦探制定了一个你们之间通话的格式（CLLocationManagerDelegate 协议），他在向你汇报的时候完全按照这个格式来表述。比如你的老公去了酒店，他就会用"私探：酒店：时间：和谁："的格式表述；如果去了酒吧，他就会用"私探：酒吧：时间：和谁："的格式表述。

通过这个事例我们可以明白，如果对象 A 委托对象 B 做一件力所能及的事情，首先要设置对象 B 的 delegate 属性，以便对象 B 可以随时通知到对象 A，然后他们之间的通信还要遵循一定的规则，这就是委托协议。

6.5.3　委托、控制器和内存管理

在 MyDiary 项目中我们所创建的 LocationViewController 本身是一个控制器，同时它又是 CLLocationManager 的 delegate 属性所指向的对象。

delegate 属性所指向的对象是永远不能被拥有的。这是为什么呢？在 MyDiary 项目中，LocationViewController 对象拥有 locationManager 对象，如果 locationManager 对象中的 delegate 属性同时也拥有 LocationViewController 对象，这两个对象就形成了互相拥有的局面。当其中一个对象被销毁，系统向其发送 dealloc 方法的时候，另一个对象就要被销毁。而

另一个对象又拥有当前这个对象，它的 dealloc 方法又会销毁当前的对象，问题就出现了。

为了防止这种情况的发生，在声明 delegate 的时候，它的属性参数必须是 weak 而不能是 strong。

```
@property (nonatomic, weak) id delegate;
```

6.6　使用 MapKit

通过前面的实践，LocationViewController 控制器已经可以找到设备当前的位置信息并将数据打印到调试控制台之中。在接下来的练习中，我们会在 LocationViewController 控制器的视图中呈现标有设备当前位置的地图。

6.6.1　高德地图 iOS API

如果说 CoreLocation 框架用于告诉我们用户当前的位置在哪里，那么 Cocoa Touch 层中的 MapKit 框架则会为我们呈现出用户当前的位置。MapKit 框架中包含一个 MKMapView 类，它可以用于绘制地图数据，提供手势交互功能，并且可以跟踪用户的位置。

但是从 iOS 6 开始，苹果将内置的地图由 Google 地图变成了自己的地图，在中国更是使用了高德移动导航的地图数据。因此针对国内的应用程序，使用 iOS 6 自己的 MapKit 框架就不如使用高德移动导航的 API 来得直接。接下来，我们就在 MyDiary 项目中添加高德 API 实现可视化地图。

6.6.2　使用高德 iOS API 显示地图

要想使用高德地图，我们需要添加高德 iOS API 到项目之中。

步骤 1　在 http://code.autonavi.com/Ios/download 页面中下载 API 开发包，最新开发包的版本为 1.4。将其解压以后，其中包括 lib、include 和 assets 三个文件夹，另外还有一个 AMap.bundle 文件。

步骤 2　将 lib 和 include 复制到 MyDiary 的物理文件夹之中，如图 6-11 所示。

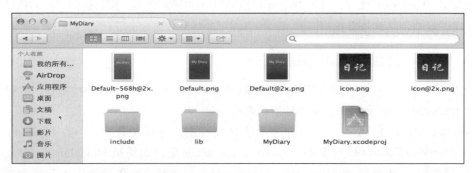

图 6-11　复制 lib 和 include 两个文件夹到 MyDiary 项目之中

步骤 3   在项目导航器中点击左下角的 + 按钮，选择 Add Files to "MyDiary"，如图 6-12
所示。

步骤 4   在弹出的对话框中选择 lib 和
include 文件夹，然后将 Folders 设置为 Create
groups for any added folders，点击 Add 按钮，
如图 6-13 所示。此时，这两个文件夹被添加
到了项目之中。

图 6-12   通过项目导航添加文件

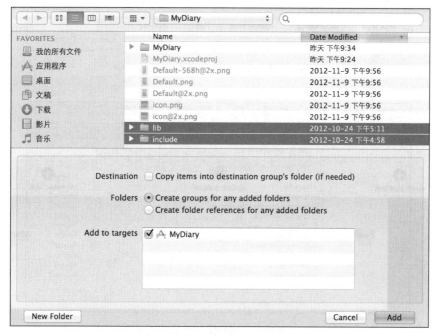

图 6-13   将 lib 和 include 添加到项目之中

步骤 5   使用同样的方法将 AMap.bundle 添加到项目中。

步骤 6   在项目导航器中再次点击 + 按钮，选择 Add Files to "MyDiary"，选择解压文件
夹中的 assets 文件夹，在对话框中勾选 Copy items into destination group's folder (if needed)，
将 Folders 选项设置为第二项 Create folder references for any added folders，如图 6-14 所示。

步骤 7   使用本章开始介绍的方法，将 CoreText.framework、QuartzCore.framework、System-
Configuration.framework、libz.dylib 和 libxml2.2.dylib 添加到项目中，单击 Add 按钮添加，如
图 6-15 所示。

步骤 8   在项目设置的 Build Settings 菜单的 Other Linker Flags 中，添加 -all_load
和 -IMAMapKit 项，如图 6-16 所示。

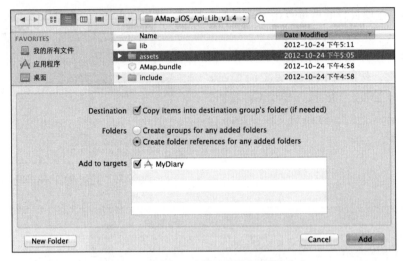

图 6-14 将 assets 文件夹添加到项目之中

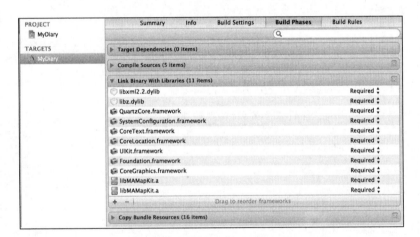

图 6-15 为项目添加必要的框架

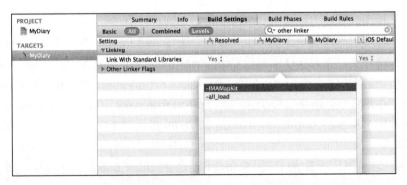

图 6-16 修改 Other Linker Flags 设置

步骤 9　在项目设置的 Build Settings 菜单的 Library Search Paths 中，删除原有的 $(SRCROOT)/lib/Debug-iphonesimulator，添加一项 $(SRCROOT)/lib/$(CONFIGURATION)$(EFFECTIVE_PLATFORM_NAME)，如图 6-17 所示。

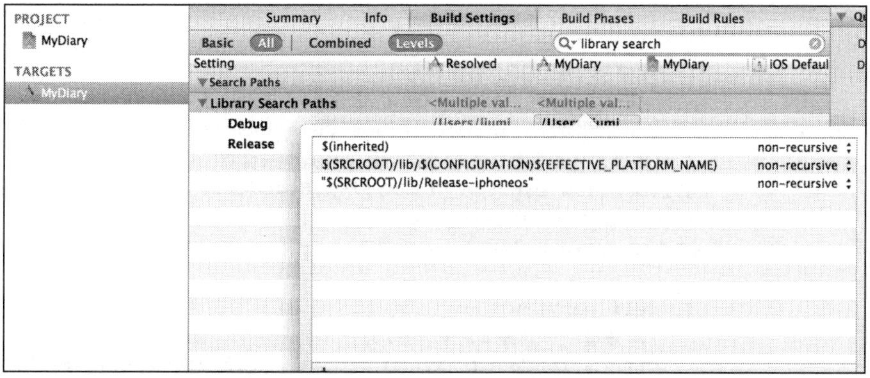

图 6-17　修改 Library Search Paths 设置

步骤 10　在项目导航器中将 LocationViewController.m 文件名改为 LocationViewController.mm。这样做的原因高德并没有做具体的解释，但是不这样做会出现多个警告。

构建并运行应用程序，当我们切换到"我的位置"控制器的时候，虽然没有发生什么变化，但是此时已经成功将高德 iOS API 添加到了项目之中。接下来，我们将在模拟器中显示地图。

步骤 11　在项目导航器中选择 LocationViewController.h 文件，导入 MAMapKit.h 文件，使该类符合 MAMapViewDelegate 协议，并且添加一个新的 MAMapView 类型的成员变量 _mapView。

```
#import <UIKit/UIKit.h>
#import <CoreLocation/CoreLocation.h>
#import "MAMapKit.h"

@interface LocationViewController : UIViewController
<CLLocationManagerDelegate, MAMapViewDelegate>

@property (nonatomic, strong) CLLocationManager *locationManager;
@property (nonatomic, strong) MAMapView *mapView;

@end
```

步骤 12　修改 LocationViewController.mm 文件中的 viewDidLoad 方法。

```
- (void)viewDidLoad
{
    [super viewDidLoad];

    if ([CLLocationManager locationServicesEnabled]) {
```

```
        NSLog(@"iOS 设备的定位服务已经开启。");

        switch ([CLLocationManager authorizationStatus]) {
            case kCLAuthorizationStatusAuthorized:
            case kCLAuthorizationStatusNotDetermined:
                NSLog(@" 应用程序可以访问定位服务。");

                // 创建高德地图视图并将其初始化
                self.mapView = [[MAMapView alloc]
                                    initWithFrame:CGRectMake(0, 0, 320, 460)];
                // 设置当前地图类型，包括标准、影像合成和矢量图
                self.mapView.mapType = MAMapTypeStandard;
                // 设置 mapView 的 delegate 属性
                self.mapView.delegate = self;

                if (self.mapView) {
                    // 设置一个经纬度对象
                    CLLocationCoordinate2D center = {39.91669,116.39716};
                    // 创建一个经纬度范围
                    MACoordinateSpan span = {0.04,0.03};
                    // 创建一个经纬度区域
                    MACoordinateRegion region = {center,span};
                    // 在高德地图上面设置显示的位置和范围
                    [self.mapView setRegion:region animated:NO];
                    [self.view addSubview:self.mapView];
                }
                break;
            case kCLAuthorizationStatusDenied:
                NSLog(@" 定位服务被使用者禁止了。");
                break;

            case kCLAuthorizationStatusRestricted:
                NSLog(@" 家长控制限制了定位服务。");
                break;
            default:
                break;
        }
    }else{
        NSLog(@"iOS 系统的定位服务被禁止了。");
    }
}
```

在 LocationViewController.mm 的 viewDidLoad 方法中，我们可以先注释掉之前有关 CLLocationManager 的一切代码，然后对 mapView 进行相关的设置。

首先，我们通过 initWithFrame: 方法初始化一个指定大小和位置的 MAMapView 类型的对象。然后设置地图显示类型，一共有三种不同的地图类型，它们分别是：

❑ MAMapTypeStandard：标准栅格图。

❑ MAMapTypeSatellite：卫星图。

❑ MAMapTypeVector：矢量图。

其次我们设置 mapView 的 delegate 属性。之后，我们通过一组经纬度数值，让 mapView 显示指定区域和范围的地图内容。最后，将 mapView 添加到控制器的 view 中。

构建并在模拟器中运行应用程序，我们切换到 LocationViewController 视图以后，会看到如图 6-18 所示的效果。

图 6-18　在模拟器中标准栅格、卫星、矢量三种地图类型的显示效果

虽然模拟器可以显示地图，但是要想获得 iOS 设备当前的位置是不行的，我们必须在真机上面进行测试。需要注意的是，即便高德 iOS API 在模拟器上面能够完美运行，在进行真机测试的时候还是需要进一步的设置。

6.6.3　在真机上测试高德地图

如果此时加入了 iOS 开发者计划，准备将现在的 MyDiary 项目上传到真机测试，还是有一定问题的，我们需要对项目做如下的修改和设置。

在项目的物理位置中找到 lib 文件夹，在其中创建一个 Debug-iphoneos 文件夹，再将 Release-iphoneos 文件夹中的 libMAMapKit.a 复制到其中。

出现这个问题的原因是在模拟器环境下运行时，项目会调用 lib 中 Debug-iphonesimulator 下的 libMAMapKit.a，但是我们在真机环境下测试时，系统无法找到 lib 中 Release-iphoneos 下的 libMAMapKit.a，所以我们手动创建一个 Debug-iphoneos 文件夹，并且包含 libMAMapKit.a 文件，这样在部署运行时就可以找到此库文件了。

最后我们在 LocationViewController.mm 的 viewDidLoad 方法中做如下修改，使其在真机测试上时可以显示 iOS 设备当前的位置。

```
......
switch ([CLLocationManager authorizationStatus]) {
    case kCLAuthorizationStatusAuthorized:
    case kCLAuthorizationStatusNotDetermined:
        NSLog(@" 应用程序可以访问定位服务。");

        self.mapView = [[MAMapView alloc]
                                initWithFrame:CGRectMake(0, 0, 320, 460)];
        self.mapView.mapType = MAMapTypeStandard;
        self.mapView.delegate = self;

        [self.mapView setShowsUserLocation:YES];

        [self.view addSubview:self.mapView];
         break;
    case kCLAuthorizationStatusDenied:
        NSLog(@" 定位服务被使用者禁止了。");
        break;
......
```

构建并运行应用程序，在切换到 LocationViewController 视图以后，地图上面会显示一个蓝色的圆点，它代表设备当前的位置，如图 6-19 所示。我们还可以通过缩放操作来改变地图的显示比例。

图 6-19　在真机测试中显示用户的位置

第 7 章

创建日记列表

本章内容

从本章开始，我们将学习如何使用表格视图。通过实践练习，使用控制器中的表格视图显示用户的日记记录。另外，我们还将学习数组的相关知识。

在绝大部分的 iOS 应用程序（尤其是基于 iPhone 的应用程序）中都会使用表格视图（TableView）来显示某些列表项目，并且表格视图允许用户对表格中的单元格进行选择、删除或排序等操作。不管是 iPhone 中的通讯录联系人列表，还是设置中的各种选项列表，都由一个 UITableView（表格视图）类型的对象负责。UITableView 会显示一个具有多行但仅有一列的数据内容。图 7-1 展示了一些应用程序中所用到的 UITableView。如果控制器的主视图是 UITableView，那么我们就管这样的控制器叫做表格视图控制器（Table View Controller），在 Cocoa Touch 中对应的类为 UITableViewController。

图 7-1　含有 UITableView 的应用程序

7.1　表格视图的组成部分

表格视图会显示一个列表，列表中的每一个元素就是单元格，我们可以通过垂直滚动手势浏览这些单元格。表格视图是 UITableView 类型，它包含两部分的内容。

❏ 容器部分：UITableView 本身就是一个容器，它是 UIScrollView（可滚动视图）的子类，并且包含了一个只能纵向滚动的单元格列表。

❏ 单元格：表格视图的容器中包含了单元格对象，是 UITableViewCell 类型。它具有四种不同的基础风格，我们还可以根据需要自定义其外观风格。

7.2　准备要显示的数据

在我们开始使用表格视图之前，需要先创建一些显示用的数据，然后就要有效地组织和管理这些数据对象。Cocoa Touch 提供了一些集合类，包括 Array、Set 和 Dictionary。这些类可以帮助我们组织和管理数据对象。

7.2.1　向 Diary 类的成员变量赋值

在此之前，我们已经创建了用于存储单条日记的 Diary 类。但是，这个类到目前为止还不能很好地为我们工作，还需要对它进一步进行改造。

在项目导航中选择 Diary.m 文件，在类方法 createDiary 中增加下面粗体字的内容。

```
+ (id) createDiary
{
    News *newDiary = [[News alloc] init];
    // 设置日记的标题为空字符串
    newDiary.title = @"";
    // 设置日记的内容为空字符串
    newDiary.content = @"";
    // 设置日记的创建时间
    newDiary.dateCreate = [[NSDate alloc] init];
    return newDiary;
}
```

上面的代码表明，我们在创建 newDiary 对象以后，直接为它的成员变量 title、content 和 dateCreate 赋初始值。

注意　@"" 格式代表一个字符串对象，它相当于用类方法产生字符串对象。

使用 Command+B 快捷键编译该应用程序项目。此时，Diary.m 文件会出现一个错误（红色惊叹号），如图 7-2 所示。错误信息为 Assignment to readonly property，这代表在为一个具有只读属性的变量赋值。这种错误是相当严重的，它会导致应用程序项目不能完成正常的编译工作。

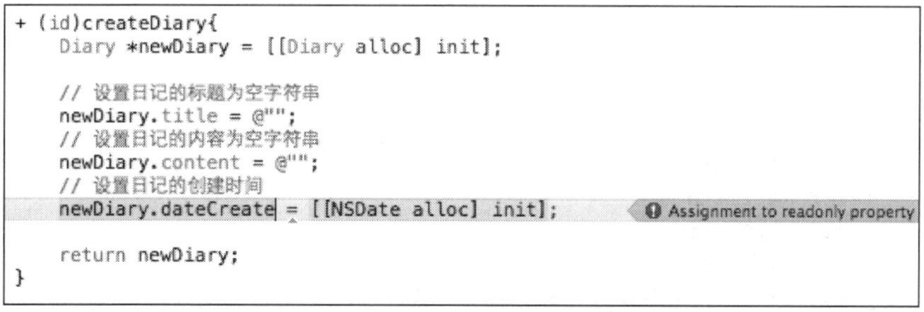

```
+ (id)createDiary{
    Diary *newDiary = [[Diary alloc] init];

    // 设置日记的标题为空字符串
    newDiary.title = @"";
    // 设置日记的内容为空字符串
    newDiary.content = @"";
    // 设置日记的创建时间
    newDiary.dateCreate = [[NSDate alloc] init];    ❶ Assignment to readonly property

    return newDiary;
}
```

图 7-2　Diary 类在编译时产生的错误

究其原因，是因为 Diary 类的 dateCreate 成员变量被设置了 readonly 属性，该属性是不能在类的外部被赋值的。可能部分读者会有疑问：编写的代码不就是在类里面吗？思考一下：赋值代码是写在 Diary 的类方法（不是实例方法）中的，而且操作的是一个刚刚被创建的 Diary 类型的对象。在一般情况下，对于具有只读属性的成员变量，我们要在它初始化的时候对其进行赋值，并且赋值的时候需要通过成员变量名称（如 _dateCreate）而不能使用访问器方法。

要想解决上面出现的这个问题，需要先来看看对象的分配与初始化。

7.2.2 对象的分配和初始化

在 Diary 类的 createDiary 类方法中，我们使用 [[Diary alloc] init] 语句创建 Diary 类型的对象。

```
+ (id)createDiary
{
    Diary *newDiary = [[Diary alloc] init];
    ......
```

从上面的代码我们可以看出，要想实例化某个类，必须做好下面两件事情：

1）为对象分配内存空间；

2）初始化对象。

要为对象分配内存空间，需要向类发送 alloc 消息。该方法会在 NSObject 中被执行，这是因为在 Objective-C 中的任何类都继承于 NSObject。除此以外，alloc 方法还会将类中所有成员变量的值都设置为 0（Zero）。在分配内存空间的工作完成以后，我们还要通过 init 方法为某些成员变量赋初始值，并完成一些其他任务，如对内部对象的设置等。

我们再来看看类是如何完成实例化的。在向类发送 alloc 消息以后，会创建类的实例并返回该对象在内存中的地址；然后发送 init 消息，用于为对象中的成员变量赋初始值。而对于刚才遇到的那个编译错误，我们就可以通过 init 方法解决。

步骤 1 在 Diary.m 文件中删除对 title、content 和 dateCreate 的赋值语句，重写 init 方法。

```
-(id)init
{
    self = [super init];
    if (self) {
        // 通过访问器赋值
        [self setTitle:@""];
        [self setContent:@""];
        // 直接为成员变量赋值
        _dateCreate = [[NSDate alloc] init];
    }
    return self;
}
```

我们在 Diary 类中重写了 init 方法，除了调用父类的 init 方法以外，还为本类中的 3 个成员变量赋初始值。其中前两个变量通过访问器方法赋值，dateCreate 成员变量则必须直接赋值，因为 readonly 没有 setter 方法。在 init 方法的最后会返回被成功初始化的对象。

　　修改后的 Diary 类应该没有什么问题了。但是，我们还可以让它更完美。在编写复杂类的时候，我们往往想通过带参数的初始化方法为类中的某些成员变量直接赋值。这是 Objective-C 中惯用的一种方法，它可以使代码更加清晰和简单。

　　为了能够涵盖更多的可能性，很多类都不止一种初始化方法。这些初始化方法都是以 init 开头的，其命名规则与其他实例方法不同，在 init 后面均为要初始化的成员变量名称，如 initWithTitle:content: 方法等。

　　对于一个类来说，不管它有多少种初始化方法，其中有且只有一种指定初始化 (Designated Initializer) 方法。它与其他初始化方法的区别就是，一个刚创建的对象只要执行了指定初始化方法，就可以正常工作了。比如 NSObject，它只有一种初始化方法 init，所以 init 就是 NSObject 的指定初始化方法。指定初始化方法用来确保类中的每个成员变量都可用。"可用"的意思是对象执行指定初始化方法后，对于该对象的任何操作都不会发生任何错误或问题。

　　现在的 Diary 类中一共有 3 个成员变量，其中有两个是可写的。因此 Diary 类的指定初始化方法需要接收两个参数 theTitle 和 theContent 变量。

　　步骤 2　在 Diary.h 中声明指定初始化方法，添加下面粗体字的内容。

```
+ (id)createNews;

-(id)initWithTitle:(NSString *)theTitle content:(NSString *)theContent;
```

　　Diary 类的指定初始化方法的名称就是 initWithTitle:content:，而且我们可以清楚地知道要传递两个什么样的变量作为参数。

　　步骤 3　在 Diary.m 文件中添加对指定初始化方法 initWithTitle:content: 的定义。

```
-(id)initWithTitle:(NSString *)theTitle content:(NSString *)theContent
{
    self = [super init];
    if (self) {
        [self setTitle:theTitle];
        [self setContent:theContent];
        _dateCreate = [[NSDate alloc] init];
    }
    return self;
}
```

　　在指定初始化方法中，我们先使用 super 调用父类的指定初始化方法，然后对分配成功的对象进行初始化赋值。

　　步骤 4　修改 Diary 类的 init 方法，在 init 方法中调用指定初始化方法。

```
-(id)init
{
    return [self initWithTitle:@"" content:@""];
}
```

一般来说，在类中除了指定初始化方法之外的一切初始化方法，最后都会返回执行了指定初始化方法后的对象。

在这部分中，我们还要向大家介绍 Objective-C 中一个特殊的对象类型——id。需要大家铭记的是，所有的初始化方法（不管是指定初始化方法还是一般的初始化方法）的返回值必须是 id。

那么，这个 id 到底是何方神圣呢？我们可以把 id 定义为"可以指向任何对象的指针"。它就像是 C 语言中的 void *。

大家可能有这样的想法：对于本章实践练习中的 Diary 类，为什么这些初始化方法的返回值不是 Diary 类型，而必须是 id 类型呢？它确实返回的是一个 Diary 类型的对象呀！有这样的想法说明你是一位爱思考的人，不过你的考虑还不够全面，这样做会出现问题的。

假如有一个类 MediaDiary 继承于 Diary 类，这个子类会继承 Diary 的所有方法，包括初始化方法和返回类型。当我们执行 [[MediaDiary alloc] initWithTitle:@"" content:@""] 语句的时候，它就会得到一个 Diary 类型的对象，但这显然不是我们所希望的，我们想要得到的是一个 MediaDiary 类型的对象。可能你还会想：没有关系，在子类中重写 initWithTitle:content: 初始化方法，改变其返回类型不就行了？但是，请记住：在 Objective-C 中，在同一个类或有继承关系的多个类中，不能有两种方法名称相同但返回类型（或者是参数类型）不同的方法。所以，我们只能指定类的初始化方法的返回类型为"任意类型"，也就是 id，这样才可以保证其子类不会发生任何问题。

7.2.3 在故事板中添加表格视图

在接下来的实践练习中，我们首先创建一个表格视图控制器类（UITableViewController），然后将其与故事板中的"我的日记"场景建立联系。

步骤 1 在 MyDiary 项目中创建一个 UITableViewController 的子类 DiaryListViewController。在项目导航中选择 MyDiary 组（前面为黄色文件夹的图标），执行 Control-Click 后在关联菜单中选择 New File...。在新文件模板对话框中选择 iOS → Cocoa Touch → Objective-C class，点击 Next 按钮。

步骤 2 设置 Class 名称为 DiaryListViewController，设置 Subclass of 为 UITableViewController。确定不要勾选 Targeted for iPad 和 With XIB for user interface，点击 Next 按钮。在确定 DiaryListViewController 类的本地磁盘位置以后，点击 Create 按钮完成类的创建。

在创建好 DiaryListViewController 类以后，还要将其与之前故事板中的"我的日记"视图控制器建立关联。

步骤 3 在项目导航中选择 MainStoryboard.storyboard，选择 Tab Bar Item 为"我的日记"的视图控制器。按 Option+Command+3 快捷键打开标识检查窗口，将 Class 设置为刚才创建好的 DiaryListViewController 类，如图 7-3 所示。

图 7-3　将"我的日记"场景与 DiaryListViewController 类建立关联

　　我们在设置完成以后会发现"我的日记"场景已经悄悄变成 Diary List View Controller –
我的日记 Scene，其中的 View Controller 也变成了 Diary List View Controller。

　　步骤 4　因为在 UITableViewController 中会使用 UITableViewDataSource 协议，所以需
要在 DiaryListViewController.h 中添加对该协议的支持。

```
@interface DiaryListViewController : UITableViewController
<UITableViewDataSource>
```

　　虽然我们在故事板中将视图控制器和 DiaryListViewController 类建立了关联，但
是，故事板中的这个控制器还没有表格视图，究其原因，原来是当初在故事板中创建标签
控制器的时候默认自动生成两个普通视图控制器。接下来，我们需要为已经成功关联到
DiaryListViewController 类的控制器添加表格视图。

　　步骤 5　在故事板的文档大纲中展开 Diary List View Controller 场景的"Diary List View
Controller - 我的日记"视图控制器，可以看到里面有一个 View 对象，选中并将其删除。

　　每个视图控制器在默认状态下都含有一个 View 对象，视图控制器负责管理和维护该视
图对象。

　　步骤 6　在对象库中选择 Table View，将其拖曳到文档大纲的"Diary List View
Controller - 我的日记"之中，如图 7-4 所示。我们可以在对象库底部的搜索框中输入 table 直
接定位该对象。

图 7-4　向 Diary List View Controller 场景添加 Table View 对象

注意　对象库中有两个与表格相关的对象，一个是属于 Data Views（数据视图）的 Table View，另一个则是 Controllers & Objects（控制器和对象）的 Table View Controller。前者只提供一个表格视图，而后者则提供整个的表格视图控制器。在本次实践练习中，因为已经有现成的控制器，所以只要向其中添加表格视图（Table View）即可。

步骤 7　在 Diary List View Controller 对象上执行 Control-Click，弹出的关联信息对话框如图 7-5 所示。

图 7-5　Outlets 部分的 view 已经成功关联新添加进来的 Table View

此时，表格视图会占满控制器视图中除标签栏以外的其他空间，如图 7-6 所示。

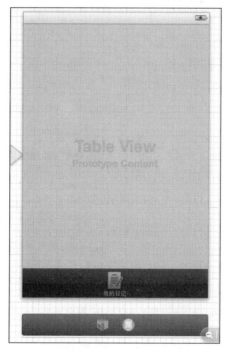

图 7-6　修改后的 Diary List View Controller

7.2.4　Arrays 类

下面我们会使用一种集合类来管理日记信息。通过 NSArray 或 NSMutableArray 类来完成对多个对象的有序存储和索引访问。NSArray 是不可改变数组类型，它只允许数组在初始化的时候存储对象，并且直到数组销毁也不能增加或移除数组中的对象。NSMutableArray 是 NSArray 的子类，它允许我们的数组在初始化以后，仍然可以添加对象或移除数组中的对象。

步 骤 1　在 DiaryListViewController 中声明一个 NSMutableArray 类型的成员变量 diaries。

```
#import <UIKit/UIKit.h>

@interface DiaryListViewController : UITableViewController
<UITableViewDataSource>

@property (nonatomic, strong) NSArray    *diaries;
@end
```

步骤 2　选择 DiaryListViewController.h 文件，修改 viewDidLoad 方法。我们所创建的 NSMutableArray 数组，将会包含 5 个 Diary 类型的对象，因此添加下面粗体字的内容。

```
#import "DiaryListViewController.h"
// 因为会用到 Diary 类，所以导入 Diary.h 文件
#import "Diary.h"

@implementation DiaryListViewController

- (void)viewDidLoad
{
    [super viewDidLoad];

    Diary *a = [[Diary alloc] initWithTitle:@"第一篇日记"
                                    content:@"第一篇日记的内容。"];
    Diary *b = [[Diary alloc] initWithTitle:@"第二篇日记"
                                    content:@"第二篇日记的内容。"];
    Diary *c = [[Diary alloc] initWithTitle:@"第三篇日记"
                                    content:@"第三篇日记的内容。"];
    Diary *d = [[Diary alloc] initWithTitle:@"第四篇日记"
                                    content:@"第四篇日记的内容。"];
    Diary *e = [[Diary alloc] initWithTitle:@"第五篇日记"
                                    content:@"第五篇日记的内容。"];

    self.diaries = [NSMutableArray arrayWithObjects:a, b, c, d, e, nil];
    NSLog(@"diaries 的元素有：%@", self.diaries);
}
```

在 viewDidLoad 方法中创建了 5 个 Diary 类型的对象，然后对 diaries 数组进行初始化。

提示 在 viewDidLoad 方法中，我们使用 self.diaries 的方式为成员变量 diaries 赋初始值。这是因为在类中使用 self.diaries 调用的是 diaries 的访问器方法，如果使用 _diaries，则代表直接为该成员变量赋值。

创建和初始化 NSMutableArray 对象可以有多种方法，这里我们使用 arrayWithObjects: 类方法来实现。它的参数是所有要添加到数组中的对象的列表，使用逗号分隔每个对象，注意最后一个元素必须是 nil，它代表数组元素的结束，这同样也意味着数组中的其他位置不能出现 nil 对象。

构建并运行应用程序，当切换到标签控制器中的"我的日记"视图时，调试控制台中就会出现类似于下面的信息。

```
2012-07-12 05:30:47.554 MyDiary[429:11603] diaries 的内容为：(
    "<Diary: 0x7c2cd10>",
    "<Diary: 0x7c459f0>",
    "<Diary: 0x7c45b10>",
    "<Diary: 0x7c45b30>",
    "<Diary: 0x7c45b50>"
)
```

上面的信息表明当前的 diaries 数组对象中共有 5 个元素，并且显示了这 5 个元素在内存中的地址。

7.3　UITableViewController 类

目前，我们已经在故事板中创建了表格视图，也在 DiaryListViewController 类中准备好了在表格视图中需要显示的数据，下面的问题就是如何在 UITableView 中显示这些数据。

UITableView 类型的对象是表格视图对象，属于 MVC（模型—视图—控制器）设计模式中的视图部分。它只负责显示一个表格及相关的界面信息，并不负责处理应用程序的逻辑和数据。因此当我们在应用程序中使用 UITableView 的时候，必须要考虑如下几点。

❑ UITableView 需要一个数据源（Data Source）。数据源中的数据将会显示在表格视图的每个单元格之中。我们还可以自定义每个单元格的视图界面。如果没有数据源，表格视图只是一个空的容器。数据源中的数据可以是任何类型的 Objective-C 对象，数据源对象必须符合 UITableViewDataSource 协议。

❑ UITableView 还需要一个委托（UITableViewDelegate）。当用户对表格进行交互操作的时候，可以触发 UITableViewController 中相应的协议方法。

❑ 需要有一个控制器去负责创建、管理和销毁这个 UITableView。一般来说，这个控制器是 UITableViewController 类或其子类。

❑ 控制器 UITableViewController 是 UIViewController 的子类，因为名称上面带有 TableView，所以它特指"具有表格视图"的控制器。一个表格视图控制器本身会扮演者三种角色：数据源、控制器和委托。

从 MVC 的设计模式中可以看出，一个控制器一般会含有一个视图，这个视图用于显示需要呈现给用户的可视化界面和反馈信息。具体到 UITableViewController，它必须是一个 UITableView 类型的视图，控制器要负责准备和呈现这个 UITableView。在控制器创建好表格视图以后，数据源和表格视图的委托属性 delegate 会自动指向这个控制器上面，如图 7-7 所示。

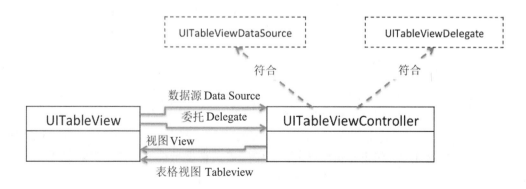

图 7-7　UITableViewController 与 UITableView 的关系

7.3.1　剖析 DiaryListViewController

在本章的实践中，DiaryListViewController 是 UITableViewController 的子类，我们从 DiaryListViewController.h 文件中的 @interface 语句就可以看出。

```
@interface DiaryListViewController : UITableViewController
<UITableViewDataSource>
```

在 DiaryListViewController.m 文件中可以找到 initWithStyle: 方法。

```
- (id)initWithStyle:(UITableViewStyle)style
{
    self = [super initWithStyle:style];
    if (self) {
        // Custom initialization
    }
    return self;
}
```

initWithStyle: 方法是 UITableViewController 的初始化方法，也是指定初始化方法。它用于返回一个被成功实例化后的表格视图控制器。该方法会传递一个 UITableViewStyle 类型的 style 参数。我们可以通过一个常量指定表格的风格。表格视图包括以下两种风格。

❑ UITableViewStylePlain：表格中的每部分数据可以有头和脚标。

❑ UITableViewStyleGrouped：表格中的每部分数据都是分组显示的。

修改 initWithStyle: 方法，像下面这样：

```
- (id)initWithStyle:(UITableViewStyle)style
{
    // 设置表格视图的风格为 UITableViewStylePlain 或 UITableViewStyleGrouped
    self = [super initWithStyle:UITableViewStylePlain];
    if (self) {
        // Custom initialization
    }
    return self;
}
```

如果此时编译并运行应用程序，我们只会看到一个空的表格显示在屏幕上，接下来要在 DiaryListViewController 中显示之前定义好的用于测试的日记对象（也就是数据源）。

7.3.2　UITableView 的数据源

如何让 UITableView 中的每个单元格分别显示数组中的数据呢？如果以前没有接触过 iOS 开发，可能会以一种面向过程的思维方式去想这个问题。面向过程的思维方式就是，当表格视图被创建以后，就要将数据全部呈现给用户。但是在 Cocoa Touch 中使用的是另外一种方式：通过数据源（dataSource）和委托设计模式来显示数据。在本章的实践练习中，DiaryListViewController 就负责提供这个数据源。

我们来看一下 DiaryListViewController 类中与数据源相关的一些方法。

在项目导航中选择 DiaryListViewController.m 文件，修改 numberOfSectionsInTableView:
方法和 tableView:numberOfRowsInSection: 方法，如下代码所示：

```
- (NSInteger)numberOfSectionsInTableView:(UITableView *)tableView
{
#warning Potentially incomplete method implementation.  // 删除这个警告标签
    // 返回当前表格视图中一共有几部分的内容
    return 1;
}

- (NSInteger)tableView:(UITableView *)tableView
                      numberOfRowsInSection:(NSInteger)section
{
#warning Incomplete method implementation.  // 删除这个警告标签
    // 返回当前 section 中一共需要多少个单元格
    return self.diaries.count;
}
```

这里列出了两种与数据源相关的方法。numberOfSectionsInTableView: 方法用于返
回表格视图呈现的数据一共有几部分（组），在通讯录的表格视图中看到的按姓氏分组
就是这个意思。这里我们让它返回 1，代表整个表格视图只有一组数据内容。tableView:
numberOfRowsInSection: 方法用于返回表格视图的每组中各有多少行数据。这里使用 self.
diaries.count 告诉表格视图一共有 5 行数据需要显示。

说明　在前面提到的两种方法里面各有一个 #warning 警告语句，这也是之前在编译该项目的时候
一直会出现 2 个黄色警告的原因之一。这两个警告实际上是提醒我们要修改这两种方法的返回值。

每当 UITableView 需要显示数据内容的时候，它都会发送一系列的消息（其中包括必须
执行的方法和可选的方法）给它的数据源。必须执行的方法之一就是 tableView:numberOfRo-
wsInSection:。还有一种是 tableView:cellForRowAtIndexPath: 方法，它用于返回指定的单元格
对象。要想把这种方法弄清楚，我们先要了解 UITableViewCell 类的相关知识。

7.4　UITableViewCell 类

UITableViewCell 是 UIView 的子类。因为表格视图中所呈现的每一行都是 UITableViewCell
类型的对象，所以 UITableViewCell 同时也是 UITableView 的子视图。需要注意的是，子类与
子视图是不同的概念，子类继承于父类，而子视图是被父视图包含的视图。

UITableViewCell 类本身也有一个子视图，叫做 contentView。在 contentView 上面，我
们可以绘制各种需要呈现的内容，包括文字、图片或附件指示器（Accessory Indicator）。
其中，附件指示器会显示一个行动向导图标，它包括选择标志（Checkmark）、揭示图标
（Disclosure Icon）和蓝色 V 形的内部指示图标，如图 7-8 所示。我们在设置单元格的时候可
以设置附件指示器属性。在默认情况下，该属性的值为 UITableViewCellAccessoryNone，即
不使用附件指示器。

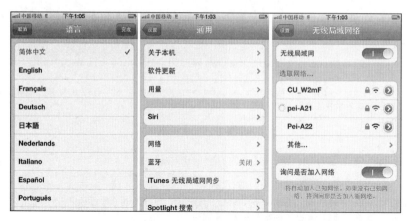

图 7-8   UITableViewCell 中的 3 种不同附件指示器

在 UITableViewCell 的 contentView 中，默认会有 3 个子视图，如图 7-9 所示。其中，两个子视图是 UILabel 类型的对象，属性名称分别是 textLabel 和 detailTextLable；第三个子视图是 UIImageView 类型的对象，属性名称为 imageView。

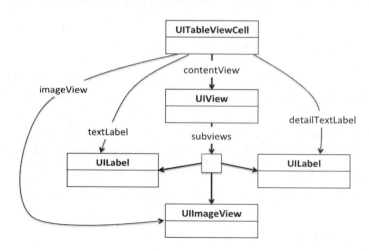

图 7-9   UITableViewCell 结构示意图

另外，我们还可以使用 UITableViewCell 的 UITableViewCellStyle 属性设置这些子视图的布局，以达到不同的显示效果。图 7-10 所示为不同类型的 UITableViewCellStyle。

图 7-10   UITableViewCellStyle 的 4 种单元格

说明　在一般情况下，我们使用 textLabel 属性显示标题信息，使用 detailTextLabel 属性显示副标题、摘要或时间等信息。

7.4.1　创建与检索单元格

在这部分的实践中，我们会在表格视图中显示日记列表。要想达到这样的目的，需要完成一种 UITableViewDataSource 协议中必须实现的方法：tableView:cellForRowAtIndexPath:。这种方法会创建一个可用的单元格，还可以设置单元格中的 textLabel、detailTextLable 和 imageView 属性，最后返回这个单元格对象给表格视图，如图 7-11 所示。

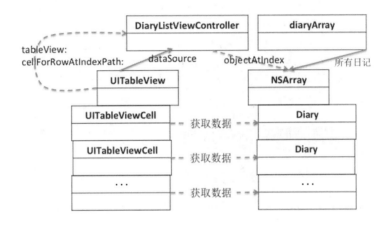

图 7-11　UITableViewCell 的检索示意图

步骤 1　在故事板中选择 Diary List View Controller 场景，从对象库中找到 Table View Cell 对象并将其拖曳到 Table View 之中，如图 7-12 所示。

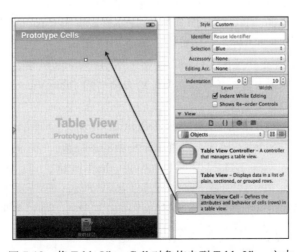

图 7-12　将 Table View Cell 对象拖曳到 Table View 之中

　　因为在这个实践练习中，我们的表格视图只会呈现一种形式的单元格，所以从对象库中拖曳一个 Table View Cell 对象即可。

　　步骤 2　选择控制器中的 Table View 对象，按 Option+Command+4 快捷键打开属性检查窗口，在 Table View 部分中将 Content 属性设置为 Dynamic Prototypes（动态原型），如图 7-13 所示。

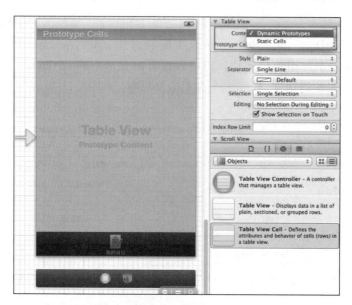

图 7-13　设置表格视图的 Content 属性为 Dynamic Prototypes

　　因为整个表格的单元格是根据数据源的内容动态生成的，所以我们要选择 Dynamic Prototypes。如果表格中的单元格内容是固定的，比如某些应用程序的设置页面，就可以将 Content 设置为 Static Cells（静态单元格）。

　　步骤 3　选择刚创建的 Table View Cell 对象，按 Option+Command+4 快捷键打开单元格的属性检查窗口，在 Table View Cell 部分将 Style 属性设置为 Custom。除了可以设置该风格以外，我们还可以设置下面四种单元格风格，如图 7-14 所示。

　　❑ Basic：相当于前面介绍的 UITableViewCellStyleDefault 风格。我们可以双击 Title 来修改单元格的标题内容，还可以在属性检查窗口的 Table View Cell 部分设置 Image 属性，在单元格中显示图像。

　　❑ Subtitle：相当于 UITableViewCellStyleSubtitle 风格。除了 Title 和 Image 属性以外，我们还可以双击 Subtitle 控件，设置单元格中的子标题。

　　❑ Right Detail：相当于 UITableViewCellStyleValue1 风格。可以设置 Title、Subtitle 和 Image 属性。

　　❑ Left Detail：相当于 UITableViewCellStyleValue2 风格。只能设置 Title 和 Subtitle 属性。

　　步骤 4　在故事板中继续让单元格处于选中状态，在属性检查窗口的 Table View Cell 部分中，将 Identifier 设置为 DiaryCell。

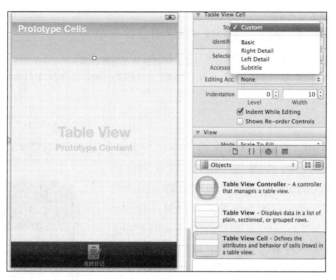

图 7-14　设置单元格的 Style 属性

在没有设置 Identifier 属性之前，我们可以看到文本框中会显示 Reuse Identifier 的提示字符，如图 7-15 所示。有关 Reuse Identifier 的知识，我们会在后面进行介绍。

步骤 5　还是在 Table View Cell 部分中，设置 Accessory 属性为 Disclosure Indicator，此时故事板中的 Table View Cell 控件效果如图 7-16 所示。

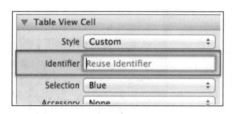

图 7-15　设置单元格的 Identifier 属性

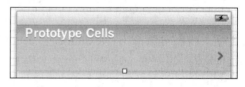

图 7-16　设置单元格的 Accessory 属性后的效果

步骤 6　在项目导航中选择 DiaryListViewController.m 文件，找到其中的 tableView: cellForRowAtIndexPath: 方法。我们通过在该方法中添加相关代码，让表格视图中可以显示 viewDidLoad 方法中 diaries 数组里面的内容。

```
- (UITableViewCell *)tableView:(UITableView *)tableView cellForRowAtIndexPath:
(NSIndexPath *)indexPath
{
    // CellIdentifier 所指向的字符串必须与故事板中 Table View Cell 对象的 Indentifier 属性一致
    static NSString *CellIdentifier = @"DiaryCell";
    UITableViewCell *cell = [tableView
                    dequeueReusableCellWithIdentifier:CellIdentifier];

    // 获取与指定单元格相对应的日记数组中的条目
    Diary *diary = [self.diaries objectAtIndex:indexPath.row];
```

```
// 设置日记条目的标题
cell.textLabel.text = [diary title];

// 设置日记条目的副标题，这里显示的是日记创建的日期和时间
cell.detailTextLabel.text = [[diary dateCreate] description];

return cell;
}
```

　　tableView:cellForRowAtIndexPath: 方法中有一个参数是 NSIndexPath 类型的对象。它有两个属性：section 和 row。如果这个消息被发送到数据源（DiaryListViewController）对象，说明表格视图将会显示第 X 组的第 Y 行内容。因为当前的数据源只有一个分组，所以我们并不关心 section 属性，而 row 用于告诉数据源需要提供第 Y 个数据显示在单元格中，它是我们真正需要的。

　　在该方法中，我们首先定义一个常量 CellIdentifier，它用于指定一个字符串，并且这个字符串要与我们之前在故事板中为单元格对象定义的 Identifier 属性值一致。

　　接下来的 UITableViewCell *cell = [tableView dequeueReusableCellWithIdentifier:CellIdentifier] 语句用于从单元格可复用池中获取一个 UITableViewCell 的对象。

　　UITableViewCell 类中有 textLabel、detailTextLabel 和 imageView 三个属性，用于一般单元格的内容显示。从字面上我们可以看出，textLabel 和 detailTextLabel 是 UILabel 类型的对象，用于显示文字内容；imageView 是 UIImageView 类型的对象，用于显示图像。

　　构建并运行应用程序，我们会看到表格视图中出现了五篇日记的列表，如图 7-17 所示。

图 7-17　MyDiary 应用程序运行效果

说明　对于目前这个表格视图的运行效果，看着可能有些别扭，原因在于此时的 DiaryListViewController 还没有被添加到导航视图控制器中，因此没有顶端的导航工具栏。我们会在第 8 章的实践练习中进行介绍。

7.4.2　UITableViewCell 的复用

　　由于 iOS 设备受到内存大小的限制，要在表格视图中显示成千上万行的数据，是否需要创建成千上万个 UITableViewCell 的对象呢？物理内存是否可以提供给应用程序这么多的内存空间呢？答案是否定的。但是，苹果采用了一种优化方法来解决这个问题，这就是

UITableViewCell 的复用技术。因为在任何时候, iPhone 手机最多只会显示一屏数量的单元格, 所以我们随时可以复用没有出现在屏幕上的、已经被创建的单元格对象。

　　当用户在滚动表格的时候, 一些已经呈现在屏幕上的单元格会被移出屏幕, 而被移出屏幕的单元格对象会被放在一个可复用单元格池中准备复用。当表格需要创建一个全新单元格的时候, 就会检查池子中是否有可复用的单元格, 如果有则复用它, 否则会通过其他渠道创建一个新的 UITableViewCell 对象。

　　对于单元格的复用, 我们需要注意一个问题: 有时, 一个表格视图中会含有不同类型的单元格。偶尔, 我们需要使用特殊形式的单元格。图 7-18 所示为网易新闻应用程序的头条版面。从中可以看出表格视图的第一行为大图新闻形式, 从第二行开始为小图新闻形式。

　　单元格复用池并不关心池子里面放的是什么类型和布局的单元格对象, 那么我们怎么才能从池子中复用需要类型的单元格对象呢? 好在每个单元格都有一个 Reuse Identifier 属性, 它是 NSString 类型的对象。当一个数据源需要一个可复用单元格的时候, 它会通过 Reuse Identifier 属性获取指定类型的单元格对象。通常, 我们为 Reuse Identifier 属性指定一个简短的名字。tableView:cellForRowAt IndexPath: 方法中的相关代码如下 :

图 7-18　网易新闻中的新闻列表, 其中
第一行为特别格式

```
static NSString *CellIdentifier = @"DiaryCell";
UITableViewCell *cell = [tableView
dequeueReusableCellWithIdentifier:CellIdentifier];
```

　　其中的 dequeueReusableCellWithIdentifier: 方法用于返回指定类型标识的单元格对象。如果我们的表格视图中有多种风格的单元格, 则可以通过不同的后缀进行区别, 比如 DiaryCell-Default、DiaryCell-Media 等。

7.5　增加点击交互功能

　　在上面的实践练习中, 我们可以通过表格视图将数据显示在用户的屏幕上面, 通过手势识别功能上下滚动表格 ; 还可以点击表格视图中的单元格, 此时表格视图就会高亮显示选中的单元格。在接下来的实践练习中, 我们就要为其添加这样的交互功能。

　　要想让表格视图完成与用户的交互, 就必须让 DiaryListViewController 类符合 UITableViewDelegate 协议。UITableViewDelegate 提供了大量的方法允许表格和单元格响应用户的各种交互, 这些方法包括选择、编辑、排序和删除的相关操作。下面, 我们就来编写程序代码响应用户的点击操作。至于其他交互操作, 将会在第 18 章进行详细介绍。

在 MyDiary 应用程序中，当我们点击表格视图中某个单元格的时候，该单元格就会蓝色高亮显示，除此以外不会有任何动作。其实，在程序层面，表格视图会让 UITableViewDelegate 做两件事情：显示用户选择的那一行和告知表格视图控制器用户选择了哪一行。

要想让 DiaryListViewController 知道用户到底点击了表格视图中的哪一行，就必须执行 UITableViewDelegate 协议中的 tableView:didSelectRowAtIndexPath: 方法。

在项目导航中选择 DiaryListViewController.m 文件，在其中找到 tableView：didSelect-RowAtIndex Path：方法，如下面这样：

```
- (void)tableView:(UITableView *)tableView didSelectRowAtIndexPath:(NSIndexPath *)indexPath
{
    // Navigation logic may go here. Create and push another view controller.
    /*
     <#DetailViewController#> *detailViewController = [[<#DetailViewController#> alloc] initWithNibName:@"<#Nib name#>" bundle:nil];
     // ……
     // Pass the selected object to the new view controller.
        [self.navigationController pushViewController:detailViewController animated:YES];
     */
}
```

在这种方法中，我们发现所有的代码均为注释语句，将方法中的代码全部删除，然后添加下面粗体字的内容。

```
- (void)tableView:(UITableView *)tableView didSelectRowAtIndexPath:(NSIndexPath *)indexPath
{
    NSLog(@"表格视图中第 %d 行被用户点击", indexPath.row);

    NSString *messageString = [NSString stringWithFormat:@"用户点击了第 %d 行", indexPath.row];

    UIAlertView *alert = [[UIAlertView alloc]initWithTitle:@"用户点击单元格"
                                          message:messageString
                                          delegate:nil
                                 cancelButtonTitle:@"确定"
                                 otherButtonTitles:nil];
    [alert show];
}
```

tableView:didSelectRowAtIndexPath: 方法没有返回值，但它会传递两个参数到方法中。

❑ tableView：UITableView 类型的对象。在同一个控制器中我们可能会用到多个表格视图。通过该参数，我们可以明确此时用户与哪个表格视图进行交互。这也是协议方法的一种常规写法。

❑ indexPath：NSIndexPath 类型的对象。通过 row 属性指明用户点击了哪一行的单元格。

首先我们通过 NSLog 函数在调试控制台中显示用户点击了哪一行的单元格。

```
NSLog(@" 表格视图中第 %d 行被用户点击 ", indexPath.row);
```

然后，通过 indexPath 的 row 属性获取用户点击单元格的行号，生成 message 字符串。

```
NSString *messageString = [NSString stringWithFormat:@" 用户点击了第 %d 行 ", indexPath.
row];
```

创建 UIAlertView 对象并载入 message 字符串。

```
UIAlertView *alert = [[UIAlertView alloc]initWithTitle:@" 用户点击单元格 "
                                    message:messageString
                                    delegate:nil
                          cancelButtonTitle:@" 确定 "
                          otherButtonTitles:nil];
```

最后将其显示出来。

```
[alert show];
```

构建并运行应用程序，随机点击表格视图中的某个单元格，此时应用程序的运行效果如图 7-19 所示。

图 7-19　用户点击单元格以后的效果

虽然应用程序完美地运行，但是有一个细节不知道是否有读者发现：在 Alert View 中显示的行号比用户实际点击的行号差 1。这是因为 indexPath 中的 row 属性是从 0 开始计数的，而我们习惯上对表格视图中的单元格从 1 开始计数。

说明　UITableViewDelegate 协议中的 tableView:didSelectRowAtIndexPath: 方法是可选的，也就是说在表格视图控制器中可以不实现该方法。

第 8 章

通过导航控制器显示多个视图

本章内容

通过第 7 章的实践练习，我们在 MyDiary 项目的 DiaryListViewController 控制器中添加了日记列表。但是当用户点击日记列表中的某个条目时，还不能显示该日记的详细内容信息。接下来，我们会使用 UINavigationController 控制器来呈现与管理另外一个全新的视图控制器用以显示日记的具体内容。

在第 5 章中我们已经学习了 UITabBarController 控制器的相关知识，并且掌握了如何让用户在不同视图控制器之间切换的方法。但是 UITabBarController 通常用于组织和管理具有并列关系的多个视图。如果需要根据先后次序呈现具有包含或父子关系的多个视图，就需要使用另外一种视图控制器进行组织和管理，那就是 UINavigationController。

在 iOS 应用程序中使用 UINavigationController 是非常常见的。举一个最简单的例子，当我们进入 iPhone 的"设置"应用程序后，就会看到很多与 iPhone 设备相关的条目信息。在点击"声音"选项以后，就会看到另一屏与声音相关的条目信息。当然，如果点击"电话铃声"选项，还会进入更深层一级的视图，如图 8-1 所示。与此同时，我们还可以通过点击屏幕顶端导航栏左侧的按钮返回前一级的视图。

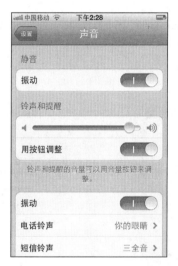

图 8-1　设置应用程序中的导航控制器

8.1　使用导航控制器进行视图间的导航

当我们的应用程序需要呈现具有前后关系的多屏信息时候，就可以考虑使用 UINavigationController 来维护和管理这样的"堆式"信息。这里所谓的"堆"，指的是一个视图控制器数组（View Controller Array），而在导航控制器中显示的每一屏信息都是数组中的视图控制器的视图。当一个视图控制器位于该"堆"最顶端的时候，该视图控制器的视图就会呈现在屏幕上面。

8.1.1 导航控制器介绍

当我们初始化一个 UINavigationController 控制器的时候，需要传递给它一个 UIView-Controller 类型的控制器对象。这个 UIViewController 控制器就是 UINavigation-Controller 控制器的根视图控制器（Root View Controller）。根视图控制器总是位于由 UINavigationController 管理的"堆"的最下方。如果"堆"中只有这一个视图控制器，那么它也位于"堆"的最上方。图 8-2 显示了具有两个视图控制器的导航控制器。左边的是根视图控制器，用于显示用户邮件的列表；右边的是在其上面的视图控制器，用于显示邮件的具体内容。当用户在根视图控制器的邮件列表中选中某封邮件的时候，另一个视图控制器会从屏幕右侧滑入，并且会显示该邮件的详细内容。当用户点击导航栏中的返回按钮时，其上一级的视图控制器会从屏幕的左侧滑入。

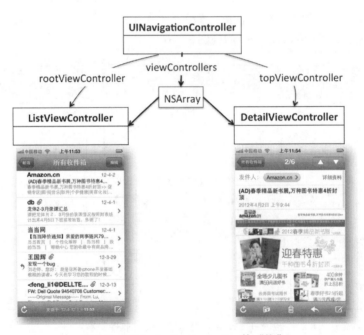

图 8-2　UINavigationController 的"堆"

在 UINavigationController 控制器运行的过程中，我们可以动态地向"堆"中增加视图控制器，而且最新添加进来的控制器总会处于"堆"的最上层位置。这个动态添加视图控制器的能力是前面学习的 UITabBarController 控制器所不具备的。UITabBarController 控制器必须在创建的时候一次性设置好所有的视图控制器，并且在应用程序运行的过程中不允许改动。而 UINavigationController 在初始化的时候，只要向其添加一个控制器作为"根视图控制器"就可以了，然后还可以根据程序代码的需要或是用户的选择再添加其他视图控制器到"堆"里面。

我们可以通过 UINavigationController 控制器的 topViewController 属性，获取位

于"堆"中顶端视图控制器对象的指针。此外，UINavigationController 控制器还有一个 viewControllers 属性，通过它可以获取"堆"中所有的视图控制器对象。该属性会返回一个 NSArray 类型的数组，数组中所存储的对象均是 UIViewController 类型或其子类类型，并且这些控制器是有序排列的，第一个元素是根视图控制器，最后一个元素是最顶端的视图控制器。

　　实际上，UINavigationController 也是 UIViewController 的子类，所以它也有自己的视图。而且这个视图至少包含两个子视图：UINavigationBar 和用于显示 topViewController 的视图，如图 8-3 所示。

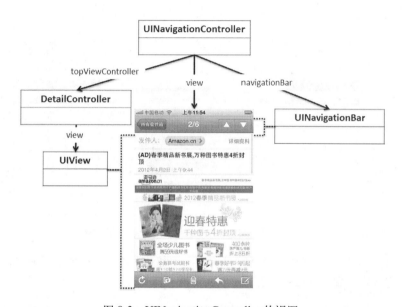

图 8-3　UINavigationController 的视图

8.1.2　创建导航控制器

　　接下来，在 MyDiary 应用程序项目中，我们需要为"我的日记"部分创建导航控制器。具体的做法是，使用之前已经创建好的 DiaryListViewController 作为导航控制器的根视图控制器，然后创建一个 UIViewController 的子类——DetailDiaryViewController。当用户选择列表中的某条日记以后，DetailDiaryViewController 控制器会滑入屏幕之中，以便让用户可以看到日记的详细内容。

　　在创建导航视图控制器之前，我们需要先搞清楚当前故事板中各视图控制器之间的关系，如图 8-4 所示。掌握这些对我们在故事板中添加导航控制器是非常有帮助的。

　　当前我们应用程序的入口是一个 Tab Bar Controller，通过屏幕下方的标签栏我们可以切换到另外 3 个不同的视图控制器，它们分别是"我的日记"、"我的位置"和"关于作者"。接下来的工作是将当前"我的日记"视图控制器的位置变成一个导航控制器，而"我的日记"视图控制器则成为新添加的导航控制器中的根视图控制器。

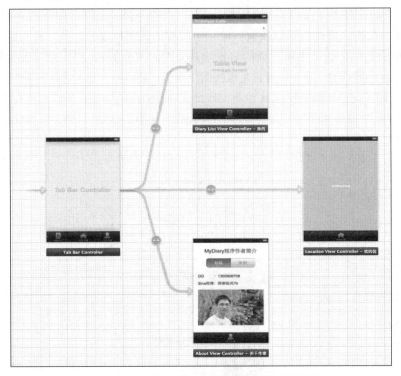

图 8-4　当前故事板中各个视图控制器之间的关系

步骤 1　在项目导航中选择 MainStoryboard.storyboard 文件，在对象库中找到 Navigation Controller 并将其拖曳到故事板中，如图 8-5 所示。

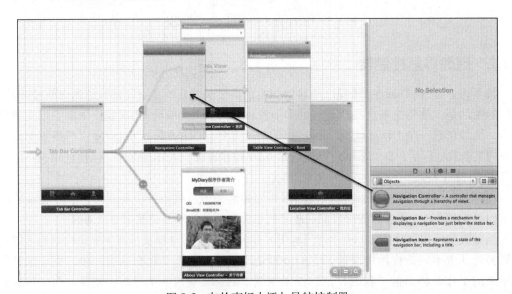

图 8-5　向故事板中添加导航控制器

此时我们会发现，添加进来的导航控制器还连带着一个表格视图控制器。这是因为在创建导航控制器的时候必须要有一个根视图控制器。但是这个根视图控制器为什么是一个表格视图控制器呢？如果你使用过很多 iOS 应用程序的话就会发现，在一般情况下，导航的根视图控制器就是一个表格视图控制器。

从现在这个情况来看，新添加进来的导航控制器还没有与 Tab Bar Controller 建立联系。接下来，我们需要将导航控制器加入 Tab Bar Controller 中，然后删除现有导航控制器中的根视图控制器，最后让"我的日记"视图控制器成为导航控制器的根视图控制器。

步骤 2　在故事板中选中 Tab Bar Controller，按 Option+Command+6 快捷键切换到关联检查窗口。在 Triggered Segues 部分中删除与 view controllers 关联的"Diary List Controller - 我的日记"控制器（点击其前面的 × 图标）。此时，故事板中 Tab Bar Controller 到 Diary List Controller 的连接线消失。

步骤 3　还是在 Triggered Segues 部分中，将鼠标定位到 view controllers 后面的圆圈上面，此时圆圈内部会变成一个 +。按住鼠标并拖曳到导航控制器上面，如图 8-6 所示。

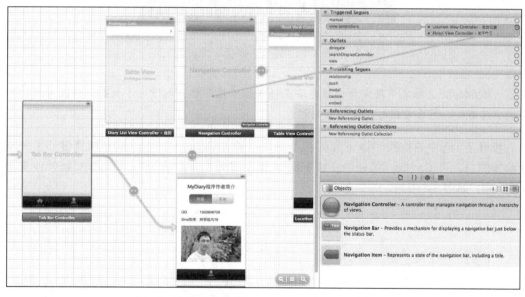

图 8-6　将导航控制器与 Tab Bar Controller 建立联系

经过此操作以后，Tab Bar Controller 和导航控制器会出现一条连接线。

步骤 4　删除当前导航控制器的根视图控制器，选中它按 Delete 键即可。

步骤 5　选中导航控制器，通过 Option+Command+6 快捷键打开关联检查窗口，在 Triggered Segues 部分，按住 root view controller 后面的圆圈（圆圈内部变成了 +），将其拖曳到 Diary List View Controller 上面。此时，导航控制器与 Diary List View Controller 之间出现了一条连接线。而且细心的朋友可以发现，在 Diary List View Controller 视图的顶部出现了导航栏。

如果此时构建并运行应用程序，我们会惊奇地发现，位于标签栏中第一位的是"我的位置"，然后是"关于作者"，最后才是"我的日记"。这是因为在默认情况下，标签栏中视图控制器的位置是依据建立联系的前后顺序排列的。

步骤6 双击故事板中的 Tab Bar Controller，按住标签栏中最后一个条目，将其放到第一个位置上面，如图 8-7 所示。

图 8-7　调整 Item 到标签栏的第一个位置上面

注意　Xcode 4.5.2 版本中经常会出现无法在标签栏中拖动标签的情况，我们只要在 Xcode 中关闭当前项目，然后重新打开该项目即可。

步骤7 选中导航控制器下方的标签条目，通过 Option+Command+4 快捷键切换到属性检查窗口。在 Bar Item 部分中，将 Title 属性设置为"我的日记"，将 Image 属性设置为 diary.png，如图 8-8 所示。

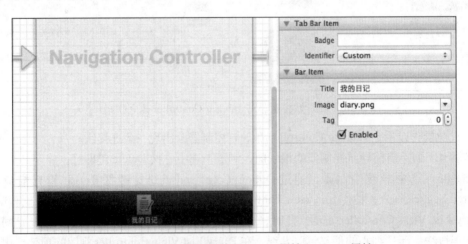

图 8-8　设置导航控制器的 Bar Item 属性和 Image 属性

步骤 8　选中 Diary List View Controller 控制器下方的标签条目，按 Delete 键将其删除。

构建并运行应用程序，此时标签栏的第一个位置变成了"我的日记"，而且"我的日记"的视图与以前有所不同，它的顶端出现了一个 UINavigationBar，而 UINavigationBar 的下方则是 Diary List View Controller 的视图，如图 8-9 所示。

图 8-9　带有导航功能的"我的日记"

在故事板中，我们使用 Diary List View Controller 作为导航控制器的根视图控制器。因此，现在的标签导航控制器中包括了一个导航控制器和两个普通视图控制器。

8.1.3　导航栏

在故事板中，位于 Diary List View Controller 视图最顶端的部分就是导航栏（UINavigationBar），它是 UINavigationBar 类型的对象。它最基本的功能是，显示 UINavigation-Controller"堆"中，位于顶端的视图控制器的 title 属性。当然，它也可以显示一些其他自定义的内容。

其实，任何视图控制器都有一个 UINavigationItem 类型的成员变量 navigationItem。与 UINavigationBar 不同的是，UINavigationItem 并不是 UIView 的子类，所以它不能被呈现在屏幕上面。但是 navigationItem 为 UINavigationBar 提供了显示所需的内容信息。UINavigationBar 会调用位于"堆"中顶端的 UIViewController 对象的 navigationItem 属性来

配置自己，如图 8-10 所示。

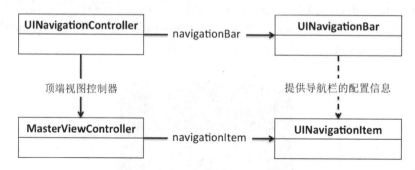

图 8-10　UINavigationItem 示意图

为了能够更好地理解 UINavigationBar 与 UINavigationItem 之间的关系，我们举例来说明一下。当我们收看电视节目的时候，每一个电视频道都相当于一个 UIViewController，位于屏幕左上角的电视台台标显示的信息就是 UINavigationItem 所提供的。当我们使用遥控器切换电视频道的时候，就相当于将不同的 UIViewController 放到导航控制器的最顶端。当某一个 UIViewController 位于顶端的时候，它的 navigationItem 中的信息就会显示在电视屏幕的左上角。

在默认情况下，UINavigationItem 对象中的属性值均为空。但是在应用程序项目中，我们一般还是要为其设置一些必要的属性，其中，title 属性是一个字符串类型的成员变量。当 UIViewController 被推到"堆"顶端的时候，系统就会将 navigationItem 的 title 属性显示在导航栏之中，如图 8-11 所示。

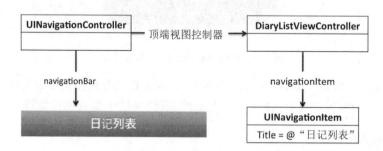

图 8-11　UINavigationItem 的 title 属性示意图

UINavigationItem 能 够 提 供 给 UINavigationBar 的 不 仅 仅 是 title 属性。每个 UINavigationItem 可以提供 3 个定制的区域：leftBarButtonItem（位于导航栏左侧的按钮）、rightBarButtonItem（位于导航栏右侧的按钮）和 titleView（标题视图），如图 8-12 所示。其中，左、右导航栏按钮都是指向 UIBarButtonItem 类型对象的指针，这个 UIBarButtonItem 类型的对象是一个只能显示在 UINavigationBar 或 UIToolBar 上面的按钮对象。

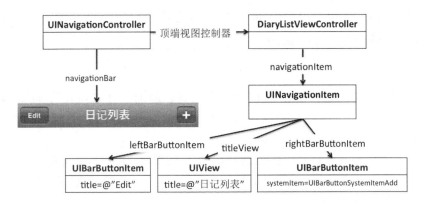

图 8-12　UINavigationItem 的 3 个定制区域示意图

与 UINavigationItem 一样，UIBarButtonItem 也不是 UIView 的子类，但同样可以为 UINavigationBar 提供需要显示的信息。这些信息可以是字符串、图像或其他内容。

对于 UINavigationItem 的 titleView 来说，我们可以使用一个字符串作为导航栏的标题，或者通过 UIView 类型的对象显示一个视图，但是这两者不能同时使用。

下面我们来设置 MyDiary 应用程序中的 UINavigationBar。在 DiaryListViewController.m 文件中创建一个 UIBarButtonItem 对象。当 DiaryListViewController 处于"堆"顶端的时候，这个按钮会出现在导航栏的右侧。同时，我们还要设置它的 navigationItem 的 title 属性，这样标题文字就会显示在导航栏的中间位置。另外，我们还会设置导航栏左侧的编辑按钮。

步骤 1　在 DiaryListViewController.m 中找到 viewDidLoad 方法，添加下面粗体字的内容。

```
- (void)viewDidLoad
{
    ......
    self.diaryArray = [NSMutableArray arrayWithObjects:a, b, c, d, e, nil];

    NSLog(@"diaryArray 的内容为：%@", self.diaryArray);

    // 创建一个新的 bar button item，按钮的风格为 UIBarButtonSystemItemAdd，
    // 当用户点击按钮的时候会调用 addNewDiary: 方法
    UIBarButtonItem *bbi = [[UIBarButtonItem alloc]
                    initWithBarButtonSystemItem:UIBarButtonSystemItemAdd
                                target:self
                                action:@selector(addNewDiary:)];

    // 将刚创建的按钮对象设置在导航栏的右侧
    [[self navigationItem] setRightBarButtonItem:bbi];

    // 设置导航栏的标题

    [[self navigationItem] setTitle:@" 日记列表 "];
}
```

步骤 2 添加一种新的方法 addNewDiary : ，这种方法暂时不需要编写任何代码。

```
-(void)addNewDiary:(id)sender
{
}
```

构建并运行应用程序，在导航栏中间会看到标题为"日记列表"，而在导航栏右侧会看到一个 + 按钮。当我们点击这个按钮的时候，应用程序没有任何反应，这是因为 addNewDiary: 方法中没有任何程序代码。

每个 Bar Button Item 对象都是通过目标 – 动作机制响应用户的交互操作的。当用户点击按钮的时候，它会发送一个动作消息给目标对象。在这里，我们是通过编写程序代码的方式进行目标 – 动作机制设置的。

```
UIBarButtonItem *bbi = [[UIBarButtonItem alloc]
                    initWithBarButtonSystemItem:UIBarButtonSystemItemAdd
                                    target:self
                                    action:@selector(addNewDiary:)];
```

我们在初始化 Bar Button Item 对象的时候，设置其风格为 UIBarButtonSystemItemAdd，目标为当前的 DiaryListViewController 类，动作为类里面的 addNewDiary: 方法。其中，设置的动作使用了 SEL 数据类型。

SEL 数据类型是一个选择器指针。选择器是类中方法的身份标识。当我们将方法名称放入 @selector() 命令中的时候，该命令就会返回一个 SEL 类型的地址指针指向这种方法。需要注意的是，这里所说的"方法名称"是方法的全部名称再加上冒号。下面向大家展示一些声明的方法以及它们被 @selector() 命令封装的例子。

```
-(void) showMe;
-(void) showMeWithText:(NSString *) text;
-(void) showMeWithText:(NSString *) text  andImage:(UIImage *) image;

SEL m1 = @selector( showMe );
SEL m2 = @selector( showMeWithText:);
SEL m3 = @selector( showMeWithText: andImage:);
```

注意，@selector() 不会在乎方法的返回值、参数类型和参数的名称，而且 @selector() 也不会检查这种方法是否真的存在。如果我们为导航栏中的按钮设置了动作，当点击按钮的时候就会发送相应的消息而不管这种方法在目标对象中是否可执行。

注意　如果 @selector() 所指向的方法确实不存在，程序执行到该语句的时候就会崩溃退出。

下面，我们将编辑按钮放置在导航栏的左侧。选择 DiaryListViewController.m 文件，找到 viewDidLoad 方法，添加下面粗体字的内容。

```
- (void)viewDidLoad
{
    ......
```

```
        [[self navigationItem] setRightBarButtonItem:bbi];
        [[self navigationItem] setLeftBarButtonItem:[self editButtonItem]];

        [[self navigationItem] setTitle:@" 日记列表 "];

        [bbi release];
    }
```

　　虽然我们在 viewDidLoad 方法中只添加了一行代码，但是运行应用程序以后，在导航栏的左侧会出现一个 Edit 按钮，如图 8-13 所示。点击这个按钮，表格视图会进入编辑状态。关键就在于这个 editButtonItem 属性。UIViewController 有一个 editButtonItem 属性，该属性会创建一个 UIBarButtonItem 类型的对象，按钮的标题是 Edit。更美妙的是，这个按钮本身就已经配置好了目标 - 动作机制。当点击该按钮的时候，它会向自己的视图控制器发送 setEditing:animated: 消息。

图 8-13　日记列表的导航栏

8.2　增加日记的详细页面

　　下面我们要为 UINavigationController 的 "堆" 中添加另外一个 UIViewController。
　　步骤 1　创建一个新的 UIViewController 的子类，在 Xcode 菜单中选择 File → New → New File...，选择 Objective-C class 类型的模板。

步骤 2 将 Class 名称设置为 DetailDiaryViewController, 将 Subclass of 设置为 UIViewController, 确定 Targeted for iPad 和 With XIB for user interface 处于未勾选状态, 如图 8-14 所示。

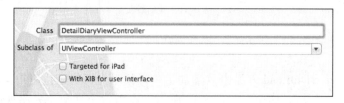

图 8-14 创建 DetailDiaryViewController 类

步骤 3 在故事板中从对象库拖曳一个新的 View Controller 对象到 Diary List View Controller 的右侧。选中新建的 View Controller, 通过 Option+Command+4 快捷键切换到标识检查窗口, 在 Custom Class 部分中, 将 Class 设置为 DetailDiaryViewController, 如图 8-15 所示。此时, 该视图控制器成为 Detail Diary View Controller。

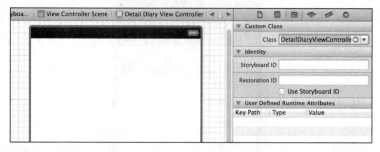

图 8-15 设置新创建的 View Controller 的类为 DetailDiaryViewController

步骤 4 选中 Diary List View Controller 中的单元格对象, 通过 Control-Drag 将此单元格对象关联到 Detail Diary View Controller 上面, 如图 8-16 所示。松开鼠标以后, 在弹出的关联菜单中选择 Push。

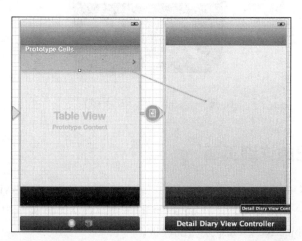

图 8-16 将单元格与 Detail Diary View Controller 建立联系

在建立好联系以后，我们在 Diary List View Controller 场景中的单元格上面执行 Control-Click 后，可以看到相关信息，如图 8-17 所示。确定 Storyboard Segues 部分中的 Push 指向到 Detail Diary View Controller。

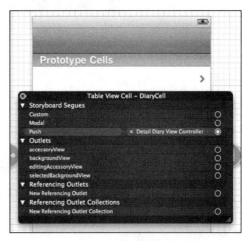

在 Diary List View Controller 控制器中，我们需要做的是，在用户点击某篇日记以后，屏幕上面就会出现该日记的详细内容页面，这个视图控制器就是 Detail Diary View Controller。

我们将从 Diary List View Controller 到 Detail Diary View Controller 之间的这种链接形式称作 segue（连线，其实是转换的意思）。这种形式的连线表示从一个场景转换到另外一个场景，它会改变屏幕中显示的内容，但是必须由交互动作触发，如轻点或其他手势。

图 8-17　查看 Push 是否指向 Detail Diary View Controller

在故事板中使用联线最大的好处在于，我们不需要编写任何代码就可以转入一个新的场景，而不需要将按钮与 IBAction 关联起来。其实，我们刚才只是将单元格和场景通过 Control-Drag 链接起来，就完成了这项工作。

Detail Diary View Controller 的视图目前需要两个子视图：一个是 UILabel 类型的对象，用于显示日记的标题；另一个是 UITextView 类型的对象，用于显示日记的内容。因为我们需要在程序运行的过程中设置这两个对象的属性，所以要将这两个成员变量与故事板中的可视化控件进行 IBOutlet 关联。

下面我们就在故事板中添加这两个可视化控件并进行关联设置。

在之前的实践练习中，我们一般会通过三步操作来设置关联：首先，在控制器类的头文件中添加 IBoutlet 关键字的成员变量；然后，向故事板中添加可视化控件；最后，建立成员变量与可视化控件之间的关联。

其实，我们还可以通过另一种更简单的方法来创建控件与类中成员变量的关联。在接下来的实践中，我们将通过该方法来快速建立关联。

步骤 1　在故事板中选择 Detail Diary View Controller。

步骤 2　在 Xcode 上方的工具栏右侧有三组环境设置按钮。选择 Editor 部分的中间按钮，将 IDE 环境设置为助手编辑器模式。这里我们还需要使用对象库向视图中添加可视化控件对象，所以选择 Xcode 工具栏中 View 部分左右两侧的按钮来设置显示属性部分，如图 8-18 所示。

经过上面的设置，现在 Xcode 的工作界面应该如图 8-19 所示。

图 8-18　设置 Xcode 的工作界面

图 8-19　调整后的 Xcode IDE 工作界面

步骤 3　拖曳一个 UILabel 和一个 UITextView 到 Detail Diary View Controller 的视图之中，其中 UILabel 在屏幕上方的中央位置，UITextView 则位于 UILabel 的下方中央位置，如图 8-20 所示。设置 UILabel 的字号为 System 22.0，对齐方式为居中；设置 UITextView 的 Text 为空，设置 Editable 为未选中状态，字号为 System 16.0，对齐方式为左对齐。

步骤 4　下面我们就要来设置 UILabel 和 UITextView 与 Detail Diary View Controller 的 IBOutlet 关联了。通过 Control-Drag 拖曳视图中的 UILabel 控件对象到右侧的 DetailDiaryViewController.h 文件中，如图 8-21 所示。

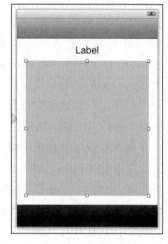

图 8-20　向故事板中添加两个控件

注意　如果在助手编辑器模式中，右侧代码打开的不是 DetailDiaryViewController.h 文件，可以在项目导航中通过 Option+ 文件名的方法在编辑区的右侧窗口中将其打开。

　　在将控件拖曳到相应的头文件以后，会弹出一个对话框。设置对话框中的 Connection 为 Outlet，Object 为 Detail Diary View Controller，Name 为 diaryTitle，Type 为 UILabel，Storage 为 Weak，点击 Connect 按钮，如图 8-22 所示。

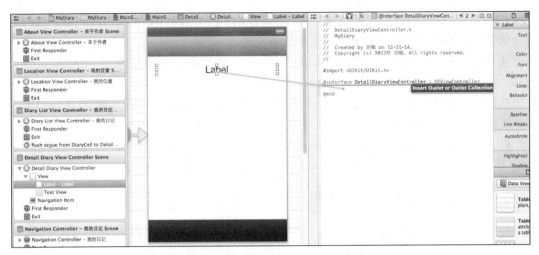

图 8-21　通过 Control-Drag 方法为对象添加 IBOutlet

通过上面的这步操作，会在 DetailDiaryView Controller 类中创建一个标记为 IBOutlet 的 UILabel 类型的成员变量 diaryTitle，并且该成员变量已经与故事板中的 UILabel 控件建立了关联。这是个一石二鸟的做法，如法炮制，也为 UITextView 对象建立这样的 IBOutlet 关联，成员变量的名称为 diaryContent。

图 8-22　设置 Outlet 关联

8.3　使用 UINavigationController 进行导航

现在我们已经有了导航控制器、导航栏和两个视图控制器，该是把它们整合到一起的时候了。当用户点击 Diary List View Controller 中表格视图的某个单元格的时候，会有一个被实例化的 DetailDiaryViewController 对象从屏幕的右侧滑入，并显示相应的日记信息。

8.3.1　推出视图控制器

在应用程序中，如果通过 segue（连线）的方式进行场景切换，用户界面会向控制器发送 prepareForSegue:sender: 消息。通过该消息可以进行数据的传递。

步骤 1　在 DiaryListViewController.m 文件中重写 prepareForSegue:sender: 方法。

```
-(void)prepareForSegue:(UIStoryboardSegue *)segue sender:(id)sender
{
    NSLog(@"故事板中场景切换时执行的方法。");
}
```

在用户点击某个单元格以后，DiaryListViewController 会收到 tableView: didSelectRowAt-IndexPath: 消息。以前，我们总是在这种方法中编写代码向导航控制器添加一个被实例化的

DetailDiaryViewController 对象。但是，从 iOS 5 开始，在基于故事板的应用程序中，我们通常会使用 prepareForSegue:sender: 方法来响应场景之间的切换。

步骤 2 在 DiaryListViewController.m 文件中找到 tableView:didSelectRowAtIndexPath: 方法，将该方法及其内部的所有代码删除。

构建并运行应用程序，当用户选择表格视图中某个单元格时，屏幕上会滑出 Detail Diary View Controller 的视图。同时，我们还可以在导航栏中点击"日记列表"按钮，返回 Diary List View Controller 的视图，这样 Detail Diary View Controller 会被推出。当视图控制器从"堆"中被推出时，同样也会释放对 Detail Diary View Controller 的拥有权。

8.3.2 在视图控制器间传递数据

通过前面的实践练习我们发现，DetailDiaryViewController 中用于显示日记标题的 UILabel 和显示日记内容的 UITextView 还不能显示正确的信息。

下面，我们需要将 DiaryListViewController 中的数据对象传递给 DetailDiaryViewController。

步骤 1 在项目导航中选择 DetailDiaryViewController.h 文件，增加一个 Diary 类型的成员变量。代码如下：

```
#import <UIKit/UIKit.h>
#import "Diary.h"

@interface DetailDiaryViewController : UIViewController
@property (weak, nonatomic) IBOutlet UILabel *diaryTitle;
@property (weak, nonatomic) IBOutlet UITextView *diaryContent;
@property (strong, nonatomic) Diary *diary;

@end
```

步骤 2 在 DetailDiaryViewController 中重写 viewWillAppear: 方法。

```
-(void)viewWillAppear:(BOOL)animated
{
    [super viewWillAppear:animated];

    self.diaryTitle.text = self.diary.title;
    self.diaryContent.text = self.diary.content;

    // 修改导航栏标题为"日记内容"
    [[self navigationItem] setTitle:@"日记内容"];
}
```

当 DetailDiaryViewController 控制器的视图出现在屏幕上的时候，会调用 viewWillAppear: 方法。在该方法中，我们使用从 DiaryListViewController 传递进来的 diary 对象，为 diaryTitle 和 diaryContent 对象进行赋值，并且设置了导航栏的标题信息。

步骤 3 修改 DiaryListViewController.h 文件，添加对 DetailDiaryViewController 类的引用。

```
#import "DiaryListViewController.h"
#import "DetailDiaryViewController.h"
```

```
#import "Diary.h"
```

步骤 4　修改 DiaryListViewController.m 文件中的 prepareForSegue:sender: 方法。

```
-(void)prepareForSegue:(UIStoryboardSegue *)segue sender:(id)sender
{
    NSLog(@"故事板中场景切换时执行的方法。");

    // 获取表格中被选择的行
    NSIndexPath *indexPath = [self.tableView indexPathForSelectedRow];
    NSInteger row = [indexPath row];

    // 获取数组中选中行的 Diary 对象
    Diary *diary = [self.diaries objectAtIndex:row];

    // 通过 segue 获取被故事板初始化的对象，然后将数据传递给它
    DetailDiaryViewController *detailDiaryViewController =
            (DetailDiaryViewController *)[segue destinationViewController];
    detailDiaryViewController.diary = diary;
}
```

在 prepareForSegue:sender: 方法中，我们先获取用户当前所选择的单元格的位置，然后从 diaries 数组中找出相应的 Diary 类型的对象，再通过 segue 对象的 destinationViewController 属性得到切换到的控制器，最后将 Diary 对象赋值给 DetailDiaryViewController 类的 diary 属性。

构建并运行应用程序，当我们选择某篇日记记录的时候，日记的详细内容页面会呈现日记的标题和内容，如图 8-23 所示。如果点击导航栏左侧的日记列表按钮，则会返回 "我的日记" 视图控制器。

图 8-23　基于故事板的导航控制器的运行效果

第 9 章

为日记添加文本记录功能

本章内容

在本章的实践中，我们会创建一个全新的视图控制器。用户使用该控制器可以添加文本型的日记记录。

本章中我们将会深入学习下面这些控件。

❑ UILabel：用于显示文本。虽然它经常用于显示单行文本内容，但是它也可以用于显示多行文本信息。我们可以为其设置单一的字体、字号及颜色，也可以设置文字对齐方式。

❑ UITextField：用于显示单行的可编辑文本框。可以设置单一的字体、字号及颜色，也可以设置文字对齐方式。不仅如此，我们还可以设置该控件的边线样式和背景图像。

❑ UITextView：用于显示可滚动的文本框。可以设置其编辑状态（可编辑 / 不可编辑），也可以设置单一的字体、字号、颜色，以及文字对齐方式。而且，它可以检测文本中的超链接，并能够在控件中显示这些超链接供用户点击。

9.1　创建新的视图控制器

本章我们会创建一个新的视图控制器 CreateDiaryViewController，用户通过这个视图控制器可以创建新的日记。

9.1.1　创建 CreateDiaryViewController 类

步骤 1　在项目导航中选择 MyDiary 项目，从菜单中选择 File → New → New File...，选择 Objective-C class 类型的模板。

步骤 2　将 Class 名称设置为 CreateDiaryViewController，将 Subclass of 设置为 UIViewController，设置 Targeted for iPad 和 With XIB for user interface 为未勾选状态，如图 9-1 所示，点击 Next 按钮。

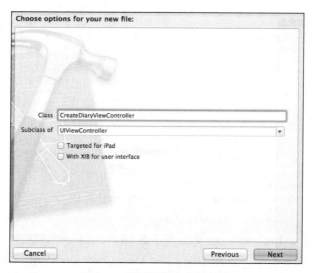

图 9-1　设置新建文件的属性

步骤 3   点击 Create 按钮后，会在项目导航中出现两个新文件：CreateDiaryViewController.h 和 CreateDiaryViewController.m。

9.1.2   创建 Create Diary View Controller 场景

除了创建 CreateDiaryViewController 类以外，我们还需要在故事板中创建相应的视图场景，并且要在其中添加必要的可视化控件。我们可以直接在故事板中通过 Control-Drag 将控件对象拖曳到头文件的方法进行关联，这种方式使得我们的编程方式更加方便和灵活。在后面的实践中，我们都会通过这种方法创建 IBOutlet 成员变量和 IBAction 方法。

步骤 1   在项目导航中选择 MainStoryboard.stroyboard 文件。从对象库中选择 View Controller 并将其拖曳到 Diary List View Controller 场景的右上方。通过 Option+Command+3 快捷键切换到标识检查窗口，将 Class 设置为 CreateDiaryViewController。

在第 8 章的实践练习中，我们在 DiaryListViewController 类的 viewDidLoad 方法中通过代码为导航栏的右边添加一个"增加日记"按钮。其实，使用 segue 方式会更加简单和直接。接下来，我们先调整 DiaryListViewController 类的 viewDidLoad 方法。

步骤 2   在项目导航中选择 DiaryListViewController.m 文件，修改 viewDidLoad 方法，代码如下：

```
- (void)viewDidLoad
{
    [super viewDidLoad];

    Diary *a = [[Diary alloc] initWithTitle:@"第一篇日记"
                                       content:@"第一篇日记的内容。"];
    Diary *b = [[Diary alloc] initWithTitle:@"第二篇日记"
                                       content:@"第二篇日记的内容。"];
    Diary *c = [[Diary alloc] initWithTitle:@"第三篇日记"
                                       content:@"第三篇日记的内容。"];
    Diary *d = [[Diary alloc] initWithTitle:@"第四篇日记"
                                       content:@"第四篇日记的内容。"];
    Diary *e = [[Diary alloc] initWithTitle:@"第五篇日记"
                                       content:@"第五篇日记的内容。"];

    self.diaries = [NSMutableArray arrayWithObjects:a, b, c, d, e, nil];
    NSLog(@"diaries 的元素有：%@", self.diaries);

    [[self navigationItem] setLeftBarButtonItem:[self editButtonItem]];

    // 设置导航栏的标题
    [[self navigationItem] setTitle:@"日记列表"];
}
```

步骤 3   删除 DiaryListViewController 类中的 addNewDiary: 方法。

步骤 4   回到故事板中，选中 Diary List View Controller 场景，从对象库中选择 Bar

Button Item，将其拖曳到 Diary List View Controller 场景中导航栏的右侧，如图 9-2 所示。选中新创建的 Bar Button Item 对象，通过 Option+Command+4 快捷键切换到属性检查窗口，在 Bar Button Item 部分中设置 Identifier 为 Add，如图 9-3 所示。注意，当我们向导航栏中放置 Bar Button Item 对象时，只允许将其放置在两个位置：导航栏的左侧或右侧。

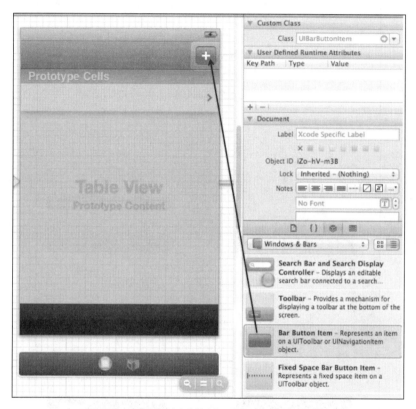

图 9-2　向导航栏右侧添加 Bar Button Item 对象

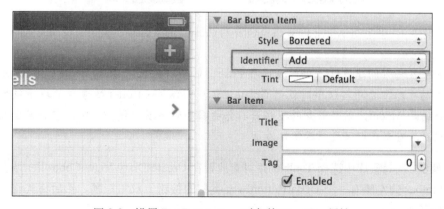

图 9-3　设置 Bar Button Item 对象的 Identifier 属性

步骤5　从导航栏中通过 Control-Drag 将刚创建的 Bar Button Item 按钮关联到 Create Diary View Controller 场景上面，在弹出的关联菜单中选择 model。此时，从 Diary List View Controller 场景到 Create Diary View Controller 场景会出现一条连接线，如图 9-4 所示。

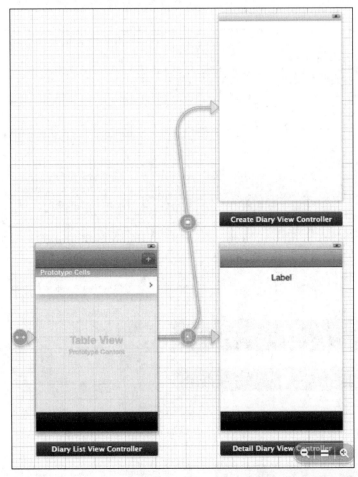

图 9-4　建立 Diary List View Controller 与 Create Diary View Controller 之间的关联

说明　如果在场景间建立联系的时候选择 Push，则会将 Create Diary View Controller 加入导航控制器的"堆"之中，这个时候的 Create Diary View Controller 场景会呈现导航栏。如果我们选择的是 Modal，则新场景的控制器不会被添加到导航"栈"之中，它会完全盖住旧的那个控制器，直到我们将控制器销毁为止。

步骤6　从对象库中选择 Toolbar 并将其放置在 Create Diary View Controller 场景视图的顶端。Toolbar 的左侧有一个 UIBarButtonItem 类型的按钮，双击标题，然后将其修改为"返回"，如图 9-5 所示。

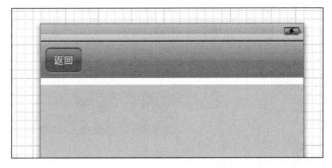

图 9-5　向 Create Diary View Controller 场景添加工具栏

步骤 7　从对象库中选择 Bar Button Item 控件，将其放置到 Toolbar 中，修改其标题为"保存"。

步骤 8　从对象库中添加 2 个 Bar Button Item 控件到 Toolbar 的"返回"和"保存"按钮之间的位置，其中一个按钮的 Identifier 属性设置为 Camera，再将另外一个按钮的标题设置为录音。最后从对象库中选择 Flexible Space Bar Button Item 控件，分别放在返回按钮的后面和保存按钮的前面，效果如图 9-6 所示。

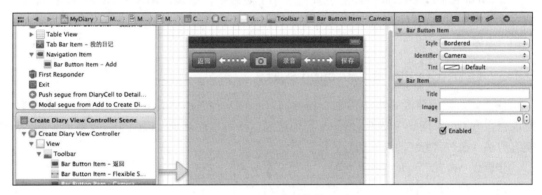

图 9-6　Toolbar 中的控件设置

步骤 9　从对象库中选择 Label 放置在 Toolbar 的下方，修改 Text 属性为"日期和时间"，设置字号为 System 17.0。

步骤 10　从对象库中选择 Text Field 并把它放置在 Label 的下方，调整其位置和大小，设置其字号为 System 21.0，将 Placeholder 属性设置为"日记标题"，将 Alignment 设置为居中。

Placeholder 是 UITextField 类中的一个 NSString 类型的属性，它用于存储一个字符串对象。当 TextField 中没有任何字符的时候，就会显示 Placeholder 中的字符串对象。

步骤 11　从对象库中选择 TextView 放置在 TextField 的下方，删除 Text 属性中的文本内容，设置 TextView 的背景色为浅粉色。推荐大家将该控件的位置设置为"x：20，y:130"，大小设置为"宽度：280，高度：80"，效果如图 9-7 所示。之所以将 TextView 的背景设置为浅粉色，是为了方便开发者看到该控件的大小和位置。TextView 的背景颜色并没有严格的限制，可以随意设置为喜欢的颜色，或者设置为透明色。

图 9-7　视图中 Label、TextField 和 TextView 控件的大小与位置

UILabel 和 UITextField 控件的位置与大小都好理解，但是，为什么 UITextView 的高度值设置的如此之小，以至于下面空出这么大的空间而不用呢？这里暂且卖个关子，后面大家就知道原因了。

9.1.3　建立 IBOutlet 和 IBAction 关联

接下来，我们将故事板中的各个控件与 CreateDiaryViewController 类建立相应的关联，从而可以在 CreateDiaryViewController 类中控制这些可视化对象，以及响应控件产生的各种交互方法（通过目标 - 动作机制）。

步骤 1　设置 Xcode 工作区环境，如图 9-8 所示。

通过这样的设置，Xcode 工作区除了有故事板的编辑界面以外，在它的右侧还会出现类的代码文件。如果右侧的代码窗口打开的不是 CreateDiaryViewController.h 文件，则可以在项目导航中按住 Option 键再选择文件。

图 9-8　Xcode 工作区设置

步骤 2　通过 Control-Drag 将故事板中的 Label 控件拖曳到右侧的 CreateDiaryViewController.h 文件之中。此时，它们之间会出现一个蓝色线条表示其连接状态，如图 9-9 所示。在弹出的快捷菜单中将 Connection 设置为 Outlet，将 Name 设置为 diaryDate，Type 默认情况下为 UILabel。

步骤 3　同样，通过 Control-Drag 将故事板中的 TextField 控件拖曳到右侧的 Create-DiaryViewController.h 文件中。在弹出的快捷菜单中，将 Connection 设置为 Outlet，将 Name 设置为 diaryTitle，此时 Type 设置为 UITextField 类型。

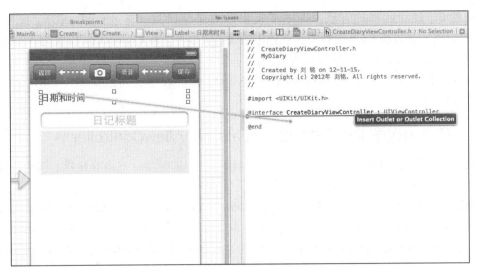

图 9-9　建立 IBOutlet 关联

步骤 4　对故事板中的 TextView 对象做同样的操作，只不过在弹出的快捷菜单中将 Name 设置为 diaryContent，Type 默认为 UITextView 类型。

此时 CreateDiaryViewController.h 文件应该如下面这样：

```
#import <UIKit/UIKit.h>

@interface CreateDiaryViewController : UIViewController
@property (weak, nonatomic) IBOutlet UILabel *diaryDate;
@property (weak, nonatomic) IBOutlet UITextField *diaryTitle;
@property (weak, nonatomic) IBOutlet UITextView *diaryContent;

@end
```

步骤 5　选中工具栏中的返回按钮，然后通过 Control-Drag 将该控件拖曳到 DiaryList-ViewController.h 文件中。在弹出的快捷菜单中，将 Connection 设置为 Action，将 Name 设置为 cancel，将 Type 设置为 id，如图 9-10 所示。

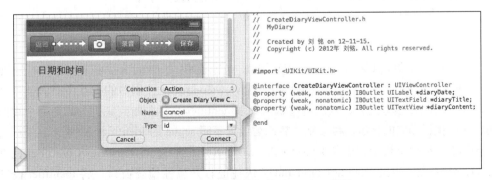

图 9-10　建立返回按钮的 IBAction 关联

步骤 6 使用同样的方法，选中工具栏中的保存按钮，通过 Control-Drag 拖曳其到 CreateDiaryViewController.h 文件中。在弹出的快捷菜单中，将 Connection 设置为 Action，将 Name 设置为 saveDiary，将 Type 设置为 id。

现在，我们已经在故事板和 CreateDiaryViewController 类之间建立了 3 个 IBOutlet 和 2 个 IBAction 关联。

9.1.4 在应用程序中呈现和销毁 CreateDiaryViewController

接下来我们要实现的功能是，当用户需要添加日记的时候，点击导航栏右侧的＋按钮，会呈现出 CreateDiaryViewController 场景视图。

步骤 1 选择 MyDiary 项目中的 DiaryListViewController.h 文件，将 prepareForSegue:sender : 方法修改为下面粗体字的内容。为了在此方法中可以正常使用 CreateDiaryViewController 类，我们还要先在 DiaryListViewController.h 文件的开头部分增加对 CreateDiaryViewController 类的引用。

```
#import "CreateDiaryViewController.h"

-(void)prepareForSegue:(UIStoryboardSegue *)segue sender:(id)sender
{
    if ([segue.identifier isEqualToString:@"DetailDiary"]) {
        // 获取表格中被选择的行
        NSIndexPath *indexPath = [self.tableView indexPathForSelectedRow];
        NSInteger row = [indexPath row];

        // 获取数组中选中行的 Diary 对象
        Diary *diary = [self.diaries objectAtIndex:row];

        // 通过 segue 获取被故事板初始化的对象，然后将数据传递给它
        DetailDiaryViewController *detailDiaryViewController =
          (DetailDiaryViewController *)[segue destinationViewController];
        detailDiaryViewController.diary = diary;
    }

    if ([segue.identifier isEqualToString:@"AddDiary"]) {
        NSLog(@" 进入到创建新日记的场景！ ");
    }
}
```

当用户点击 DiaryListViewController 视图中导航栏右侧的＋按钮时，同样会执行 prepareForSegue:sender: 方法。因为在 DiaryListViewController 控制器的交互中会涉及不同场景的切换，所以在该方法中，我们通过 segue 的 Identifier 属性判断到底进入的是哪个视图控制器，然后执行相应的代码。接下来，我们要设置不同 segue 的 Identifier 属性。

步骤 2 在故事板中选中从 DiaryListViewController 到 DetailDiaryViewController 控制器之间的连线节点。通过 Option+Command+4 快捷键打开属性检查窗口，将 Identifier 设置为

DetailDiary（见图 9-11），这代表我们将这两个控制器之间的切换标识设置为 DetailDiary。

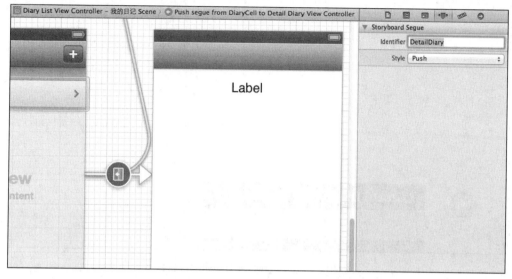

图 9-11　设置 segue 的 Identifier 属性

步骤 3　如法炮制，将 DiaryListViewController 到 CreateDiaryViewController 之间的切换标识设置为 AddDiary。

步骤 4　在 CreateDiaryViewController.m 文件的 cancel: 方法中添加下面粗体字的代码。

```
- (IBAction)cancel:(id)sender {
    [self dismissViewControllerAnimated:YES completion:nil];
}
```

构建并运行应用程序。此时我们就可以随意在 DiaryListViewController 和 CreateDiary-ViewController 控制器之间进行切换。

当我们在 ViewController A 中通过 Modal 方式呈现 ViewController B 的时候，A 就充当 Presenting View Controller（弹出控制器），而 B 就是 Presented View Controller（被弹出控制器）。换句话说，A 就是 B 的 presentingViewController（是 B 的一个属性），而 B 就是 A 的 presentedViewController（是 A 的一个属性），并且 A 拥有 B。这种状态一直到向 A 发送 dismissViewControllerAnimated:completion: 消息才会结束，然后 A 会释放对 B 的拥有权。

当我们在 A 中呈现 B 的时候，A 的视图会自动被 B 的视图所覆盖。不仅如此，在 Modal 方式下，我们还可以设置控制器切换的过渡效果。

步骤 5　在故事板中选择 DiaryListViewController 和 CreateDiaryViewController 之间的 segue，通过 Option+Command+4 快捷键打开属性检查窗口，将 Transition 设置为 Cross Dissolve，如图 9-12 所示。

Transition 一共有四种不同的转场效果，它们分别是：从底部滑入（Cover Vertical），水平翻转进入（Flip Horizontal），交叉溶解（Cross Dissolve）以及翻页（Partial Curl）。

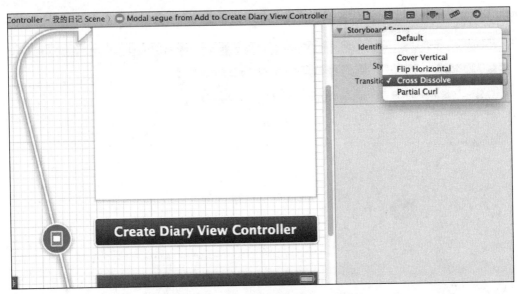

图 9-12　设置 segue 的 Transition 属性

当 B 被销毁的时候，我们可以选择是否使用动画效果。至于 dismissViewControllerAnimated: completion: 方法中的 completion: 参数，它允许我们在控制器被销毁以后执行一段代码。

虽然前面介绍的控制器销毁方法可以让 MyDiary 项目正常运行，但是还不够完美。官方文档建议通过 delegate（委托）实现交互。我们在开发中，最好也遵守这个原则，在被弹出的控制器中定义 delegate，然后在弹出控制器中实现相应的委托协议方法，这样就可以比较方便地实现两者之间的交互。

步骤 1　在项目导航中选择 CreateDiaryViewController.h 文件，添加 CreateDiaryViewController Delegate 协议。

```
#import <UIKit/UIKit.h>
#import "Diary.h"

@class CreateDiaryViewController;

@protocol CreateDiaryViewControllerDelegate
// 必须实现的两个协议方法
@required
// 当用户点击返回按钮以后所实现的方法
- (void)createDiaryViewControllerDidCancel:
                    (CreateDiaryViewController *)createDiaryController;
// 当用户点击保存按钮以后实现的协议方法
- (void)createDiaryViewController:
                (CreateDiaryViewController *)createDiaryController
                  didSaveWithDiary:(Diary *)theDiary;
@end
```

```
@interface CreateDiaryViewController : UIViewController
// 声明 id 类型的 delegate 成员变量, 用于保存符合
// CreateDiaryViewControllerDelegate 协议的对象指针
@property (weak, nonatomic) id <CreateDiaryViewControllerDelegate> delegate;
```

在定义 CreateDiaryViewControllerDelegate 协议之前, 我们使用了 @class 命令。这是因为在 CreateDiaryViewControllerDelegate 协议中我们用到了 CreateDiaryViewController 类, 而此时这个类我们还没有定义 (它的定义在协议声明的下面), 所以需要使用 @class 来告诉编译器: "CreateDiaryViewController 类在下面会有定义的, 先不要着急。"

注意　在设置 delegate 成员变量的时候, 它的前面是不能添加星号 (*) 的。

步骤 2　选择 CreateDiaryViewController.m 文件, 继续完善 cancel: 方法和 saveDiary: 方法。

```
- (IBAction)cancel:(id)sender {
    [self.delegate createDiaryViewControllerDidCancel:self];
}

- (IBAction)saveDiary:(id)sender {
    [self.delegate createDiaryViewController:self didSaveWithDiary:nil];
}
```

步骤 3　从项目导航中选择 DiaryListViewController.h 文件, 让该类符合 CreateDiaryViewControllerDelegate 协议。

```
#import <UIKit/UIKit.h>
#import "DetailViewController.h"
#import "CreateDiaryViewController.h"

@interface DiaryListViewController : UITableViewController
<UITableViewDataSource,UITableViewDelegate,
                        CreateDiaryViewControllerDelegate>
```

步骤 4　修改 DiaryListViewController.m 中的 prepareForSegue:sender: 方法, 添加下面粗体字的内容:

```
-(void)prepareForSegue:(UIStoryboardSegue *)segue sender:(id)sender
{
    ......

    if ([segue.identifier isEqualToString:@"AddDiary"]) {
            CreateDiaryViewController *createDiaryViewController =
(CreateDiaryViewController *)[segue destinationViewController];
        // 设置 createDiaryViewController 对象的 delegate 属性
        createDiaryViewController.delegate = self;
    }
}
```

步骤 5　在 DiaryListViewController.m 文件中实现 CreateDiaryViewControllerDelegate 协

议中的两个必要的方法。

```
- (void)createDiaryViewControllerDidCancel:
                    (CreateDiaryViewController *)createDiaryController
{
    [self dismissViewControllerAnimated:YES completion:nil];
}


- (void)createDiaryViewController:
            (CreateDiaryViewController *)createDiaryController
            didSaveWithDiary:(Diary *)theDiary
{
    [self dismissViewControllerAnimated:YES completion:nil];
}
```

构建并运行应用程序，当用户点击 CreateDiaryViewController 中的返回和保存按钮以后，都会回到 DiaryListViewController 的视图。虽然效果和前面的实践练习一样，但是这回我们使用了委托的方法，这是一种非常普遍、有效，而且是苹果推荐的做法。

在这个实践练习中，我们首先在 CreateDiaryViewController 类的头文件中声明了 CreateDiaryViewControllerDelegate 协议。因为使用了 @ required 命令（在 CreateDiaryViewControllerDelegate 中也可以不使用该命令，因为默认情况下协议中的方法是必须实现的），所以这两个协议方法都必须在委托对象的类中有所定义。

在 CreateDiaryViewController 类中，我们声明了一个 id 类型的成员变量 delegate，它指向一个符合 CreateDiaryViewControllerDelegate 协议的对象，具体到本实例中就是 DiaryListViewController 的对象。需要注意的是，在声明 delegate 时，我们设置了 nonatomic 和 weak 属性，这里绝对不能使用 strong 属性。因为 delegate 指向 DiaryListViewController 实例，如果将 delegate 设置为 strong 属性，CreateDiaryViewController 就会拥有 DiaryListViewController 的实例。而 DiaryListViewController 也拥有 CreateDiaryViewController，如果在程序中销毁这两个视图控制器中的任何一个，都会在销毁的时候出现问题。

接下来，我们完善了 CreateDiaryViewController.m 文件中的 cancel: 和 saveDiary: 方法，这两个方法都向 delegate 所指向的视图控制器发送协议方法。其中在 cancel: 方法中，我们删除之前的语句，然后使用委托方式销毁视图控制器。

回到 DiaryListViewController.h 文件，首先引用了 CreateDiaryViewController 类，然后为 DiaryListViewController 添加 CreateDiaryViewControllerDelegate 协议。我们也可以这样理解：让 DiaryListViewController 类符合 CreateDiaryViewControllerDelegate 协议。

然后，在 prepareForSegue:sender: 方法中，要为 CreateDiaryViewController 对象的 delegate 属性赋值，这一步非常关键，否则 CreateDiaryViewController 视图控制器中的任何消息都不会发送到 DiaryListViewController 控制器。最后，我们还要完成两个协议方法。目前这两个协议方法所做的工作都是将 CreateDiaryViewController 控制器销毁，后前我们还会进一步完善代码。

9.2 几种常用的文本控件

9.2.1 UILabel 控件

几乎所有的应用程序都离不开 UILabel 控件。在本章中，我们会使用 UILabel 控件显示新日记的创建时间。作为标签控件，它最重要的一个属性就是 text。我们还可能会去设置它的 font、textColor 和 textAlignment 属性，以及 shadowColor（阴影颜色）和 shadowOffset（阴影偏移量）属性。标签控件中的文本可以设置一个 highlightedTextColor 属性，但使用该属性的时候必须将 highlighted 属性设置为 YES。

如果一个 UILabel 只包含一行的文本（在默认情况下，numberOfLines 属性值为 1），我们就可以设置 adjustsFontSizeToFitWidth 属性值为 YES，然后设置 minimumFontSize 的值。这样在 UILabel 中显示的文字会根据控件的宽度大小自动调整字体的大小，使 UILabel 中可以显示完整的文字内容。但是如果缩小到 minimumFontSize 以后还不能显示完整的内容，UILabel 就只能以省略号显示了。

UILabel 控件也可以显示多行的文本内容（设置 numberOfLines 属性值大于 1），但是在这种情况下，adjustsFontSizeToFitWidth 的设置会被忽略。如果 numberOfLines 的值为 1，文本中任何的换行符都会被看成空格。

不管是单行还是多行的 UILabel 控件，我们都可以设置它的 lineBreakMode（换行模式）属性。

在故事板的 CreateDiaryViewController 场景中，我们可以通过对 UILabel 控件进行不同的设置来体会各种 lineBreakMode 模式。lineBreakMode 有下面几种不同的换行模式。

❑ UILineBreakModeWordWrap：以单词为单位换行，以单词为单位截取，这是默认的设置选项。

❑ UILineBreakModeClip：以单词为单位换行，但是在最后一行以字符为单位截取。

❑ UILineBreakModeCharacterWarp：以字符为单位换行，以字符为单位截取。

❑ UILineBreakModeHeadTruncation。

❑ UILineBreakModeMiddleTruncation。

❑ UILineBreakModeTailTruncation。

以上模式中的最后三个模式都是以单词为单位换行。如果要在 UILabel 控件中显示很多文本内容（可能是单行 UILabel 宽度不够导致不能显示完整内容，或者是多行 UILabel 高度不足导致显示内容不完整），那么在 UILabel 控件的最后一行会显示省略号。如果将 lineBreakMode 设置为 UILineBreakModeHeadTruncation，最后一行开头的部分会显示省略号，紧接着是文本的最后部分；如果将 lineBreakMode 设置为 UILineBreakModeMiddleTruncation，则最后一行的中间会显示省略号；如果将 lineBreakMode 设置为 UILineBreakModeTailTruncation，则会在最后一行的结尾显示省略号。

UILabel 的 Line Breaks 属性可以在故事板中的属性检查窗口中进行设置，如图 9-13 所示。

图 9-13 设置 UILabel 控件的 Line Breaks 属性

9.2.2 UITextField 控件

这里我们将使用 UITextField 控件输入日记的标题内容。UITextField 控件最重要的用途是帮助用户输入文本信息。它与 UILabel 控件类似，有很多相同的属性，比如 text、font、textColor 和 textAlignment 属性，但是 UITextField 并不具备多行的处理能力。UITextField 同样具有 adjustsFontSizeToFitWidth 和 minimumFontSize 属性。

UITextField 有一个 placeholder（占位符）属性。当我们还没有向 UITextField 中输入任何文本内容的时候，它会显示 placeholder 属性的内容。这省去了用户猜测 UITextField 应该填入什么内容的麻烦。当我们设置它的 clearsOnBeginEditing 属性值为 YES 的时候，只要用户开始输入，UITextField 就会自动清除以前的文本内容。

UITextField 控件的边线风格是由 borderStyle 属性决定的，它包括下面这些可选项。

❑ UITextBorderStyleNone：没有边线。

❑ UITextBorderStyleLine：一个普通矩形。

❑ UITextBorderStyleBezel：一个光照效果的矩形，左上方亮，内部发暗。

❑ UITextBorderStyleRoundedRect：一个圆角矩形。

UITextField 可以有背景颜色（background color）或背景图（background），如果需要，还可以设置另一个图像（disableBackground）属性。当 UITextField 的 enabled 属性被设置为 NO 的时候，会显示 disableBackground 属性所指定的图像。UITextField 被禁止以后，是不能接受任何用户交互操作的。因此，建议大家设置 disableBackground 属性来指定一个背景图像，避免在控件被禁止的时候产生混淆。

注意 如果 UITextField 控件的 borderStyle 属性被设置为 UITextBorderStyleRoundedRect，设置的背景（background）和第二图像（disableBackground）的效果都会被忽略。

我们还可以为 UITextField 控件设置一个清除按钮。清除按钮的出现可以有如下四种模

式，通过 clearButtonMode 属性进行设置。

- ❑ UITextFieldViewModeNever：永远不会出现清除按钮，在 Interface Builder 中显示为 Never appears。
- ❑ UITextFieldViewModeWhileEditing：当用户正在 UITextField 中编辑的时候会出现清除按钮，在 Interface Builder 中显示为 Appears while editing。
- ❑ UITextFieldViewModeUnlessEditing：UITextField 中有字符串或 UITextField 不在编辑状态的时候会出现清除按钮，在 Interface Builder 中显示为 Appears unless editing。
- ❑ UITextFieldViewModeAlways：总是出现清除按钮，在 Interface Builder 中显示为 Is always visible。

图 9-14 显示了在 Xcode 的属性检查窗口中设置 UITextField 控件的清除按钮。

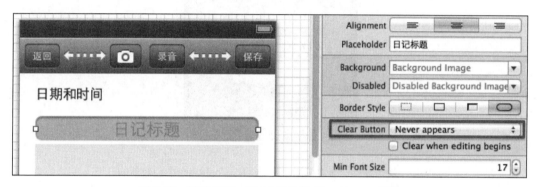

图 9-14　设置 UITextField 控件的 Clear Button 属性

9.2.3　UITextView 对象

除了前面介绍的 UILabel 和 UITextField 控件以外，本章还会用到 UITextView。UITextView 是带有滚动功能，具有多行处理能力的文本视图。它是 UIScrollView 的子类，因此在默认情况下是没有边线风格的。准确地说，UITextView 并不是一个控件（它是一个视图），但是它有很多与 UITextField 控件相似的地方，比如 text、font、textColor 和 textAlignment 等属性，我们还可以设置它的编辑（editable）属性。这样，当用户点击一个可编辑的文本框的时候，就会出现一个虚拟键盘。

在了解了以上这些用于文字显示和编辑的对象以后，构建并运行应用程序。在进入 CreateDiaryViewController 的视图以后，不管点击的是标题文本框，还是日记内容的 UITextView 对象，都会出现一个虚拟键盘供我们输入文字信息，如图 9-15 所示。

图 9-15　使用虚拟键盘在 CreateDiaryViewController 中创建新的日记

9.3　虚拟键盘的使用

不管是 UITextField 控件还是 UITextView 对象，如果它们处于编辑状态且被用户点击，在屏幕上面就会出现一个虚拟键盘，这个虚拟键盘与 First Responder 对象（故事板中每个场景都包含一个 First Responder 对象）有着直接的关系。

当一个 UITextField 处于第一响应状态（用户在控件中编辑文字）的时候，就会出现一个虚拟键盘。

当 UITextField 不处于第一响应状态也不在编辑状态，并且视图中的其他 UITextField 或 UITextView 也不在第一响应状态的时候，虚拟键盘就不会出现。当我们在屏幕上从一个文字编辑控件切换到另一个的时候，虚拟键盘是不会消失的，它仍然保留在屏幕上面。

我们可以通过编写程序代码的方式控制 UITextField 的编辑状态，同样通过对第一响应状态的设置来呈现或隐藏虚拟键盘。在用户点击 UITextField 控件以后，会在插入点出现一个光标，此时可以向 UITextField 对象发送 becomeFirstResponder: 消息，此时虚拟键盘出现。当我们向它发送 resignFirstResponder: 消息的时候，UITextField 控件会退出编辑状态，此时虚拟键盘从屏幕下方滑出。

下面来了解一下如何隐藏虚拟键盘。

众所周知，当用户点击 UITextField 控件的时候会自动出现虚拟键盘，那么我们如何让它消失呢？在 iPad 设备上面倒是不存在这样的问题，因为 iPad 的虚拟键盘中会包含一个让键盘消失的按键。问题是 iPhone 的虚拟键盘上并没有这样的键。一个最直接的方法就是让用户点击虚拟键盘上面的 return 按键来达到使键盘消失的目的。

步骤 1　在故事板中选择 Create Diary View Controller 中的日记标题（它是 UITextField 类型的对象），将其通过 Control-Drag 拖曳到大纲视图中 Create Diary View Controller 控制器上，如图 9-16 所示。在弹出的快捷菜单中选择 Outlets 中的 delegate。

图 9-16　在故事板中设置 UITextField 控件的 delegate

我们将 UITextField 控件的 delegate 属性指向了 CreateDiaryViewController 对象。只有这样，在用户点击虚拟键盘的时候，视图控制器才可以响应虚拟键盘的交互事件。

步骤 2　选择 CreateDiaryViewController.h 文件，添加下面粗体字部分的内容。

```
@interface CreateDiaryViewController : UIViewController
<UITextFieldDelegate>
```

我们让 CreateDiaryViewController 类符合 UITextFieldDelegate 协议，这样便于编译器检查。

步骤 3　选择 CreateDiaryViewController.m 文件，添加 textFieldShouldReturn: 方法。

```
-(BOOL)textFieldShouldReturn:(UITextField *)textField
{
    [textField resignFirstResponder];
    return YES;
}
```

textFieldShouldReturn: 是 UITextFieldDelegate 协议中的一个方法，当用户点击虚拟键盘中的 return（换行）按钮时就会调用这个方法。在这个方法中，我们向 textField 对象发送 resignFirstResponder 消息，这个消息会使虚拟键盘消失。而这个 textField 对象就是故事板中的 UITextField 控件。

　　步骤 4　再次回到故事板中，选中 CreateDiaryListViewController 中的 UITextField 对象，通过 Option+Command+4 快捷键打开属性检查窗口，将 Return Key 设置为 Done，如图 9-17 所示。这样，用户点击日记标题后会弹出虚拟键盘，它的 Return Key 位置会显示 Done 标题。

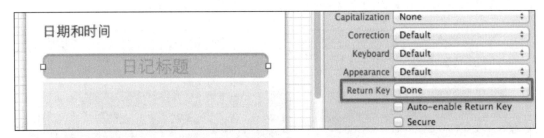

图 9-17　设置虚拟键盘的 Return Key 属性

　　构建并运行应用程序。我们在日记标题中输入文本完成以后，点击虚拟键盘中的完成（英语环境下会显示 Done）按钮后，键盘消失。

注意　如果在 UITextField 控件中编辑好文字以后再点击 UITextView，虚拟键盘并不会消失，而是继续停靠于屏幕的下方。到现在大家应该能够理解为什么将故事板中的 UITextView 放置在屏幕的上方了，因为在进入编辑状态以后，虚拟键盘会占据屏幕下方很大一部分的空间。这个问题我们将在本书的第 16 章去解决。

9.4　NSDate 及其相关类

　　NSDate 类用于处理日期及时间。当 [NSDate date] 语句被调用的时候，它会返回封装了系统当前日期和时间的 NSDate 类型的对象。

　　修改 CreateDiaryViewController.m 文件中的 viewDidLoad 方法，添加下面粗字体的内容：

```
- (void)viewDidLoad
{
    [super viewDidLoad];
    // Do any additional setup after loading the view from its nib
    self.diaryDate.text = [[NSDate date] description];
}
```

　　构建并运行应用程序。当我们进入 CreateDiaryViewController 视图控制器的时候，UILabel 控件会显示当前的系统时间，如图 9-18 所示。

细心的朋友可能会发现，UILabel 控件中显示的系统当前时间是格林威治时间。至于北京标准时间，还要在此时间上增加 8 小时。要想解决这个问题，我们就需要借助 NSDateFormatter 类。

要想呈现本时区的正确时间，我们需要借助 NSDateFormatter 类。这个类的使用方法非常简单，只需要修改 CreateDiaryViewController.m 文件中的 view-DidLoad 方法。

图 9-18　在 UILabel 控件中显示系统
　　　　　当前的日期和时间

```
- (void)viewDidLoad
{
    [super viewDidLoad];

    NSDateFormatter *df = [[NSDateFormatter
alloc] init];
    [df setDateFormat:@"yyyy 年 M 月 d 日 'at' h:mm a"];
    NSString* date = [df stringFromDate: [NSDate date]];
    self.diaryDate.text = date;
}
```

在 viewDidLaod 方法中，我们首先实例化一个 NSDateFormatter 类型的对象，然后设置这个对象的日期显示格式；接下来向 NSDateFormatter 对象发送 stringFromDate: 消息，并传递 NSDate 类型的对象作为参数；最后将生成的字符串对象赋值给 diaryDate 的 text 属性。

构建并运行应用程序，此时在 UILabel 中显示的是正确的本地时间，如图 9-19 所示。

图 9-19　在 UILabel 控件中显示正确的
　　　　　本地时间

9.5　日记记录传回 DiaryListViewController

接下来，我们要将用户输入的日记传回给 DiaryListViewController 控制器，从而可以将新日记信息显示到表格视图中去。

要想达到这样的目的，我们需要通过 createDiaryViewController:didSaveWithDiary: 方法来完成。

步骤 1　选择 CreateDiaryViewController.h 文件，添加下面粗体字的内容：

```
#import <UIKit/UIKit.h>
#import "Diary.h"

@protocol CreateDiaryViewControllerDelegate
    ......
@end
```

```
@interface CreateDiaryViewController : UIViewController<UITextFieldDelegate>
    ......
@property (strong, nonatomic) Diary *diary;
```

这里我们向 CreateDiaryViewController 类中添加一个 Diary 类型的成员变量。用户创建的日记记录会保存在这个对象之中。

步骤 2 修改 CreateDiaryViewController.m 文件，添加下面粗字体的内容：

```
- (void)viewDidLoad
{
    [super viewDidLoad];
    // 创建并初始化成员变量 diary
    self.diary = [[Diary alloc] init];

    NSDateFormatter *df = [[NSDateFormatter alloc] init];
    [df setDateFormat:@"yyyy 年 M 月 d 日 'at' h:mm a"];
    NSString* date = [df stringFromDate: [NSDate date]];
    self.diaryDate.text = date;
}


- (IBAction)doSaveDiary:(id)sender {
    self.diary.title = self.diaryTitle.text;
    self.diary.content = self.diaryContent.text;

    // 将参数由 nil 改为 diary，这样可以传递 diary 对象到 DiaryListViewController
    [self.delegate createDiaryViewController:self
                          didSaveWithDiary:self.diary];

}
```

步骤 3 像下面这样修改 DiaryListViewController.m 文件中的 createDiaryViewController:didSaveWithDiary: 方法。

```
-(void)createDiaryViewController:
                    (CreateDiaryViewController *)createDiaryController
                    didSaveWithDiary:(Diary *)theDiary
{
    Diary *diary = theDiary;
    NSLog(@"title:%@, content:%@",diary.title, diary.content);

    [self dismissViewControllerAnimated:YES completion:nil];
    [self.diaries addObject:diary];
    [self.tableView reloadData];
}
```

在这个方法中，我们将 CreateDiaryViewController 控制器中传递过来的 Diary 类型的对象添加到了 diaryArray 数组中，然后向表格视图发送 reloadData 消息，可以让表格重新载入需要显示的数据。

构建并运行应用程序。我们向 MyDiary 中添加新日记并点击保存按钮以后，在

DiaryListViewController 表格视图列表中会看到新添加的日记记录。在用户点击某条日记记录以后，在 DetailDiaryViewController 的视图中会显示出新添加的这条日记内容，如图 9-20 所示。

图 9-20　在 DiaryListViewController 的表格视图中看到的新添加的日记记录

第 10 章

为日记本添加照相功能

本章内容

在本章的实践练习中，我们将会为 MyDiary 应用程序的日记添加照相功能。图 10-1 向大家展示了含有照片的日记。

图 10-1　具有照片的日记内容

10.1　为项目添加新的视图控制器

在 Mydiary 项目的 CreateDiaryViewController 控制器中，我们希望当用户点击导航栏中的照相按钮时会出现一个新的视图控制器。通过这个控制器为日记添加 iPhone 中存储的照片，并将照片保存到一个 ImageStore 类型的对象之中。

10.1.1　创建 CameraViewController 类

首先，我们需要创建一个新的视图控制器来获取用户拍摄的或储存在 iPhone 照片库中的照片。

步骤 1　在 MyDiary 项目中添加新的视图控制器类 CameraViewController，设置 Subclass 为 UIViewController，确定 Targeted for iPad 和 With XIB for user interface 处于未勾选状态。

步骤 2　在故事板中添加一个新的 View Controller，并在标识检查窗口中设置其 Class 为 CameraViewController。

步骤 3　选中 Create Diary View Controller 场景中 Identifier 为 Camera 的 Bar Button Item 对象，将其通过 Control-Drag 拖曳到新创建的 Camera View Controller 场景上，在弹出的关联

菜单中选择 Model。此时两个控制器之间会产生连接线。通过它们之间 segue 的 Transition 属性，我们可以设置视图切换的效果。

步骤 4 在故事板的 Camera View Controller 场景中，添加下面这些可视化控件。

❑ Toolbar：用于呈现 2 个 Bar Button Item 控件。

❑ Bar Button Item：2 个，一个负责返回到之前的 CreateDiaryViewController 控制器，另一个则负责调出拍摄照片的 UIImagePickerController 控制器。

❑ Flexible Space Bar Button Item：用于工具栏中 2 个 Bar Button Item 之间的布局调整。

❑ Label：用于提示功能，显示"向当前日记中添加照片"的文字信息。

❑ Image View：显示用户拍摄或选择的照片。注意，最好将 ImageView 的 Mode 属性设置为 Aspect Fit，这样呈现出来的照片就不会发生变形的情况。

所有控件的大小、位置以及最终的显示效果如图 10-2 所示。

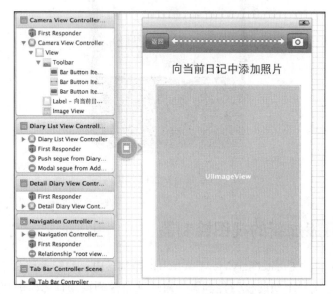

图 10-2　Camera View Controller 场景中的可视化控件

在添加上述这些控件的时候，对于位于工具栏右侧的拍照按钮，我们需要将其 Identifier 属性设置为 Camera，如图 10-3 所示。

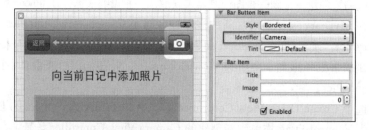

图 10-3　设置 Camera 按钮的 Identifier 属性

步骤 5　将工具栏中的两个按钮（左侧的返回和右侧的 Camera）与 CameraViewController 类之间建立 IBAction 关联，方法名称分别设置为 doDismiss: 和 takePicture:。

步骤 6　建立 ImageView 控件与 CameraViewController 的 IBOutlet 关联，名称为 picture。

10.1.2　CameraViewController 的呈现与销毁

CameraViewController 视图控制器是需要在 CreateDiaryViewController 控制器中被呈现和销毁的，所以我们要进行如下的操作。

步骤 1　与第 9 章相同，在 CameraViewController 中添加一个委托协议 CameraViewController Delegate，并在其中声明 1 个协议方法。选择 CameraViewController.h 文件，添加下面粗体字的内容。

```
#import <UIKit/UIKit.h>

@class CameraViewController;

@protocol CameraViewControllerDelegate
  - (void)cameraViewControllerDidReturn:
            (CameraViewController *)cameraViewController;
@end


@interface CameraViewController : UIViewController
@property (weak, nonatomic) id <CameraViewControllerDelegate> delegate;
@property (weak, nonatomic) IBOutlet UIImageView *picture;

- (IBAction)doDismiss:(id)sender;
- (IBAction)takePicture:(id)sender;

@end
```

步骤 2　在 CameraViewController.m 中找到 doDismiss: 方法，添加下面粗体字的内容。

```
@implementation CameraViewController

- (IBAction)doDismiss:(id)sender {
    [self.delegate cameraViewControllerDidReturn:self];
}
```

步骤 3　在项目导航中选择 CreateDiaryViewController.h 文件，添加对 CameraViewController Delegate 协议的支持。

```
#import <UIKit/UIKit.h>
#import "Diary.h"
#import "CameraViewController.h"
```

```
@interface CreateDiaryViewController : UIViewController
<UITextFieldDelegate, CameraViewControllerDelegate>
```

步骤 4 在 CreateDiaryViewController.m 中重写 prepareForSegue:sender: 方法，在该方法中设置 cameraViewController 对象的 delegate 属性指向 CreateDiaryViewController 的实例。这样，CreateDiaryViewController 就可以收到 CameraViewController 的用户交互消息了。

```
- (void)prepareForSegue:(UIStoryboardSegue *)segue sender:(id)sender
{
    if ([segue.identifier isEqualToString:@"TakePicture"]) {
        CameraViewController *cameraViewController =
                (CameraViewController *)[segue destinationViewController];
        // 设置 cameraViewController 对象的 delegate 属性
        cameraViewController.delegate = self;
    }
}
```

步骤 5 在故事板中，将 CreateDiaryViewController 到 CameraViewController 场景间的 segue 的 Identifier 属性设置为 TakePicture。

步骤 6 在 CreateDiaryViewController.m 中添加 returnCreateViewController: 方法。

```
#pragma mark - camera view controller Delegate

- (void)cameraViewControllerDidReturn:
                            (CameraViewController *)cameraViewController
{
    [self dismissViewControllerAnimated:YES completion:nil];
}
```

构建并运行应用程序。在 CreateDiaryViewController 中点击照片按钮以后，会呈现一个新的视图控制器 Camera View Controller，点击返回按钮以后又会回到 Create Diary View Controller 的场景。这部分的实践操作步骤虽然繁琐，但就像温习第 9 章所学习的内容，如果能够运行成功，说明你已经全面掌握前面的知识了。

10.2 使用 UIImagePickerController 进行拍照

在上一节中，我们在 CameraViewController 中设置了一个 IBAction 方法 takePicture:。在这个方法中，我们将要实例化一个 UIImagePickerController 控制器，它的视图会呈现在屏幕上。在一般情况下，当我们实例化 UIImagePickerCotroller 的时候，还需要设置它的 sourceType 属性和指定它的 delegate 属性。

sourceType 属性用于告诉程序从哪里获取照片，它包括以下三个可选值。

❏ UIImagePickerControllerSourceTypeCamera：用户通过摄像头获取新的照片。

❏ UIImagePickerControllerSourceTypePhotoLibrary：用户从 iOS 设备中的照片库里面获

取照片。

❑ UIImagePickerControllerSourceTypeSavedPhotosAlbum：用户从最近拍照或照片库中获取照片。

图 10-4 展示了这三种不同的获取照片的方式。

图 10-4　sourceType 的三种类型

对于 UIImagePickerControllerSourceTypeCamera 来说，它是不能工作在没有摄像头的 iOS 设备上面的，所以我们一般会在使用这个类型的时候先检测一下设备是否存在摄像头。这需要向 UIImagePickerController 类发送 isSourceTypeAvailable: 消息。当我们发送这个消息的时候还需要传递一个参数，该参数就是我们想要检测的 sourceType 类型，它会返回一个布尔类型的值表示当前 iOS 设备是否支持指定的 sourceType。

除了 sourceType 属性以外，我们还需要为 UIImagePickerController 设置 delegate 属性来解决它的视图控件与用户交互的问题。如果用户点击了 UIImagePickerController 视图中的使用按钮，则 delegate 所指向的对象会收到 imagePickerController:didFinishPickingMedia WithInfo: 消息；如果用户点击的是视图中的取消按钮，则 delegate 所指向的对象就会收到 imagePickerControllerDidCancel: 消息。

我们在设置好 UIImagePickerController 对象的 sourceType 和 delegate 属性以后，就应该将它的视图呈现在屏幕上面了。这里我们使用 presentViewController:animated:completion: 方法来实现。

步骤 1　在 CameraViewController.m 文件中完成 takePicture: 方法，程序代码如下面这样：

```
- (IBAction)takePicture:(id)sender {
    UIImagePickerController *imagePicker =
                                [[UIImagePickerController alloc] init];
    // 如果设备的摄像头可以使用，则进行拍照，否则使用照片库
```

```
if ([UIImagePickerController
    isSourceTypeAvailable:UIImagePickerControllerSourceTypeCamera]) {
    [imagePicker
            setSourceType:UIImagePickerControllerSourceTypeCamera];
}else {
    [imagePicker
        setSourceType:UIImagePickerControllerSourceTypePhotoLibrary];
}

// 设置 imagePicker 的 delegate 属性，使它指向当前控制器
[imagePicker setDelegate:self];

// 将 UIImagePickerController 的视图呈现在屏幕上面
[self presentViewController:imagePicker animated:YES completion:nil];
}
```

在这里，我们使用了 presentViewController:animated: 方法来呈现一个控制器的视图。

构建并运行应用程序。如果是在 iOS 模拟器中运行并点击 Camera 按钮，我们可以看到呈现出来的是照片库。如果是在 iPhone 设备中运行，呈现出来的就是拍照界面，如图 10-5 所示。

图 10-5　UIImagePickerController 的拍照界面

提示　此时我们看到 UIImagePickerController 的视图中所呈现的文字标题都是英文。要想呈现简体中文，需要进行两步操作：第一步，在项目导航中选择 Target → Info，找到键名为 Localization native development region 行，将值设置为 China。第二步，选择 Project → Info，在 Localizations 中添加 Chinese 中文包。如果再次运行，就可以看到中文界面了。关于项目多语言的问题，我们会在本书第 21 章来解决。

接下来，我们需要在 CameraViewController 中完成 imagePickerController: didFinish Picking-MediaWithInfo: 方法。当我们选择好照片以后，UIImagePickerController 就会向 delegate 属性发送这个消息。

其实在之前的应用程序项目一直存在着一个警告信息，我们需要向 CameraView-Controller.h 文件中添加两个委托协议：UIImagePickerControllerDelegate 和 UINavigation-ControllerDelegate。

步骤 2 修改 CameraViewController.h 文件，程序代码如下面这样：

```
@interface CameraViewController : UIViewController
        <UINavigationControllerDelegate,UIImagePickerControllerDelegate>
@property (nonatomic, assign) id<CameraViewControllerDelegate> delegate;
......
```

修改以后，我们的项目就不会出现警告信息了。但为什么要添加 UINavigationControllerDelegate 委托协议呢？这是因为 UIImagePickerController 是 UINavigationController 的子类。

当照片被用户选择以后，UIImagePickerController 会向 delegate 发送 imagePickerController: didFinishPickingMediaWithInfo: 消息。

步骤 3 在 CameraViewController.m 文件中添加下面的方法，该方法会将用户选择的照片显示在场景的 UIImageView 控件中。

```
- (void)imagePickerController:(UIImagePickerController *)picker
didFinishPickingMediaWithInfo:(NSDictionary *)info
{
    // 从 info 中获取用户选择的照片信息
    UIImage *image = [info
objectForKey:UIImagePickerControllerOriginalImage];

    [self.picture setImage:image];

    // 销毁 UIImagePickerController 控制器
    [self dismissViewControllerAnimated:YES completion:nil];
}
```

再次构建并运行应用程序。从照片程序中选择好一张照片后，UIImagePickerController 控制器立即消失，屏幕上又出现了 CameraViewController 控制器的视图，我们还会看到刚才选择的那张照片，如图 10-6 所示。

提示 在默认情况下，模拟器中是没有任何照片的。如果我们是从模拟器的照片程序中选择照片，需向其添加照片，那么我们可以直接将照片文件拖曳至模拟器中，此时照片会在 Safari 中打开。我们只需要在照片上面按住鼠标，在弹出的菜单中存储图像即可。

接下来我们要将用户选择的照片存储到一个特定的对象之中，方便其他对象调用。

图 10-6　CameraViewController 添加照片以后的效果图

10.3　在应用程序中存储图片

在这部分的实践练习中，我们会创建一个 ImageStore 类用于保存照片。按照常理来说，日记的照片应该保存到 Diary 类之中，但是因为照片会占据较大的存储空间，所以我们采用将图片和 Diary 对象单独存储的机制。在需要的时候，可以从 ImageStore 对象中获取相应的照片。

创建一个新的 NSObject 的子类 ImageStore，在 ImageStore.h 文件中做如下的修改：

```
#import <Foundation/Foundation.h>

@interface ImageStore : NSObject
{
    NSMutableDictionary *dictionary;
}

+ (ImageStore *)defaultImageStore;

- (void)setImage:(UIImage *)image forKey:(NSString *)string;
- (UIImage *)imageForKey:(NSString *)string;
- (void)deleteImageForKey:(NSString *)string;
@end
```

这里我们需要让 ImageStore 类完成保存、检索和载入照片的功能，其中还使用到了 NSDictionary 类型的集合对象。NSMutableDictionary 是 NSDictionary 的子类，是它的可变类型版本。它用来存储键（Key）/值（Value）配对的数据对象，并且这个键名必须是唯一的。具体到本实例中，我们使用 Key 存储字符串对象，使用 Value 存储图像。

10.3.1　NSDictionary 类

我们可以将 NSDictionary 称作字典，NSMutableDictionary 则是它的可变版本，同时也是它的子类。NSDictionary 和 NSArray 一样，都属于集合类，但是不同之处在于，我们是靠索引值来获取 NSArray 中的对象的，代码如下：

```
// 将对象放入数组之中
[someArray insertObject:someObject atIndex:0];

// 通过索引值从数组中获取对象
someObject = [someArray objectAtIndex:0];
```

NSDictionary 类型的对象是没有顺序的，所以它不能通过索引值来获取集合中的对象。但是我们可以使用键名来获取需要的对象。键名通常是一个 NSString 类型的对象。

```
// 将对象放入字典之中
[someDictionary insertObject:someObject forKey:@"keyName"];

// 通过键名获取对象
someObject = [someDictionary objectForKey:@"keyName"];
```

对于 NSDictionary 集合中的对象，我们通过键名来访问其中的元素，在开发环境中，我们称之为哈希表，如图 10-7 所示。

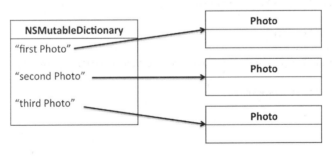

图 10-7　Dictionary 示意图

NSDictionary 中的每个元素只能有一个键与其配对。如果我们将要添加的新对象的键名与 NSDictionary 中已有的键名相同，则之前的对象会被移除。如果我们想用一个键名添加多个对象，可以将这些对象放入一个数组之中，然后将数组添加到 NSDictionary 之中。

NSDictionary 的内存管理方式与 NSArray 是一样的。如果一个对象被添加到字典中，字典就会拥有它。如果对象从字典中被移除，字典就会释放它。

回到刚刚创建的 ImageStore 类，我们要让 ImageStore 成为单例模式。所谓单例模式，就是在应用程序运行过程中，这个类型的实例只能有一个。如果我们试图去创建另外一个该类型的实例，它就会返回一个已经存在的实例。

要想获取 ImageStore 类的实例，我们需要向 ImageStore 类发送 defaultImageStore 消息。在之前的 ImageStore.h 文件中，我们已经定义了一个类方法：

```
// 注意：声明类方法的时候，前面要使用 +
+ (ImageStore *)defaultImageStore;
```

当这个消息被发送到 ImageStore 类的时候，它会检查 ImageStore 的实例是否已经存在。如果存在，则直接返回这个实例；如果不存在，则创建并返回一个新创建的实例。这里我们还需要一个全局静态变量（Global Static Variable）。

步骤 1 在 ImageStore.m 文件的顶端创建一个 ImageStore 类型的全局静态变量。

```
#import "ImageStore.h"

static ImageStore *defaultImageStore = nil;

@implementation ImageStore
```

步骤 2 在 ImageStore.m 文件中还需要定义 +defaultImageStore、+allocWithZone: 和 -init 三个方法。

```
// 防止创建另一个该类型的实例
+ (id)allocWithZone:(NSZone *)zone
{
    return [self defaultImageStore];
}

+ (ImageStore *)defaultImageStore
{
    if (!defaultImageStore) {
        // 创建一个单例
        defaultImageStore = [[super allocWithZone:NULL] init];
    }
    return defaultImageStore;
}

- (id)init
{
    if (defaultImageStore) {
        return defaultImageStore;
    }

    self = [super init];
    if (self) {
        dictionary = [[NSMutableDictionary alloc] init];
    }
```

```
    return self;
}
```

　　上面这些代码可能有些难懂，下面我们来做简要的说明。每当我们向 ImageStore 类发送 defaultImageStore 消息的时候，它都会检查全局静态变量 defaultImageStore 是否为 nil。当第一次收到该消息的时候，静态变量 defaultImageStore 为 nil，所以 ImageStore 类会执行 allocWithZone: 和 init: 方法来创建 ImageStore 对象。

　　我们重写 allocWithZone: 方法，它会返回现存的 defaultImageStore 变量以确保 ImageStore 总是处在单例状态。这也就是我们要在 defaultImageStore 方法中执行 [super allocWithZone:NULL] 语句而不是 [self allocWithZone:NULL] 语句的原因。

　　步骤 3　现在 ImageStore 已经成为单例模式了。除此之外，在 ImageStore.m 文件中还要完成在 ImageStore.h 文件中声明的其他方法。

```
- (void)setImage:(UIImage *)image forKey:(NSString *)string
{
    [dictionary setObject:image forKey:string];
}

-(UIImage *)imageForKey:(NSString *)string
{
    return [dictionary objectForKey:string];
}

-(void)deleteImageForKey:(NSString *)string
{
    if (!string) {
        return;
    }

    [dictionary removeObjectForKey:string];
}
```

10.3.2　创建和使用键

　　当照片被添加到 ImageStore 的时候，需要一个独一无二的字符串作为键名，并且这个键名还要存放到 Diary 类型的对象之中。当我们在 Detail Diary View Controller 中显示日记内容的时候，还需要将它呈现出来，因此我们要在 Diary.h 中增加一个 NSString 类型的成员变量 photoKey。

　　在项目导航中选择 Diary.h 文件，为 Diary 类添加一个成员变量 photoKey。

```
@interface Diary : NSObject
……
@property (nonatomic, readonly, getter = dateCreate) NSDate *dateCreate;
@property (nonatomic, strong) NSString    *photoKey;
```

我们所定义的成员变量 photoKey 需要唯一的字符串，这样才可以作为 NSDictionary 中的键名。其实有很多的方法可以产生一个独一无二的字符串，这里我们将通过 Cocoa Touch 来创建唯一标识符（UUIDs），它也可以叫做全局唯一标识符（GUIDs）。CFUUIDRef 类型的对象可以生成一个我们需要的 UUID，它是由时间、数值和硬件设备的标识符组合而成的，其中硬件设备标识符通常为设备网卡的 MAC 地址。

CFUUIDRef 对象并不是一个 Objective-C 的对象，它是 Core Foundation API 中的一个 C 的结构体。Core Foundation 是 C 语言的 API，一般它的类前缀是 CF，而后缀是 Ref，比如 CFArrayRef 和 CFStringRef。

与 Objective-C 一样，Core Foundation 构造体也具有引用计数器和相关的规则。

Core Foundation 中的很多对象在 Objective-C 中都有与其对应的对象。比如，Objective-C 中的 NSString 类型在 Core Foundation 中对应的就是 CFStringRef 类型。然而，CFUUIDRef 类型在 Objective-C 中并没有相对应的类型，因此，当它产生 UUID 字符串的时候，这个字符串并不是 NSString 类型，而是 CFStringRef 类型。我们需要通过强制转换命令将 CFStringRef 转换成 NSString 类型的对象，比如下面这样：

```
// 创建一个 CFStringRef 类型的实例
CFStringRef someString = CFSTR("String");
// 转换成 NSString
NSString *hoString = (_bridge NSString *)someString;
```

如果在程序代码中不添加 _bridge 标识符，编译器则会报错，导致无法编译成功。因为从 Core Foundation 类型的对象转换到 NSObject 类型的对象需要考虑引用计数器的问题，所以我们使用 _bridge 来指明所赋值对象的引用计数器的值保持不变。

步骤 1 在 CameraViewController.h 文件中添加 Diary 类型的成员变量的声明。

```
#import "Diary.h"
@interface CameraViewController : UIViewController<UINavigationControllerDelegate,
UIImagePickerControllerDelegate>
......
@property (strong, nonatomic) Diary *diary;
```

步骤 2 修改 CameraViewController.m 文件中的 imagePickerController: didFinishPicking-MediaWithInfo: 方法，如下面粗体字这样：

```
#import "ImageStore.h"

@implementation CameraViewController

- (void)imagePickerController:(UIImagePickerController *)picker
didFinishPickingMediaWithInfo:(NSDictionary *)info
{
    NSString *oldPhotoKey = [self.diary photoKey];

    if (oldPhotoKey) {
```

```
    // 删除之前的老照片
    [[ImageStore defaultImageStore] deleteImageForKey:oldPhotoKey];
}

UIImage *image = [info objectForKey:UIImagePickerControllerOriginalImage];

// 创建一个 CFUUIDRef 类型的对象
CFUUIDRef newUniqueID = CFUUIDCreate(kCFAllocatorDefault);

// 创建一个字符串
CFStringRef newUniqueIDString =
                CFUUIDCreateString(kCFAllocatorDefault, newUniqueID);

[self.diary setPhotoKey:(__bridge NSString *)newUniqueIDString];

// 前面使用 Create 创建的 Core Foundation，在不使用的时候需要将其释放
CFRelease(newUniqueIDString);
CFRelease(newUniqueID);

// 使用键名将图像存入 ImageStore
[[ImageStore defaultImageStore] setImage:image
                                  forKey:[self.diary photoKey]];

[picture setImage:image];

[self dismissViewControllerAnimated:YES completion:nil];
}
```

在这个方法里面，我们调用了两个 C 函数：CFUUIDCreate 和 CFUUIDCreateString。在 Core Foundation 中，当函数名称中含有 Create 的时候，代表它们被执行了 retain，此时我们还要负责从内存中释放它们，这与 Objective-C 中的 alloc 意思相同，所以在最后我们还要使用 CFRelease 函数释放之前的 CF 变量。

步骤 3　在 CreateDiaryViewController 类的 prepareForSegue:sender: 方法中传递 diary 变量到 CameraViewController 的实例之中。

```
-(void)prepareForSegue:(UIStoryboardSegue *)segue sender:(id)sender
{
    if ([(UIViewController *)segue.destinationViewController isKindOfClass:
[CameraViewController class]]) {
        CameraViewController *cameraViewController = (CameraViewController *)
[segue destinationViewController];
        cameraViewController.delegate = self;

        cameraViewController.diary = self.diary;
    }
}
```

到目前为止，让我们梳理一下拍照的操作流程：用户在创建一个新的日记以后，点击

CreateDiaryViewController 导航栏中的照片按钮，屏幕上面会呈现 CameraViewController 的视图。在拍照并选择照片以后，会将 UIImage 对象保存到 ImageStore 之中，其键名也保存到了 Diary 对象之中。下面，我们就需要在 Detail Diary View Controller 中将照片显示出来。

10.3.3　在 Detail Diary View Controller 场景中显示日记照片

步骤 1　在故事板中选择 Detail Diary View Controller 场景，从对象库中添加一个 Image View 控件到视图之中，并且建立 IBOutlet 关联，名称设置为 diaryPhoto，如图 10-8 所示。这里我们还需要将 UITextView 控件的大小调整一下。

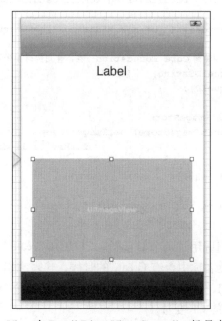

图 10-8　Image View 在 Detail Diary View Controller 场景中的位置和大小

步骤 2　修改 viewWillAppear: 方法，当视图要呈现到屏幕上面的时候，在 diaryPhoto 中显示日记中的照片。

```
#import "ImageStore.h"

-(void)viewWillAppear:(BOOL)animated
{
    [super viewWillAppear:animated];

    self.diaryTitle.text = self.diary.title;
    self.diaryContent.text = self.diary.content;

    NSString *photoKey = [self.diary photoKey];

    if (photoKey) {
```

```
        UIImage *imageToDisplay = [[ImageStore defaultImageStore]
                                   imageForKey:photoKey];
        [self.diaryPhoto setImage:imageToDisplay];
    }else {
        [self.diaryPhoto setImage:nil];
    }

    // 修改导航栏标题为 " 日记内容 "
    [[self navigationItem] setTitle:@" 日记内容 "];
}
```

构建并运行应用程序。在创建好一个新的日记并添加照片以后，当切换到 DiaryList-ViewController 点击并查看日记详细信息的时候，可以看到新添加的照片了，如图 10-9 所示。

图 10-9　选择新日记后所显示的带有照片的日记信息

第 11 章

保存与载入日记

本章内容

与微软的 Windows 平台和苹果的 Mac OS X 平台不同，每一个应用程序在 iOS 中都拥有自己的应用程序沙箱（Application Sandbox）。这个应用程序沙箱在 iOS 系统中就是一个目录，它意味着每一个应用程序都必须待在自己的沙箱之中，不能访问其他应用程序的沙箱，也不能被其他应用程序访问。

11.1　应用程序沙箱

一个应用程序沙箱在 iOS 系统中包括下面这些目录，如图 11-1 所示。

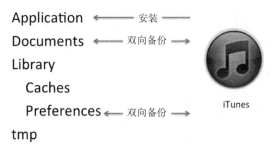

图 11-1　应用程序沙箱示意图

❑ Application/：这是一个程序包目录，该目录包括所有的资源（图片、视频、音频等）和执行文件，并且它是只读的，我们不能对它做任何修改。

❑ Library/Preferences/：Library 目录下有一个 Preferences 目录，这里存储着应用程序的偏好设置文件。我们不可以直接创建这个偏好设置文件，必须使用 NSUserDefaults 类或 CFPreferences API 函数来获取和设置应用程序的偏好设置文件，并且当 iOS 设备与 iTunes 同步的时候会进行备份。

❑ tmp/：该目录用于在应用程序运行过程中写入临时的文件。使用完这些文件以后，应该删除这些临时文件。并且当应用程序不再运行的时候，iOS 系统有可能会自动删除这些临时文件。当 iOS 设备与 iTunes 同步的时候不会进行备份。我们可以使用 NSTemporaryDirectory 函数获取应用程序沙箱中的 tmp 目录路径。

❑ Documents/：在应用程序运行过程中产生的数据文件应该写入这个目录下。该目录用于存储用户数据或其他应该定期备份的信息。当 iOS 设备与 iTunes 同步的时候会进行备份。如果设备中该目录的文件出现问题而导致应用程序不能正常启动或运行，可以将 iTunes 中的文件恢复到设备的 Documents 中去，比如游戏的存档等。

❑ Library/Caches/：这个目录用于存放应用程序专用的支持文件，保存应用程序再次启动过程中需要的数据信息。应用程序通常负责添加和删除这些文件，但在对设备进行完全恢复的过程中，iTunes 会删除这些文件，因此，该目录中的文件应该可以在必要时被重新创建。和 Documents 目录不同的是，与 iTunes 同步的时候，此目录不会进行备份。

11.2 创建单例模式 DiaryStore 类

到目前为止，每次我们在模拟器中重新运行 MyDiary 应用程序的时候，DiaryList-
ViewController 的视图中总会显示固定的五篇日记。这些日记是在视图控制器初始化的时候
通过人为方式添加的。在这部分的实践练习中，我们会创建一个 DiaryStore 类来存储用户添
加的日记。和 ImageStore 一样，这个 DiaryStore 类也需要设置为单例模式。

注意 虽然在应用程序中经常会用到单例模式，但是切记不可滥用。太多地使用单例模式会
增加系统资源的负担，也容易使项目变得混乱。

步骤 1 创建一个新的 NSObject 的子类，名称为 DiaryStore。

步骤 2 在 DiaryStore.h 文件中声明一个类方法：defaultStore:。

```
#import <Foundation/Foundation.h>

@interface DiaryStore : NSObject
+ (DiaryStore *)defaultStore;
@end
```

步骤 3 修改 DiaryStore.h 文件，添加一个全局静态变量 DiaryStore 类的实例。

```
#import "DiaryStore.h"

static DiaryStore *defaultStore = nil;
@implementation DiaryStore
```

步骤 4 在 DiaryStore.m 文件中，添加 +defaultStore、+allocWithZone: 和 -init 方法，保
证只能有 1 个 DiaryStore 类的实例。

```
+ (DiaryStore *)defaultStore
{
    if (!defaultStore) {
        defaultStore = [[super allocWithZone:NULL] init];
    }
    return defaultStore;
}

+ (id)allocWithZone:(NSZone *)zone
{
    return [self defaultStore];
}

- (id)init
{
    if (defaultStore) {
        return defaultStore;
    }
```

```
    self = [super init];
    return self;
}
```

步骤 5　在 DiaryStore.h 文件中，为 DiaryStore 添加一个用于存储 Diary 对象的成员变量 diaries，这个成员变量的类型为 NSMutableArray；然后声明两个方法。

```
#import <Foundation/Foundation.h>
#import "Diary.h"

@interface DiaryStore : NSObject
{
    NSMutableArray  *diaries;
}

+ (DiaryStore *)defaultStore;

- (NSArray *) diaries;
- (Diary *)createDiary;
@end
```

步骤 6　在 DiaryStore.m 文件中，实例化这个 NSMutableArray 类型的对象。

```
- (id)init
{
    if (defaultStore) {
        return defaultStore;
    }

    self = [super init];
    if (self) {
        diaries = [[NSMutableArray alloc] init];
    }

    return self;
}
```

步骤 7　完成头文件中声明的两个实例方法的定义。

```
-(NSArray *)diaries
{
    return diaries;
}

-(Diary *)createDiary
{
    Diary *diary = [Diary createDiary];

    [diaries addObject:diary];

    return diary;
```

```
}
```

截至现在，DiaryStore 类已经初步完成。当然，在后面的实践中我们还会不断修改和完善该类。

11.3 获取指定目录的路径

现在，我们要把 Diary 类型的对象全部保存到 MyDiary 的沙箱之中，具体说来，就是要将 Diary 中的数据保存到应用程序沙箱的 Documents 目录的一个单独文件中，以供应用程序载入和读取这些信息。前面创建的 DiaryStore 类将负责向系统中写入和读取这些对象，但是我们需要为 DiaryStore 提供这个 Documents 目录的路径。

要想从沙箱中获取目录的全路径，我们需要使用 C 函数 NSSearchPathForDirectoriesInDomains。这个函数需要三个参数：获取目录的类型、域掩码和一个布尔型变量。当获取的路径中含有波浪号（~）时，这个布尔型变量用于决定是否将其展开为绝对路径。第一个参数是NSSearchPathDirectory 结构体中的一种，后面两个参数在 iOS 中就是 NSUserDomainMask 和YES。举一个例子，如果我们想获取应用程序中 Documents 目录的全路径，需要像下面这样调用函数：

```
NSArray *documentPaths = NSSearchPathForDirectoriesInDomains
                        ( NSDocumentDirectory,NSUserDomainMask,YES ) ;
```

注意，NSSearchPathForDirectoriesInDomains 函数会返回一个 NSArray 数组，这是因为该函数是从 Mac OS X 中移植而来的，在 Mac OS X 系统中它可能会返回多个目录，在 iOS 系统中它只会返回一个路径。因此我们只要获取数组中的第一个元素就可以了，该元素的类型为 NSString。

NSSearchPathDirectory 结构体中有很多可以选择的路径，下面向大家列出几个常用的路径。

❏ NSApplicationDirectory：应用程序的路径信息。

❏ NSLibraryDirectory：Library 目录的路径信息。

❏ NSDocumentDirectory：Document 目录的路径信息。

❏ NSCachesDirectory：Cache 目录的路径信息。

❏ NSMoviesDirectory：本地视频目录的路径信息。

❏ NSMusicDirectory：本地音乐目录的路径信息。

❏ NSPicturesDirectory：本地图片目录的路径信息。

除上面介绍的方法以外，还可以使用 NSHomeDirectory 函数获取应用程序沙箱的全路径，但是我们不能在这个应用程序的根目录中创建文件和目录。任何需要创建的文件或目录都必须放在沙箱的可写目录之中，如 Documents、Library 或 tmp。在使用 NSHomeDirectory函数的时候，我们需要向该路径添加具体的目录名称，如：

```
NSString *sandboxPath = NSHomeDirectory();
NSString *documentPath = [sandboxPath stringByAppendingPathComponent:@"Documents"];
```

注意　使用 NSSearchPathForDirectoriesInDomains 函数会比 NSHomeDirectory 函数后面跟目录名更安全，因为将来的操作系统可能会改变沙箱中目录的名称，从而导致应用程序无法正确地找到目录的路径。

步骤 1　选择 DiaryStore.h 文件，声明一个新的方法用于获取保存文件的路径信息。

```
- (NSString *)diaryArchivePath;
```

步骤 2　在 DiaryStore.m 文件中完成 diaryArchivePath: 方法的定义。

```
- (NSString *)diaryArchivePath
{
    // 获取沙箱中 Documents 目录的路径列表
    NSArray *documentDirectories = NSSearchPathForDirectoriesInDomains(
                              NSDocumentDirectory, NSUserDomainMask, YES);

    // 从 NSArray 列表中获取 document 目录的路径
    NSString *documentDirectory = [documentDirectories objectAtIndex:0];

    // 在路径的后面添加文件名称并返回
    return [documentDirectory
            stringByAppendingPathComponent:@"diaries.data"];
}
```

11.4　归档

在 iOS 系统中有很多方法可以将数据写入设备的磁盘之中，其中最重要的一个方法叫做归档（Archiving）。归档的实质就是将内存中的一个或多个对象进行处理以后写入系统的磁盘上面，同时也可以将磁盘上面的文件解档到内存之中。

要进行归档，需要创建一个 NSCoder 的实例。实际上，它是一个容器，可以收纳数据和对象到容器中。并不是所有的对象都可以被归档，只有那些符合 NSCoding 协议的类才可以。NSCoding 协议有两个方法：encodeWithCoder:（用于归档）和 initWithCoder:（用于解档），而且这两个都是必须执行的方法。

11.4.1　对象的归档

NSKeyedArchiver 是 NSCoder 的 子 类。我 们 可 以 使 用 NSKeyedArchiver 类 中 的 archiveRootObject:toFile: 类方法，将符合 NSCoding 协议的对象写入文件系统之中。该类方法的第一个参数是欲保存的根对象（Root Object），第二个参数是文件写入的路径。

其中，根对象必须是一个符合 NSCoding 协议的对象，具体到 MyDiary 项目。我们是否要将每一个 Diary 类型的对象都作为根对象呢？其实，使用 DiaryStore 类中的 diaries 数组作为根对象更为简单，因为数组本身就符合 NSCoding 协议。

步骤 1　在项目导航中选择 Diary.h 文件，让 Diary 类符合 NSCoding 协议。

```
@interface Diary : NSObject<NSCoding>
```

步骤 2 在 DiaryStore.h 文件中声明一个新的方法用于归档 diaries 成员变量。

```
- (BOOL) saveChanges;
```

步骤 3 在 DiaryStore.m 文件中定义该方法。

```
- (BOOL) saveChanges
{
    // 返回真假值
    return [NSKeyedArchiver archiveRootObject:diaries
toFile:[self diaryArchivePath]];
}
```

执行 archiveRootObject:toFile: 方法，会创建（不是返回）一个 NSKeyedArchiver 类型的对象并且向 diaries 数组发送 encodeWithCoder: 消息，此时刚刚被创建的 NSKeyedArchiver 对象还会作为这个消息的参数。当一个数组被归档时，该数组中所有的元素也同样会被逐一归档（所以数组中的元素也必须符合 NSCoding 协议）。因此，diaries 数组中所有的 Diary 类型的对象都会执行 archiveRootObject:toFile: 方法。

步骤 4 选择 Diary.m 文件，增加 encodeWithCoder: 方法的代码定义。

```
#pragma mark - NSCoding Protocol

-(void)encodeWithCoder:(NSCoder *)aCoder
{
    // 对于每一个实例变量，基于它的变量名进行归档
    // 并且这些对象也会被用于发送 encodeWithCoder: 消息
    [aCoder encodeObject:self.title forKey:@"title"];
    [aCoder encodeObject:self.content forKey:@"content"];
    [aCoder encodeObject:self.dateCreate forKey:@"dateCreate"];
    [aCoder encodeObject:self.photoKey forKey:@"photoKey"];
}
```

注意 除了可以使用 encodeObject:forKey: 方法归档 Objective-C 的对象以外，还可以使用 encodeDouble:forKey:、encodeFloat:forKey: 和 encodeInt:forKey: 等归档方法。从字面上可以看出，它们分别用于对双精度、单精度和整数变量的归档。

以上我们所使用的归档方式被称为键归档。键归档的工作方式很像 NSMutableDictionary 使用键名向其增加对象，同时这个键名还用于获取对象。在一般情况下，这个键是 NSString 类型的对象，而且键名通常是被归档的实例变量的名称。

11.4.2 对象的解档

要在应用程序中载入已被归档的对象，就必须将它解档。首先要创建一个 NSCoder 的对象，然后载入文件系统中的数据，最后将这个归档的对象进行解档。

要想恢复保存到文件系统中的对象，我们需要使用 NSCoder 的另一个子类 NSKeyed-Unarchiver。它有一个类方法 unarchiveObjectWithFile:。这个方法带有一个参数，我们提供给它需要解档的文件路径。最终，被解档的对象会被还原到内存之中。

步骤 1　在 DiaryStore.h 文件中声明一个新的方法完成解档的任务。

```
@interface DiaryStore : NSObject
{
    NSMutableArray  *diaries;
}

+ (DiaryStore *)defaultStore;

- (NSArray *)diaries;
- (Diary *)createDiary;
- (NSString *)diaryArchivePath;

- (BOOL)saveChanges;

- (void)fetchDiary;

@end
```

步骤 2　在 DiaryStore.m 文件中完成对 fetchDiary: 方法的定义。

```
- (void)fetchDiary
{
    // 如果当前 allDiaries 为空，则尝试从磁盘载入
    if (!diaries) {
        NSString *path = [self diaryArchivePath];
        diaries = [NSKeyedUnarchiver unarchiveObjectWithFile:path];
    }

    // 如果磁盘中不存在该文件，则创建一个新的
    if (!diaries) {
        diaries = [[NSMutableArray alloc] init];
    }
}
```

unarchiveObjectWithFile: 方法试图从磁盘归档文件中解档这些对象，然后放到 diaries 数组之中。如果归档文件不存在，我们就会创建一个 diaries 数组。如果这个数组存在，那么 NSKeyedUnarchiver 的实例被创建。根对象此时通过 alloc 方法创建，但是这个根对象并没有通过传统的方法进行初始化，它是通过 NSKeyedUnarchiver 对象的 initWithCoder: 方法作为参数进行初始化的。

在 MyDiary 项目中，根对象是 diaries，它是一个 NSMutableArray 类型的对象。diaries 数组是这样执行 initWithCoder: 方法的：解档在此之前被归档的 diaries 数组中的所有元素，然后向每一个归档对象发送 decodeObjectForKey: 消息，让这些对象开始解码。

步骤 3　选择 Diary.m 文件，增加 initWithCoder: 方法的代码定义。

```
-(id)initWithCoder:(NSCoder *)aDecoder
{
    self = [super init];

    if (self) {
        // 之前实例中的所有成员变量被归档，我们需要解码它们
        [self setTitle:[aDecoder decodeObjectForKey:@"title"]];
        [self setContent:[aDecoder decodeObjectForKey:@"content"]];
        [self setPhotoKey:[aDecoder decodeObjectForKey:@"photoKey"]];

        // dateCreate 是只读属性，我们不能使用 setter 方法，这里直接赋值给成员变量
        _dateCreate = [aDecoder decodeObjectForKey:@"dateCreate"];
    }

    return self;
}
```

构建应用程序（可以使用快捷键 Command+B），检查是否有语法错误。

注意　initWithCoder: 方法并不能代替其他初始化方法。如果我们想创建一个 Diary 类的实例，还是需要使用传统初始化方法的，initWithCoder: 只适用于解档的初始化。

步骤 4　fetchDiary: 方法的功能是用来创建一个 diaries 数组，因此我们需要修改 DiaryStore 类中的 init: 方法。在 DiaryStore.m 文件的 init: 方法中，移除 diaries 的初始化方法。

```
- (id)init
{
    if (defaultStore) {
        return defaultStore;
    }

    self = [super init];
    if (self) {
        allDiarys = [[NSMutableArray alloc] init];
    }

    return self;
}
```

步骤 5　在 DiaryStore.m 文件中，修改下面这些方法。

```
-(NSArray *)diaries
{
    // 确保 diaries 被创建
    [self fetchDiary];

    return diaries;
}

-(Diary *)createDiary
```

```
{
    // 确保 diaries 被创建
    [self fetchDiary];

    Diary *diary = [Diary createDiary];

    [diaries addObject:diary];

    return diary;
}
```

通过上面的修改，我们可以清楚地知道，当 DiaryStore 被初始化的时候，diaries 数组还没有被实例化。当其他对象需要日记记录（如 DiaryListViewController 视图控制器显示日记列表）的时候，或者在创建一个新的日记的时候，DiaryStore 会检查 diaries 数组是否存在。如果 diaries 数组本身还没有被创建，则首先去尝试解档指定文件并将解档后的对象赋值给 diaries。如果连归档文件都不存在的话，则再去创建一个空的 NSMutableArray 数组。

我们可以构建应用程序去检查语法错误，但是到目前为止，MyDiary 还不能很好地工作，因为 DiaryStore 还没有执行 saveChanges: 方法。在后面的学习中，我们会完成这个方法以保证添加的日记信息可以被存储到磁盘之中。

11.5　应用程序的状态与过渡

要想将应用程序中的数据保存到文件系统之中，我们有必要先了解应用程序的各种状态以及状态之间的过渡，如图 11-2 所示。

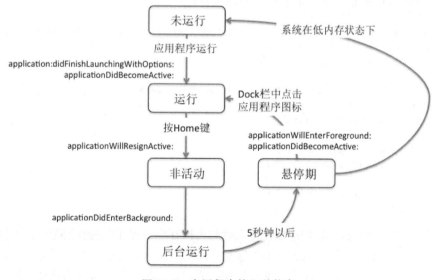

图 11-2　应用程序的几种状态

当应用程序还没有运行的时候，它处于未运行状态，在该状态下不会执行任何代码或占用任何内存空间。

在用户运行应用程序以后，应用程序会进入运行状态。此时应用程序的窗口及视图界面会显示在屏幕上面，接受各种事件并去处理这些事件。

在用户点击 Home 键以后，应用程序马上会进入非活动状态，只不过该状态所停留的时间非常短暂。

在应用程序运行的过程中，如果用户点击 Home 键，应用程序会从运行状态经过短暂的非活动状态再进入后台运行状态。在后台运行状态下，代码仍然在运行，但是视图是不可见的。当用户双击 Home 键时，应用程序的图标会出现在屏幕下方的 Dock 之中。在默认情况下，应用程序在后台运行状态 5 秒钟以后会进入悬停期。如果应用程序需要长期在后台运行，需要编写后台运行代码。

应用程序进入悬停期以后是不会执行程序代码的，而且系统还会释放该应用程序不会使用的一些资源。一个被悬停的应用程序实际上就是一个停留在系统 Dock 中的标签，它只能帮助用户再次快速地运行该程序，而且在此之前所释放掉的资源（图片、视频、音频等）也会重新被一次性载入。

在系统内存充足的情况下，被悬停的应用程序同样会保留在 Dock 之中。但是当系统中的内存不足时，系统会在不发送任何提示的情况下，根据需要去中断悬停的应用程序，应用程序直接从内存中被移除。

当应用程序的状态发生变化的时候，应用程序会收到相应的消息，这些消息均来自于 UIApplicationDelegate 协议。下面这些都是 UIApplicationDelegate 协议中所定义的方法。

```
// iOS 应用程序启动时会调用该方法
- application:didFinishLaunchingWithOptions:

// 如果电话进来或锁屏，这时应用程序会挂起，UIApplicationDelegate 会向 delegate 发送
// applicationWillResignActive: 消息。我们可以重写这个方法，做挂起前的工作，比如关闭网络，保存数据
- applicationWillResignActive:

// 当程序复原时，applicationDidBecomeActive: 协议方法会被调用，在此我们可以使用挂起前保存的
// 数据来恢复应用程序
- applicationDidBecomeActive:

// 当应用程序进入后台以后会执行该方法
- applicationDidEnterBackground:

// 当应用程序即将进入前台时所执行的方法
- applicationWillEnterForeground:
```

回过头来想一个问题：我们应该在什么时候去保存应用程序中的数据呢？首先排除未运行状态和悬停期，因为这两个状态是不能运行代码的。有读者可能会想到在运行状态下去周期性地保存数据，但是这样可能会降低应用程序的用户体验（大量数据的磁盘读写会造成用

户在操作时产生停顿感）。

我们可以在进入非活动状态的时候，或者在系统事件发生的时候，又或者是在应用程序进入后台以后，保存数据。

进入后台运行状态以后保存数据是一个不错的选择。当应用程序进入后台运行状态时，会收到 applicationDidEnterBackground: 消息，可以将数据保存的操作在这个方法里面执行。

步骤 1　选择 AppDelegate.h 文件，导入 DiaryStore 类。在 applicationDidEnterBackground: 方法中进行数据的保存。

```
#import "AppDelegate.h"
#import "DiaryStore.h"
- (void)applicationDidEnterBackground:(UIApplication *)application
{
    [[DiaryStore defaultStore] saveChanges];
}
```

这段代码表明，当用户点击 Home 键的时候，diaries 数组，也就是所有的 Diary 对象被归档到文件系统之中。

注意　不是所有的 iOS 设备都会支持上面说到的这几种状态。在 iOS 4 之前，是没有后台运行状态的。它只有一个状态：当用户点击 Home 键的时候，运行状态就会被中断，结束应用程序的运行。此时应用程序会收到 applicationWillTerminate: 消息，我们应该在该方法中保存数据。

步骤 2　为了支持 iOS 4 以前的设备，我们还要在 applicationWillTerminate: 方法中添加保存数据的代码。

```
- (void)applicationWillTerminate:(UIApplication *)application
{
    [[DiaryStore defaultStore] saveChanges];
}
```

步骤 3　除此以外，我们还要修改 DiaryListViewController 类，删除之前用于测试的 Diary 对象并载入解档的数据。选择 DiaryListViewController.m 文件，导入 DiaryStore 类，删除 viewDidLoad 方法中的测试代码。

```
- (void)viewDidLoad
{
    [super viewDidLoad];

    Diary *a = [[Diary alloc] initWithTitle:@"第一篇日记"
                              content:@"第一篇日记的内容。"];
    Diary *b = [[Diary alloc] initWithTitle:@"第二篇日记"
                              content:@"第二篇日记的内容。"];
    Diary *c = [[Diary alloc] initWithTitle:@"第三篇日记"
                              content:@"第三篇日记的内容。"];
    Diary *d = [[Diary alloc] initWithTitle:@"第四篇日记"
```

```
                                        content:@"第四篇日记的内容。"];
    Diary *e = [[Diary alloc] initWithTitle:@"第五篇日记"
                                        content:@"第五篇日记的内容。"];


    self.diaryArray = [NSMutableArray arrayWithObjects:a, b, c, d, e, nil];

    [[self navigationItem] setLeftBarButtonItem:[self editButtonItem]];

    // 设置导航栏的标题
    [[self navigationItem] setTitle:@"日记列表"];
}
```

步骤 4　在 DiaryListViewController.m 文件中添加对 DiaryStore 类的声明，然后在 viewWillAppear: 方法中添加下面的内容。

```
#import "DiaryStore.h"
-(void)viewWillAppear:(BOOL)animated
{
        // 从 DiaryStore 中获取存储的数据，因为需要 NSMutableArray 类型的返回值，所以将其返回
            值进行强制转换
    self.diaries = (NSMutableArray *)[[DiaryStore defaultStore] diaries];

    [super viewWillAppear:animated];
}
```

构建并运行应用程序。如果是修改后的第一次运行，此时 MyDiary 应用程序的日记列表中没有任何日记出现。点击添加按钮创建一个新的日记，同时可以为该日记添加一张照片并保存，返回日记列表。然后我们点击 Home 键使应用程序，退出运行状态，进入后台运行状态，再双击 Home 键，在 Dock 栏中找到 MyDiary 的应用程序图标，按住这个图标并点击图标左上角的减号将其关闭。最后重新运行该程序，我们会发现刚才添加的日记仍然会出现在日记列表之中。但是，此时日记中的照片还没有被保存，下面我们就来解决这个问题。

11.6　使用 NSData 将数据写入文件系统

在第 10 章中，我们将日记的照片通过 UIImage 类存储到应用程序里面的 NSMutableDictionary 对象之中。接下来我们会将图片保存到应用程序的 Documents 目录之中。首先，需要向 ImageStore 类添加新的代码。用户拍摄或选择照片完成以后，要使用第 10 章所生成的键名作为存储到文件系统的文件名。

在这部分的实践练习中，我们将图像以 JPEG 的图片格式复制到内存的缓冲区之中。Objective-C 通过程序代码去创建、维护和销毁这个缓冲区，这就需要用到 NSData 类。NSData 类型的对象可以管理一定字节数的二进制数据，非常适合我们去存储图像数据。

步骤 1　在 ImageStore.m 文件中创建一个新的方法 pathInDocumentDirectory:，用于取得 Documents 目录中指定的文件路径。

```
-(NSString *)pathInDocumentDirectory:(NSString *)fileName
{
    // 获取沙箱中 Documents 目录的路径列表
    NSArray *documentDirectories = NSSearchPathForDirectoriesInDomains(
    NSDocumentDirectory, NSUserDomainMask, YES);

    // 从 NSArray 列表中获取 documents 目录的路径
    NSString *documentDirectory = [documentDirectories objectAtIndex:0];

    // 在路径的后面添加文件名称并返回
    return [documentDirectory
    stringByAppendingPathComponent:fileName];
}
```

步骤 2　在 ImageStore.m 文件的 setImage:forKey: 方法中添加如下粗体字代码，用于将 JPEG 格式的照片保存到 Documents 目录之中。

```
- (void)setImage:(UIImage *)image forKey:(NSString *)string
{
    // 获取 Documents 目录的全路径
    NSString *imagePath = [self pathInDocumentDirectory:string];

    // 将 image 对象写入 NSData 之中
    NSData *d = UIImageJPEGRepresentation(image, 0.5);

    // 将数据写入文件系统之中
    [d writeToFile:imagePath atomically:YES];

    [dictionary setObject:image forKey:string];
}
```

在 setImage:forKey: 方法中使用了 UIImageJPEGRepresentation 函数。它有 2 个参数：一个是 UIImage 类型的对象，另一个是压缩质量数值。压缩质量用一个 0 到 1 的单精度数值表示，数值为 1 的时候代表图像质量最高。该函数会返回 NSData 类型的对象。

当我们向 NSData 类型的对象发送 writeToFile:atomically: 消息的时候，它会被保存到文件系统之中。其中，第一个参数为文件保存的路径位置；第二个参数 atomically 是布尔型变量，如果将该参数设置为 YES，文件在保存的时候会先存储在设备中的一个临时的位置上，储存完毕以后再将其改名到指定位置上面，以替换之前存在的文件。这样做的目的是为了防止文件在写入的时候，由于发生特殊情况（如应用程序崩溃）而导致再次运行程序时的数据载入错误。如果将 atomically 设置为 NO，则文件会一次性写入指定位置上面。

值得注意的是，使用 NSData 方式向文件系统中写入数据并不属于归档操作。

步骤 3　在 ImageStore.m 文件中，在将照片从 ImageStore 对象中删除的同时也要将其从文件系统中删除。

```
-(void)deleteImageForKey:(NSString *)string
{
```

```
    if (!string) {
        return;
    }

    NSString *path = [self pathInDocumentDirectory:string];
    [[NSFileManager defaultManager] removeItemAtPath:path
    error:NULL];

    [dictionary removeObjectForKey:string];
}
```

NSFileManager 类可以帮助我们完成很多的文件操作，它的类方法 defaultManager: 用于返回一个文件管理对象。而 removeItemAtPath:error: 方法则用于删除指定的文件或文件夹。其中第一个参数 path 用于指定要删除的文件或文件夹，如果指定的是文件夹，则会通过递归的方式删除其中的所有内容。removeItemAtPath:error: 方法的第二个参数比较特殊，它是一个指向 NSError 类型对象的指针。如果删除操作发生错误，错误的信息代码则会传递到 NSError 对象之中。

步骤 4　在 ImageStore 中修改 imageForKey: 方法，它会从文件系统载入需要的照片。

```
-(UIImage *)imageForKey:(NSString *)string
{
    // 首先尝试从 dictionary 中获取图像
    UIImage *image = [dictionary objectForKey:string];

    // 如果无法从 dictionary 中获取图像，则尝试从文件中获取
    if (!image) {
        // 从文件创建 UIImage 对象
        image = [UIImage imageWithContentsOfFile:
        [self pathInDocumentDirectory:string]];

        // 如果从文件中获取了图像，则将其缓存
        if (image) {
            [dictionary setObject:image forKey:string];
        }else {
            NSLog(@" 错误：没有找到文件：%@",
        [self pathInDocumentDirectory:string]);
        }
    }
    return [dictionary objectForKey:string];
}
```

构建并运行应用程序。在为新建日记添加照片并保存以后，退出并终止应用程序。当我们再次打开 MyDiary 应用程序时，查看刚才创建的日记记录，照片就显示出来了。

11.7　在 Mac 系统中查看应用程序的资源

通过前面的学习，我们已经掌握了如何将数据存储在应用程序沙箱之中。但是如果能在

开发平台中看到这些文件或文件夹，肯定对我们的开发有所帮助。下面向大家介绍下如何在开发平台中查看应用程序的沙箱。

步骤 1　如果开发平台是 Lion 以后的操作系统，需要先打开 Finder，在菜单中找到"前往"。此时，我们可以在"前往"菜单里面找到很多常用的文件夹。但是，出于系统安全的考虑，我们最想看到的文件夹却没有出现在菜单之中。在"前往"菜单打开状态下，按住 Option 键，我们就可以看到菜单中多了一个资源库选项，是不是很神奇呢？

步骤 2　选 择 资 源 库，在 Finder 中 依 次 进 入 Application Support → iPhone Simulator → 5.1（iOS 版本，如果应用程序运行在 6.0 版本下，则需要进入 6.0 文件夹）→ Applications → XXXXXXX（系统生成的应用程序序列号）。

步骤 3　可以看到 Documents、Library、tmp 文件夹和 MyDiary 应用程序。在 Documents 中可以找到在本章中创建的日记内容文件 diariy.data 和一个图片文件，如图 11-3 所示。

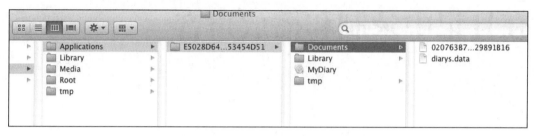

图 11-3　在开发环境中查看应用程序的资源

第 12 章

在日记中录制和播放声音

本章内容

在我们创建的日记里面，除了可以添加照片以外，还要具备音频的录制和播放功能。通过这一章的实践练习，我们将开发的重心从对数据的处理转移到对音频的处理上面。我们将学习使用 iOS SDK 所提供的音视频框架录制和播放声音。

iOS SDK 允许开发者使用 AVFoundation 框架播放和录制声音。首先，我们需要向项目中添加 AVFoundation 框架，具体的操作步骤如下：

步骤 1　在项目导航中点击项目名称。

步骤 2　选择编辑区域中的 target 类别，然后在顶端选择 Build Phases。

步骤 3　在 Link Binaries with Libraries 部分中点击左下角的加号（+）。

步骤 4　在弹出的对话框列表选项中选择 AVFoundation.framework，如图 12-1 所示。

步骤 5　点击 Add 按钮。

步骤 6　在项目导航中我们可以看到顶端会出现新添加的框架文件，为了方便管理，可以将其拖曳到 Frameworks 组之中。

除了 AVFoundation 框架以外，iOS SDK 还提供了 MediaPlayer、CoreAudio 等框架来处理音视频。由于音视频之间有着很多的交集，所以很难去说哪个框架更适合播放音频，哪个框架更适合去播放视频。因此，我们要根据特定的环境去选择处理音视频的框架。

MediaPlayer 框架定义了 iOS 中的几种原生媒体播放器。这个框架提供了标准的媒体播放界面元素和视图控制器，如图 12-2 所示，其中包括音量控制滑块、iPod 音乐库选曲控制器等。但是 MediaPlayer 只能播放从 iPod 音乐库中选择的音视频文件，要想播放应用程序沙箱中的多媒体文件，就需要使用 AVFoundation 框架了。

图 12-1　为项目添加必要的框架文件

图 12-2　MediaPlayer 媒体播放器

12.1 创建录音机的界面

为了能够在应用程序中录制声音，我们需要先创建一个用于录制声音的视图控制器。这样，当点击 CreateDiaryViewController 控制器视图中的录音按钮时，就会呈现该视图控制器。

步骤 1 在 MyDiary 项目中添加新的视图控制器 RecordViewController，将 Subclass 设置为 UIViewController。

步骤 2 在故事板中添加一个新的 View Controller，选中 Create Diary View Controller 场景中的录音按钮，通过 Control-Drag 将其拖曳到新创建的视图控制器上面，在弹出的快捷菜单中选择 Modal。此时，两个视图控制器之间出现了一条连接线。

步骤 3 选中该连接线的节点，通过 Option+Command+4 快捷键打开属性检查窗口，将 Identifier 设置为 Record。

步骤 4 选中新创建的视图控制器，通过 Option+Command+3 快捷键切换到标识检查窗口，将 class 设置为 RecordViewController。

步骤 5 在 Record View Controller 场景中添加下面这些控件。

❑ Toolbar：位于视图的顶端，其中位于工具栏左侧的按钮，设置其标题为返回。

❑ UILabel：用于显示录制和播放的状态。

❑ UIButton：用于开始和停止录音的操作，将标题设置为录音。

这 3 个控件的大小和位置如图 12-3 所示。

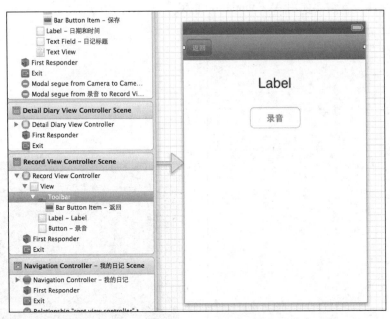

图 12-3 在 Record View Controller 场景中添加 3 个可视化控件

步骤 6 将可视化控件与 RecordViewController 类建立 IBOutlet 和 IBAction 关联。

将 UILabel 控件通过 Control-Drag 拖曳到 RecordViewController.h 中，将 Connection 设置为 Outlet，Name 设置为 recordInfo。

将 UIButton 控件通过 Control-Drag 拖曳到 RecordViewController.h 中，将 Connection 设置为 Outlet，将 Name 设置为 recordButton。再一次将 UIButton 控件通过 Control-Drag 拖曳到 RecordViewController.h 中，将 Connection 设置为 Action，将 Name 设置为 recordOption。

最后，将 Toolbar 中的返回按钮通过 Control-Drag 拖曳到 RecordViewController.h 中，将 Connection 设置为 Action，将 Name 设置为 doDismiss。

至此，我们共创建了两个 IBOutlet 关联和两个 IBAction 关联。

步骤 7　与 CameraViewControllerDelegate 协议相同，在 RecordViewController.h 中添加 RecordViewControllerDelegate 协议。

```
#import <UIKit/UIKit.h>

@class RecordViewController;

@protocol RecordViewControllerDelegate
- (void)recordViewControllerDidReturn:
                        (RecordViewController *)recordViewController;
@end

@interface RecordViewController : UIViewController
@property (weak, nonatomic) id <RecordViewControllerDelegate> delegate;
@property (weak, nonatomic) IBOutlet UILabel *recordInfo;
@property (weak, nonatomic) IBOutlet UIButton *recordButton;
```

步骤 8　在 CreateDiaryViewController.h 文件中添加对 RecordViewControllerDelegate 协议的支持。

```
#import <UIKit/UIKit.h>
#import "CameraViewController.h"
#import "Diary.h"
#import "RecordViewController.h"

@interface CreateDiaryViewController : UIViewController
<UITextFieldDelegate, CameraViewControllerDelegate,
RecordViewControllerDelegate>
```

步骤 9　向 CreateDiaryViewController.m 的 prepareForSegue:sender: 方法中添加下面粗体字的代码。

```
-(void)prepareForSegue:(UIStoryboardSegue *)segue sender:(id)sender
{
    if ([segue.identifier isEqualToString:@"TakePicture"]) {
        CameraViewController *cameraViewController =
                (CameraViewController *)[segue destinationViewController];
        // 设置 createDiaryViewController 对象的 delegate 属性
        cameraViewController.delegate = self;
```

```
        cameraViewController.diary = self.diary;
    }

    if ([segue.identifier isEqualToString:@"Record"]) {
        RecordViewController *recordViewController =
        (RecordViewController *)[segue destinationViewController];
        recordViewController.delegate = self;
    }
}
```

步骤 10 选择 RecordViewController.m 文件中的 doDismiss: 方法，添加下面粗体字的代码。

```
- (IBAction)doDismiss:(id)sender {
    [self.delegate recordViewControllerDidReturn:self];
}
```

步骤 11 在 CreateDiaryViewController.m 文件中添加 recordViewControllerDidReturn: 协议方法。

```
#pragma mark - record view controller Delegate
-(void)recordViewControllerDidReturn:
                                (RecordViewController *)recordViewController
{
    [self dismissViewControllerAnimated:YES completion:nil];
}
```

构建并运行应用程序。在弹出 Record View Controller 视图以后，点击工具栏中的返回按钮，可以回到 CreateDiaryViewController 控制器的视图。

12.2 声音的录制

12.2.1 保存录制的音频文件

如果我们需要在 iOS 设备中进行录音，就要在类中引用 AVFoundation 的声明。

步骤 1 选择 RecordViewController.h 文件，添加对成员变量和相关方法的声明。

```
#import <UIKit/UIKit.h>
#import <AVFoundation/AVFoundation.h>

@class RecordViewController;

@protocol RecordViewControllerDelegate
- (void)recordViewControllerDidReturn:
                        (RecordViewController *)recordViewController;
@end

@interface RecordViewController : UIViewController
```

```
<AVAudioRecorderDelegate>
@property (weak, nonatomic) id <RecordViewControllerDelegate> delegate;
@property (weak, nonatomic) IBOutlet UILabel *recordInfo;
@property (weak, nonatomic) IBOutlet UIButton *recordButton;
@property (strong, nonatomic) AVAudioRecorder *audioRecorder;

- (IBAction)recordOption:(id)sender;
- (IBAction)doDismiss:(id)sender;

- (NSString *) audioRecordingPath;
- (NSDictionary *)audioRecordingSettings;

@end
```

AVAudioRecorder 类属于 AVFoundation 框架。AVAudioRecorder 类型的成员变量 audio-Recorder 用于录制声音，audioRecordingPath 方法用于提供一个保存音频文件的物理路径，而 audioRecordingSettings 方法则用于提供录音时所使用的配置选项。

另外，我们还要为 RecordViewController 控制器添加 AVAudioRecorderDelegate 协议，它用于响应在录音时的消息。

步骤 2　在 RecordViewController.m 文件中添加 audioRecordingPath 方法的定义：

```
- (NSString *)audioRecordingPath
{
    NSString *path = nil;
    NSArray *folders = NSSearchPathForDirectoriesInDomains(
                            NSDocumentDirectory, NSUserDomainMask, YES);
    NSString *documentsFolder = [folders objectAtIndex:0];

    path = [documentsFolder
stringByAppendingPathComponent:@"Recording.m4a"];

    return path;
}
```

这里我们定义了一个实例方法 audioRecordingPath。该方法用来确定音频文件的保存位置，具体到 MyDiary 项目中，保存到系统中的路径位置为 Application sandbox/Documents/Recording.m4a。

步骤 3　点击录音按钮以后，开始进行录音。所以这里需要修改 recordOption: 方法，添加下面粗体字的内容。

```
- (IBAction)recordOption:(id)sender {
    // 设置 error 变量，存储录音时的错误信息
    NSError *error = nil;

    // 获取音频文件存储的位置
    NSString *pathAsString = [self audioRecordingPath];
    NSURL *audioRecordingURL = [NSURL fileURLWithPath:pathAsString];
```

```
// 创建并初始化 AVAudioRecorder 类型的实例变量, 其中用到文件存储信息和 NSDictionary 类型的
// 录音设置信息, 获取录音设置信息的方法会在后面进行定义
self.audioRecorder = [[AVAudioRecorder alloc]
                                initWithURL:audioRecordingURL
                                   settings:[self audioRecordingSettings]
                                      error:&error];

// 如果成功创建 AVAudioRecorder 的实例, 则开始进行录音, 否则清空 audioRecorder 所占用的内存
if (self.audioRecorder != nil) {
    self.audioRecorder.delegate = self;

    if ([self.audioRecorder prepareToRecord] &&
                                      [self.audioRecorder record]) {
        NSLog(@"正常开始录音! ");

        // 五秒钟以后停止录音
        [self performSelector:@selector(stopRecordingOnAudioRecorder:)
                   withObject:self.audioRecorder afterDelay:5.0f];
    }else {
        NSLog(@"录音失败! ");
    }
}else {
    NSLog(@"创建 audio recorder 实例失败! ");
}
}
```

我们需要使用 initWithURL:settings:error: 实例方法初始化 AVAudioRecorder 类型的对象。其中第一个参数需要传递一个用于存储音频文件的路径,它是设备的本地路径。AVFoundation 框架会根据这个存储文件的扩展名来决定使用何种录音格式,所以在设置存储文件名称时一定要非常小心。第二个参数会接收一个 NSDictionary 类型的对象,它包括录音所需要的设置信息,比如采样率、通道等其他信息。第三个参数则是 NSError 类型的对象的地址。因为是地址,所以传递的时候要在变量的前面加上 & 符号,这一点需要特别注意。

另外,其中出现的 performSelector:withObject:afterDelay: 方法,用于在当前线程中指定的时间以后,执行指定的方法。withObject 部分会传递一个指定方法的参数。

步骤 4 当初始化 AVAudioRecorder 对象的时候,我们需要使用一个 NSDictionary 类型的对象作为参数,因此在 RecordViewController.m 文件中添加 audioRecordingSettings 方法的定义,用于返回音频设置信息。

```
-(NSDictionary *)audioRecordingSettings
{
    NSDictionary *result = nil;

    NSMutableDictionary *settings = [[NSMutableDictionary alloc] init];

    [settings setValue:[NSNumber numberWithInteger:kAudioFormatAppleLossless]
forKey:AVFormatIDKey];
```

```
    [settings setValue:[NSNumber numberWithFloat:44100.0f]
forKey:AVSampleRateKey];

    [settings setValue:[NSNumber numberWithInteger:1]
                                    forKey:AVNumberOfChannelsKey];

    [settings setValue:[NSNumber numberWithInteger:AVAudioQualityLow]
                                    forKey:AVEncoderAudioQualityKey];

    result = [NSDictionary dictionaryWithDictionary:settings];
    return result;
}
```

audioRecordingSettings 方法用于提供 initWithURL:settings:error: 方法中需要的 settings 参数。其实有很多的设置选项可以添加到 settings 之中，这里我们只介绍几个非常重要的设置选项。

❑ AVFormatIDKey：录制的音频格式，可以指定为下面几种。
　○ kAudioFormatLinearPCM
　○ kAudioFormatAC3
　○ kAudioFormatMPEGLayer3
　○ kAudioFormatAppleLossless
❑ AVSampleRateKey：指定用于录音的采样率。
❑ AVNumberOfChannelsKey：指定用于录音的通道数量。
❑ AVEncoderAudioQualityKey：录音质量，可以使用的值有以下这些。这些值由上到下表示质量依次升高。
　○ AVAudioQualityMin
　○ AVAudioQualityLow
　○ AVAudioQualityMedium
　○ AVAudioQualityHigh
　○ AVAudioQualityMax

步骤 5　在 RecordViewController.m 文件中添加 stopRecordingOnAudioRecorder: 方法的定义。

```
- (void) stopRecordingOnAudioRecorder :(AVAudioRecorder *)aRecorder{
    [aRecorder stop];
}
```

在录音开始 5 秒钟之后，会执行 stopRecordingOnAudioRecorder: 方法，停止录音。

步骤 6　添加 viewWillDisappear: 方法。

```
-(void)viewWillDisappear:(BOOL)animated
{
    if ([self.audioRecorder isRecording]) {
```

```
        [self.audioRecorder stop];
        NSLog(@"录音结束！");
    }

    self.audioRecorder = nil;

}
```

构建并运行应用程序。在添加新日记的时候选择录音，然后在 RecordViewController 中点击录音按钮。此时录音开始，不要吝惜你的歌声，开始演唱吧！在你演唱五秒钟以后，录音会自动停止，音频文件将被存储到应用程序 sandbox/Documents 文件夹之中，文件名为 Recording.m4a。如果双击该文件，还可以听到所录制的音频内容。

12.2.2 完善 RecordViewController 控制器

通过上面的实践练习，我们只是将录制的音频信息保存到应用程序沙箱的 Documents 文件夹之中，但这离我们的最终目标还是有一定距离的。下面继续完善 RecordViewController 控制器。

步骤 1 在 Diary 类中添加新的 NSString 类型的 audioFileName 成员变量，并且在 Diary.m 文件中进行相应的设置。

在 Diary.m 文件中添加下面粗体字的内容。

```
@interface Diary : NSObject<NSCoding>
// 在此忽略其他已有代码……
@property (nonatomic, strong) NSString    *photoKey;
@property (nonatomic, strong) NSString    *audioFileName;
@end
```

步骤 2 在 Diary.m 文件中添加下面粗体字的内容。

```
@implementation Diary
-(void)encodeWithCoder:(NSCoder *)aCoder
{
    [aCoder encodeObject:self.title forKey:@"title"];
    [aCoder encodeObject:self.content forKey:@"content"];
    [aCoder encodeObject:self.dateCreate forKey:@"dateCreate"];
    [aCoder encodeObject:self.photoKey forKey:@"photoKey"];
    [aCoder encodeObject:self.audioFileName forKey:@"audioFileName"];
}

-(id)initWithCoder:(NSCoder *)aDecoder
{
    self = [super init];

    if (self) {
        // 之前实例中的所有实例变量被归档，我们需要解码它们
        [self setTitle:[aDecoder decodeObjectForKey:@"title"]];
```

```
        [self setContent:[aDecoder decodeObjectForKey:@"content"]];
        [self setPhotoKey:[aDecoder decodeObjectForKey:@"photoKey"]];
        [self setAudioFileName:[aDecoder
decodeObjectForKey:@"audioFileName"]];

        _dateCreate = [aDecoder decodeObjectForKey:@"dateCreate"];
    }

    return self;
}
```

我们在 encodeWithCoder: 和 initWithCoder: 方法中添加对 audioFileName 的归档和解档操作。

步骤 3　在 RecordViewController.h 中添加 Diary 类型的成员变量 diary，并设置其属性。

```
#import <UIKit/UIKit.h>
#import <AVFoundation/AVFoundation.h>
#import "Diary.h"

@interface RecordViewController : UIViewController
<AVAudioRecorderDelegate>
@property (retain, nonatomic) AVAudioRecorder *audioRecorder;
@property (strong, nonatomic) Diary *diary;
```

步骤 4　在 CreateDiaryViewController.m 中的 recordAudio: 方法中添加下面粗体字的内容。

```
-(void)prepareForSegue:(UIStoryboardSegue *)segue sender:(id)sender
{
    if ([segue.identifier isEqualToString:@"TakePicture"]) {
        CameraViewController *cameraViewController = (CameraViewController *)
[segue destinationViewController];
        // 设置 createDiaryViewController 对象的 delegate 属性
        cameraViewController.delegate = self;

        cameraViewController.diary = self.diary;
    }
    if ([segue.identifier isEqualToString:@"Record"]) {
        RecordViewController *recordViewController =
        (RecordViewController *)[segue destinationViewController];
        recordViewController.delegate = self;

        recordViewController.diary = self.diary;
    }
}
```

步骤 5　修改 RecordViewController.m 中的 audioRecordingPath 方法。与第 11 章的方法一样，产生一个唯一的字符串作为音频文件的名称，并将其传递给 diary 对象的 audioFileName 属性。

```
- (NSString *)audioRecordingPath
{
    NSString *path = nil;
     NSArray *folders = NSSearchPathForDirectoriesInDomains(NSDocumentDirectory,
NSUserDomainMask, YES);
    NSString *documentsFolder = [folders objectAtIndex:0];

    CFUUIDRef newUniqueID = CFUUIDCreate(kCFAllocatorDefault);

     CFStringRef newUniqueIDString = CFUUIDCreateString(kCFAllocatorDefault,
newUniqueID);

    NSString *fileName = (__bridge NSString *)newUniqueIDString;
    // 向字符串后面添加指定的文件扩展名
    self.diary.audioFileName = [fileName
                                       stringByAppendingPathExtension:@"m4a"];

    // 前面使用 Create 创建的 Core Foundation，在不使用的时候需要将其释放
    CFRelease(newUniqueIDString);
    CFRelease(newUniqueID);

    path = [documentsFolder stringByAppendingPathComponent:
    self.diary.audioFileName];

    return path;
}
```

构建并运行应用程序。点击录音后经过 5 秒钟录音自动停止。此时，应用程序沙箱的 Documents 文件夹中会新增一个音频文件。

12.2.3　按照用户的要求进行录音

到目前为止，在用户点击录音按钮以后，只会录 5 秒钟的音频信息，然后就会执行 stopRecordingOnAudioRecorder: 方法停止录音。而我们总是希望按照用户要求的时长进行录制，因此需要将 recordOption: 方法修改为如下面这样。

```
// 将 recordOption: 方法中参数的类型，由 id 改为 UIButton
- (IBAction)recordOption:(UIButton *)sender {
    NSError *error = nil;
    // 如果当前录音按钮的标题为录音，在用户点击时执行的代码
    if ([sender.titleLabel.text isEqualToString:@"录音"]) {
        NSString *pathAsString = [self audioRecordingPath];
        NSURL *audioRecordingURL = [NSURL fileURLWithPath:pathAsString];

        self.audioRecorder = [[AVAudioRecorder alloc]
                            initWithURL:audioRecordingURL
```

```
                            settings:[self audioRecordingSettings]
                            error:&error];

        if (self.audioRecorder != nil) {
            self.audioRecorder.delegate = self;

            if ([self.audioRecorder prepareToRecord] &&
                [self.audioRecorder record]) {
                self.recordButton.titleLabel.text = @"停止录音";
                [self.recordButton setTitle:@"停止录音"
                                forState:UIControlStateNormal];
                self.recordInfo.text = @"成功开始录音! ";
            }else {
                self.recordInfo.text = @"录音失败! ";
                self.audioRecorder = nil;
            }
        }else {
            NSLog(@"创建 audio recorder 实例失败! ");
        }
    }
    // 如果当前录音按钮的标题为停止录音, 在用户点击时执行的代码
    else if ([sender.titleLabel.text isEqualToString:@"停止录音"]) {
        [self stopRecordingOnAudioRecorder:self.audioRecorder];
        [self.recordButton setTitle:@"录音" forState:UIControlStateNormal];
    }
}
```

构建并运行应用程序。在用户点击录音按钮以后，如果当前按钮标题为录音，则设备开始录音；如果按钮标题为停止录音，则终止录音。现在用户可以录制任意时长的音频信息了。

12.3　声音的播放

RecordViewController 中除了需要有录音功能以外，还需要添加播放音频文件的功能。AVFoundation 框架中的 AVAudioPlayer 类用于播放 iOS 所支持的所有格式的音频文件，并且 AVAudioPlayer 的 delegate 可以帮助响应在播放音频时所发生的一些事件，如音频文件在播放时是否发生中断或在播放时是否发生错误等。

在接下来的实践练习中，我们在 RecordViewController 场景中添加一个新的按钮，通过它让用户可以听到之前录制的声音。

步骤 1　在 RecordViewController 场景中添加一个 UIButton 控件，将 Title 设置为播放。

步骤 2　将播放按钮与 RecordViewController 类建立 IBOutlet 关联，将 IBOutlet 名称设置为 playButton。

步骤 3　将播放按钮与 RecordViewController 类建立 IBAction 关联，设置 IBAction 方法

名称为 playOption，如图 12-4 所示。

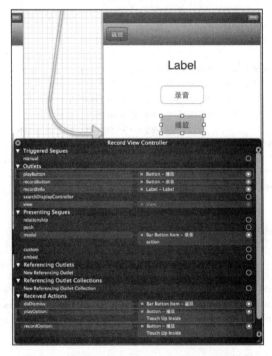

图 12-4　修改后的 RecordViewController 场景

步骤 4　修改 RecordViewController.m 中的 viewDidLoad 方法。在没有录音操作之前，先隐藏 playButton 按钮。

```
- (void)viewDidLoad
{
    [super viewDidLoad];

    if (self.diary.audioFileName != nil) {
        self.playButton.hidden = NO;
    }else {
        self.playButton.hidden = YES;
    }
}
```

步骤 5　为 RecordViewController 类添加 AVAudioPlayer 类型的成员变量 audioPlayer，并增加 AVAudioPlayerDelegate 协议的声明。

```
@interface RecordViewController : UIViewController
<AVAudioRecorderDelegate,AVAudioPlayerDelegate>
@property (strong, nonatomic) AVAudioRecorder *audioRecorder;
@property (strong, nonatomic) AVAudioPlayer *audioPlayer;
```

步骤 6　在 playOption: 方法中添加下面粗体字的内容。

```
- (IBAction)playOption:(id)sender {
```

```
    NSArray *folders = NSSearchPathForDirectoriesInDomains(
                        NSDocumentDirectory, NSUserDomainMask, YES);
    NSString *documentsFolder = [folders objectAtIndex:0];

    NSData *fileData = [NSData dataWithContentsOfFile:[documentsFolder stringByAp-
pendingPathComponent:self.diary.audioFileName]];

    self.audioPlayer = [[AVAudioPlayer alloc] initWithData:fileData error:nil];

    // 开始播放音频
    if (self.audioPlayer != nil){
        // 设置 AVAudioPlayer 的 delegate 并播放声音
        self.audioPlayer.delegate = self;
        if ([self.audioPlayer prepareToPlay] && [self.audioPlayer play]){
            recordInfo.text = @" 正常播放音频文件！ ";
        } else {
            recordInfo.text = @" 播放音频失败！ ";
        }
    } else {
        NSLog(@" 初始化 AVAudioPlayer 失败。");
    }
}
```

在这个方法中我们可以发现：首先，因为 Diary 对象中的 audioFileName 属性已经存储了音频的文件名称，所以我们先通过该属性将音频数据载入 NSData 类型的对象里面，然后通过 AVAudioPlayer 的 initWithData:error: 初始化方法将 NSData 对象传递给 audioPlayer。在 audioFileName 被成功初始化以后，要设置其 delegate 属性指向 RecordViewController 对象，这样 RecordViewController 才能正常接收播放音频时所发生的事件。

步骤 7　修改 audioRecorderDidFinishRecording: Successfully: 方法，设置 playButton 的可见状态。

```
-(void)audioRecorderDidFinishRecording:(AVAudioRecorder *)recorder
                        successfully:(BOOL)flag
{
    if (flag) {
        NSLog(@" 录音正常结束。");
        [playButton setHidden:NO];
    }
}
```

构建并运行应用程序。如果点击录音按钮进行录音，在停止录音以后，播放按钮会出现在屏幕中，点击播放就会听到刚刚录制的音频信息。

12.4　中断的处理

12.4.1　在播放声音时处理中断

如果在播放声音的时候发生中断（比如有电话打进来）的情况，我们当然希望在中断结束以后 AVAudioPlayer 实例可以继续播放声音。这就需要我们完成 AVAudioPlayerDelegate 协议中的两个方法：audioPlayerBeginInterruption: 和 audioPlayerEndInterruption:withFlags:。前者用于中断开始时控制器所响应的方法，后者是中断事件结束后控制器所响应的方法。

在 RecordViewController.m 中添加上述两个方法的定义。

```
- (void)audioPlayerBeginInterruption:(AVAudioPlayer *)player
{
    // 如果有声音正在播放，则暂停
}

- (void)audioPlayerEndInterruption:(AVAudioPlayer *)player
withFlags:(NSUInteger)flags
{
    if (flags == AVAudioSessionInterruptionFlags_ShouldResume &&
                                                player != nil) {
        [player play];
    }
}
```

对于 iPhone 这样的 iOS 设备，当有电话打进来的时候就会中断当前前台运行的应用程序，并且正在播放的声音也会被暂停，直到中断结束才能再次播放。在中断开始和结束的时候，AVAudioPlayer 会发送两个不同的消息给 delegate。当中断结束以后，我们可以通过简单的方法继续播放声音。

注意 在 iOS 模拟器上我们是不能模拟来电的，必须要在真机上进行测试。

当中断结束的时候，audioPlayerEndInterruption:withFlags: 会被调用。如果 Flags 参数包含的值为 AVAudioSessionInterrruptionFlags_shouldResume，则代表我们可以继续播放之前的音频数据，只要向 player 对象直接发送 play 消息即可。

12.4.2 在录制声音时处理中断

与播放时处理中断的方法类似，我们同样可以使用 audioRecorderBeginInterruption: 和 audioRecorderEndInterruption:withFlags: 两个协议方法进行处理。

```
- (void)audioRecorderBeginInterruption:(AVAudioRecorder *)recorder{
    NSLog(@" 录音过程被中断 ");
}

- (void)audioRecorderEndInterruption:(AVAudioRecorder *)recorder
                                      withFlags:(NSUInteger)flags{
    if (flags == AVAudioSessionInterruptionFlags_ShouldResume)
    {
        NSLog(@" 恢复录音 ");
        [recorder record];
    }
}
```

> **注意**　在恢复录音的时候，有一点至关重要，那就是在 delegate 收到 audioRecorderBeginInterruption：消息以后，audio 已经被禁止，我们不能调用 resume 方法让录音继续。所以，在中断结束以后，我们需要调用 record 实例方法恢复录音。

12.5　在 Detail Diary View Controller 场景中播放声音

通过之前的实践练习，我们已经可以在日记中将声音保存到 Documents 文件夹中。下面我们需要在 Detail Diary View Controller 场景中添加一个播放声音的按钮，使用户在浏览日记的时候可以播放所录制的声音。

步骤 1　在 Detail Diary View Controller 场景中添加一个 UIButton 按钮，将 Title 设置为音频，创建 IBOutlet 和 IBAction 关联，将名称分别设置为 audioButton 和 playAudio，如图 12-5 所示。

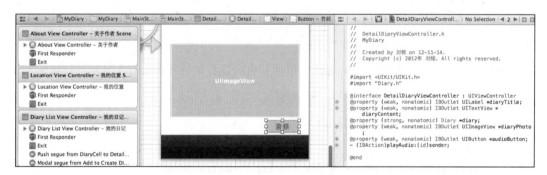

图 12-5　在 Detail Diary View Controller 场景中创建音频按钮

步骤 2　为 DetailDiaryViewController 类添加新的成员变量及相应的声明文件，如下面粗体字这样。

```
#import <UIKit/UIKit.h>
#import <AVFoundation/AVFoundation.h>
#import "Diary.h"

@interface DetailDiaryViewController : UIViewController
……
@property (weak, nonatomic) IBOutlet UIButton *audioButton;
@property (strong, nonatomic) AVAudioPlayer *audioPlayer;
@property (nonatomic, strong) Diary *diary;

- (IBAction)playAudio:(id)sender;
@end
```

步骤 3　修改 playAudio: 方法，添加下面粗体字的内容。

```objc
- (IBAction)playAudio:(id)sender {
    NSArray *folders = NSSearchPathForDirectoriesInDomains(
                            NSDocumentDirectory, NSUserDomainMask, YES);
    NSString *documentsFolder = [folders objectAtIndex:0];

    NSData *fileData = [NSData dataWithContentsOfFile:[documentsFolder
            stringByAppendingPathComponent:self.diary.audioFileName]];

    self.audioPlayer = [[AVAudioPlayer alloc] initWithData:fileData
                                                     error:nil];

    // 开始播放音频
    if (self.audioPlayer != nil){
        if ([self.audioPlayer prepareToPlay] && [self.audioPlayer play]){
            NSLog(@"正常播放音频文件");
        } else {
            NSLog(@"播放失败");
        }
    } else {
        NSLog(@"初始化 AVAudioPlayer 失败。");
    }
}
```

步骤 4　修改 viewWillAppear: 方法，确保只有在该日记包含音频时才显示播放按钮。

```objc
-(void)viewWillAppear:(BOOL)animated
{
    [super viewWillAppear:animated];
    ……

    NSString *audioFileName = [self.diary audioFileName];
    if (audioFileName) {
        [self.audioButton setHidden:NO];
    }else {
        [self.audioButton setHidden:YES];
    }

    ……
    [[self navigationItem] setTitle:@"日记内容"];
}
```

步骤 5　添加 viewWillDisappear: 方法，确保 DetailDiaryViewController 控制器视图不在当前屏幕中时停止声音的播放。

```objc
-(void)viewWillDisappear:(BOOL)animated
{
    if ([self.audioPlayer isPlaying]) {
        [self.audioPlayer stop];
    }
}
```

　　构建并运行应用程序。当我们在 Detail Diary View Controller 中浏览一个含有音频的日记时，会看到音频按钮，点击该按钮时会播放声音，如图 12-6 所示。

图 12-6　Detail Diary View Controller 场景中显示的音频按钮

第 13 章

应用程序的偏好设置

本章内容

在 Windows 平台中，大部分的应用程序都有一个设置（也可以叫做选项）功能，它允许用户对应用程序进行个性化的配置。在 Mac OS X 平台中，这个功能就叫做偏好设置（Preferences）。在一般情况下，我们会在应用程序的菜单中找到它。与之不同的是，如果是在 iPhone 或其他 iOS 设备中，则专门有一个"设置"（Settings）应用程序。我们可以将应用程序的偏好设置放置其中，以便用户对应用进行个性化的设置。在本章的实践练习中，我们将学习如何创建应用程序的偏好设置及在程序运行的过程中访问这些设置。

13.1　了解设置绑定资源包

一般我们在"设置"应用程序中会看到一个应用程序的列表，如图 13-1 所示。列表中的这些程序都是可以进行偏好设置的。之所以可以这样，是因为它们都有一个设置绑定资源包（Settings Bundle）。这是一组内建于应用程序项目中的文件，这些文件用于告诉"设置"程序，用户可以在哪些方面进行设置。

在 iOS 应用程序中，我们可以通过 NSUserDefaults 类来进行偏好设置操作。使用 NSUserDefaults 类，我们通过键名获取和存储偏好设置，就好像我们使用 NSDictionary 对象一样。其不同之处在于 NSUserDefaults 的数据存储在系统文件之中，而后者则存储在内存的对象之中。

图 13-1　"设置"应用程序

这一章中，我们将为 MyDiary 应用程序添加并配置它的设置绑定资源包，然后访问和编辑这些偏好设置。

对于开发者来说，我们不用担心偏好设置的界面设计问题，只要集中精力创建应用程序所需的设置列表即可，设置程序会自动为我们创建界面。另外，对于游戏这样的应用程序，我们通常希望其有自己内置的偏好设置界面，这样不用退出应用程序就可以进行设置。这种情况就需要开发者创建自定义的配置界面。

13.2　为 MyDiary 添加设置绑定资源包

要想让 MyDiary 应用程序的偏好设置出现在"设置"应用程序之中，我们就要在 MyDiary 项目中配置设置绑定资源包。其中有一个属性列表是设置绑定资源包之中所必需的，叫做 Root.plist。它用于定义根级别（root-level）的偏好设置视图。这个属性列表有着严格的格式要求，接下来，我们会做具体的说明。

"设置"应用程序启动以后会检查设备中每一个应用程序的设置绑定资源包，然后为每一个具有设置绑定资源包的应用程序添加一个设置选项。如果想要为应用程序偏好设置增加子视图，则需要添加另外的绑定属性列表并向 Root.plist 中添加与子视图相对应的条目信息。

13.2.1　向项目中添加设置绑定资源包

通过项目导航选择 MyDiary 文件夹，从菜单中选择 File → New File。在左侧分类中选择 iOS → Resource，在右侧选择 Settings Bundle，如图 13-2 所示，然后点击 Next 按钮。当点击 Create 按钮以后，项目中就会出现一个 Settings.bundle 文件夹。

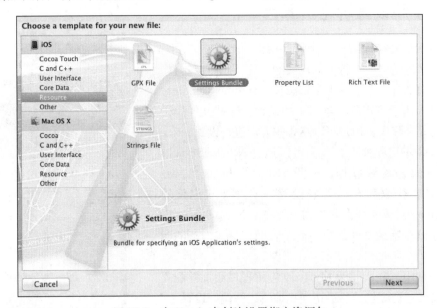

图 13-2　在 Xcode 中创建设置绑定资源包

点击项目导航中的 Settings.bundle 文件夹将其展开，可以看到其中包含两部分内容：一个是 en.lproj 文件夹，其中有一个名称为 Root.strings 的文件；另一个则是 Root.plist 文件。

13.2.2　设置属性列表

选择 Root.plist 文件，在编辑区域中我们可以看到如图 13-3 所示的内容。

我们可以发现，属性列表中的条目呈现方式与之前使用过的项目 Targets → Info 所呈现的方式相同。属性列表实际上就是 Dictionary，我们可以通过这些条目的键名来获取相应的类型和值，这正好与 NSDictionary 类型一致。

属性列表中可以包含几种不同类型的节点，如布尔（Boolean）、数据（Data）、日期（Date）、数字（Number）和字符串（String）。另外，我们还可以设置节点为 Dictionary 类型，这样就可以在该节点的下面存储更多的子节点或条目。除此以外，还有 Array 类型的节点，它可以存储一个有序的节点序列。不管是 Dictionary 类型的节点，还是 Array 类型的节点，它们都属于节点，用于包含其他节点或条目。

Key	Type	Value
▼ Preference Items	Array	(4 items)
▼ Item 0 (Group – Group)	Diction...	(2 items)
Title	String	Group
Type	String	Group
▼ Item 1 (Text Field – Name)	Diction...	(8 items)
Autocapitalization Style	String	None
Autocorrection Style	String	No Autocorrection
Default Value	String	
Text Field Is Secure	Boolean	NO
Identifier	String	name_preference
Keyboard Type	String	Alphabet
Title	String	Name
Type	String	Text Field
▼ Item 2 (Toggle Switch – Enabled)	Diction...	(4 items)
Default Value	Boolean	YES

图 13-3　Root.plist 的属性列表

注意　在 NSDictionary 中，我们可以使用多种类型的对象作为它的键名。但是在属性列表中，它的键必须是字符串类型，其值可以使用其他类型。

在 Root.plist 编辑区域中，键的名称可以显示为原始格式或简单的便于阅读的格式。在一般情况下，我们还是喜欢看到键名原本的样子，在 Root.plist 的编辑区域上执行 Control-Click，将快捷菜单中的 Show Raw Keys/Values 设置为选中状态，如图 13-4 所示。仔细观察，就会发现这两种状态下的键名和值所显示的内容是不一样的。在后面的实践练习中，我们都会使用 Raw Keys/Values 的状态。因此，如果发现在配置绑定资源包时与本章介绍的键名不一致，可以查看这个选项是否被选中。

整个属性列表中最下方有一个条目叫做 StringsTable（一定要在 Show Raw Keys/Values 生效的情况下才会看到 StringsTable），它是用于多语言应用程序的。我们可以在其上执行 Control-Click，然后在关联菜单中选择 delete 将该条目删除。

除了 StringsTable 以外，属性列表还包含另一个节点 PreferenceSpecifiers，它是一个 Array 类型的节点。这个数组类型的节点包含了一系列 dictionary 类型的节点，而且每个 dictionary 节点都会负责呈现一个单独的设置选项或子视图。因为 PreferenceSpecifiers 节点是数组类型，所以它包含的所有节点都是有序的，改变这些节点的次序也会使配置选项呈现的顺序发生变化。

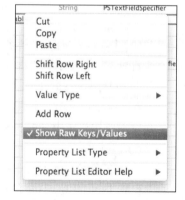

图 13-4　将 Show Raw Keys/Values 设置为选中状态

通过前面的实践练习，Xcode 已经非常友好地为我们提供了 4 个节点，如图 13-5 所示。这些节点与我们当前的项目需求并不吻合，所以我们删除 Item 1、Item 2 和 Item 3 节点，保留 Item 0 节点。

图 13-5 PreferenceSpecifiers 中的 4 个节点

点击 Item 0 节点使其处于选中状态，注意不要展开该节点。此时，按下回车键就会添加新的一行条目 Item 1，它与之前的 Item 0 节点同级。在 Xcode 的属性列表中，不管我们选中的节点当前是否处于展开状态，在按下回车键以后都会增加一个新的节点。不同之处在于，如果选中的节点处于未展开状态，则按下回车键后会增加一个同级节点；如果选中的节点处于展开状态，则按下回车键后会增加其子节点。

我们先展开 Item 0 节点。该节点包含两个条目，如图 13-6 所示。如果此时按回车键（只是如果），Item 0 节点中会出现一个新的子条目 New item。

图 13-6 Item 0 展开后的两个条目

当前，Item 0 中有一个键名为 Type 的子条目。在偏好设置数组中的每一个设置节点都要有该键名的条目。它用于告诉设置程序当前的设置选项是什么类型。

在 Item 0 中，Type 的值为 PSGroupSpecifier，这表示 Item 0 会呈现一个组。其后面的每一个设置都属于这个组，直到出现下一个 PSGroupSpecifier 类型的条目为止。

在设置应用程序中分组表格是非常常见的。另外，Item 0 中还有一个键是 Title，使用它可以设置组的标题。

再来仔细观察 Item 0 这一行，此时它显示的内容是 Item 0（Group-Group）。括号中所呈现的内容是 Type 的值 +Title 的值。Xcode 这样做是为了方便我们了解每一个条目的用途。

双击 Title 的值，将其修改为常规信息，如图 13-7 所示。在完成修改以后，我们会发现 Item 0 行括号中的内容变为"Group - 常规信息"。

图 13-7 修改 Item 0 中 Title 的值

13.2.3　添加文本框设置

现在，我们需要向数组中添加第二个 Dictionary 节点，它应该是一个 TextField 类型的设置选项。

步骤 1　点击刚刚创建的 Item 1 节点，此时会出现一个下拉菜单，默认值为 Text Field，如图 13-8 所示。

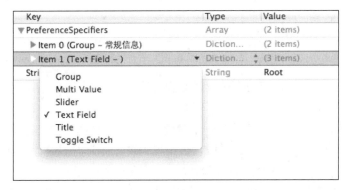

图 13-8　Item 1 节点

步骤 2　展开 Item 1。它包含一个 Type 条目，值为 PSTextFieldSpecifier，表示在设置应用程序中会出现一个文本框。它还有另外两个条目：Title 和 Key，如图 13-9 所示。

PreferenceSpecifiers	Array	(2 items)
▶ Item 0 (Group – 常规信息)	Diction...	(2 items)
▼ Item 1 (Text Field –)	Diction...	(3 items)
Type	String	PSTextFieldSpecifier
Title	String	
Key	String	

图 13-9　被展开的 Item 1 节点

步骤 3　选择 Title 条目，修改其值为：用户名称。使用同样的方法，修改 Key 的值为 username。这代表在应用程序中，我们要通过 Key 的值来获取和设置该选项的内容。

注意　*Title 的值最终会显示在屏幕上面。Key 的值是一个字符串。我们通过该字符串从 NSUserDefaults 中获取相应的配置内容。*

步骤 4　选中 Item 1 节点中的最后一个条目（键名为 Key 的那一行），然后按回车键向 Item 1 中增加一个新的子条目，将其键名设置为 AutocapitalizationType，值设置为 None。这样，当用户在文本框中输入字符串的时候就不会进行转换首字母的操作。其实，在我们点击新添加的条目以后，Xcode 就会出现一个自动匹配的选择列表，方便我们设置相关的键名。

步骤 5　在 AutocapitalizationType 下面再添加一行新的条目，设置键名为 Autocorrection-Type，值为 No。这样，在向文本框中输入文字的时候，不会进行自动纠正。如果希望进行自动纠正，则需要将其值设置为 Yes。在完成这项的设置以后，Item 1 节点会包括下面这些条目，如图 13-10 所示。

▼ Item 1 (Text Field – 用户名称)	Diction...	(5 items)
Type	String	PSTextFieldSpecifier
Title	String	用户名称
Key	String	username
AutocapitalizationType	String	None
AutocorrectionType	String	No

图 13-10 完成 Item 1 节点的设置

构建并运行应用程序，然后按 Home 键回到主屏幕，点击设置应用程序。在设置应用程序中，我们会看到 MyDiary 项目，如图 13-11 所示。

点击 MyDiary 以后，我们可以看到一个常规信息组，该组中包含一个用户名称的设置选项。当我们点击用户名称右侧空白区域时，会出现编辑光标，虚拟键盘也会从屏幕的下方滑入，我们可以输入一个用户名称，如图 13-12 所示。在设置好用户名称以后，退出 iOS 模拟器。如果再次运行模拟器，这个用户名称的值依然存在。

图 13-11   在设置应用程序中可以看到   图 13-12   进入 MyDiary 偏好设置后的效果
          MyDiary 的设置图标

接下来，我们在用户名称的下方添加一个密码的设置选择。该选项需要一个安全的文本框。

13.2.4　添加密码文本框设置

步骤 1　在项目导航中选择 Root.plist 文件，收缩 Item 0 和 Item 1 节点。选中 Item 1 节点，按 Command+C 快捷键复制该节点到剪贴板中，然后按 Command+V 快捷键进行粘贴。这时，在 Item 1 的下方会出现新的 Item 2 节点。

步骤 2　展开 Item 2 节点，修改 Title 的值为密码，Key 的值为 password。

步骤 3　选中 Key 条目，按回车键添加一行新的条目，修改其键名为 IsSecure，并设置其值为 YES。这样做会告诉设置程序，该文本框用于输入密码，如图 13-13 所示。

iPhone Settings Schema	Dictionary	(1 item)
▼ PreferenceSpecifiers	Array	(3 items)
▶ Item 0 (Group – 常规信息)	Dictionary	(2 items)
▶ Item 1 (Text Field – 用户名称)	Dictionary	(5 items)
▼ Item 2 (Text Field – 密码)	Dictionary	(6 items)
Type	String	PSTextFieldSpecifier
Title	String	密码
Key	String	password
IsSecure	Boolean	YES
AutocapitalizationType	String	None
AutocorrectionType	String	No

图 13-13　Item 2 节点中的条目

13.2.5　添加多值字段

接下来，我们会添加一个多值字段的设置选项。该配置选项会自动产生指示器选项。当我们点击它的时候，会进入一个全新的带有各种可选值的表格视图中。

步骤 1　添加 Item 3 节点，使用匹配菜单将其 Key 设置为 Multi Value。

步骤 2　Item 3 节点中已经包含一些行。其中 Type 的值为 PSMultiValueSpecifier。在 Title 行设置 Value 的值为"日记标题颜色"，在 Key 行设置其值为 diaryTitleColor。

步骤 3　在 Item 3 中添加两个新的子节点，类型均为 Array。一个节点的键名为 Titles，它里面的值均会呈现在设置列表之中。另外一个节点的键名为 Values，它里面存储的是与 Titles 对应的选项的值，这个值会存储到 user defaults 内。

步骤 4　在 Titles 节点中增加以下几个条目：缺省颜色、红色、绿色、蓝色。在 Values 节点中增加以下几个条目：black、red、green、blue。

步骤 5　设置 DefaultValue 的值为 black，代表在默认情况下日记标题的颜色为缺省颜色。整个 Item 3 节点如图 13-14 所示。

构建并运行应用程序。在 MyDiary 的设置中除了会看到密码的设置选项以外，还有一个日记标题颜色的选项。在点击它以后会进入一个新的选项列表之中，我们可以从中选择喜欢的日记标题颜色，如图 13-15 所示。

▼ Item 3 (Multi Value – 日记标题颜	Dictionary	(6 items)
Type	String	PSMultiValueSpecifier
Title	String	日记标题颜色
Key	String	diaryTitleColor
DefaultValue	String	black
▼ Titles	Array	(4 items)
Item 0	String	缺省颜色
Item 1	String	红色
Item 2	String	绿色
Item 3	String	蓝色
▼ Values	Array	(4 items)
Item 0	String	black
Item 1	String	red
Item 2	String	green
Item 3	String	blue

图 13-14　Item 3 节点的设置

图 13-15　设置日记标题颜色

　　在 Multi Value 类型的节点中，Titles 和 Values 这两个子节点是必须有的，而且一定是相互匹配的。这也就意味着，如果我们修改其中一个节点的值，则另一个节点就要考虑是否做出相应的改动。

Multi Value 还需要设置一个默认值，这个值必须是 Values 数组中的一个。

13.2.6　添加开关设置

接下来，我们将要添加一个布尔型设置选项的节点。

步骤 1　收缩并选中 Item 3 节点，按回车键创建 Item 4 节点。在匹配菜单中选择 Toggle Switch，然后将其展开。我们会看到该节点中 Type 为 PSToggleSwitchSpecifier，DefaultValue 为 NO。

步骤 2　将 Title 设置为启用登录验证，将 Key 设置为 authentication。

在该节点中有一个条目是必须设置的，那就是 DefaultValue。与多值字段设置一样，Xcode 已经创建了它，如果我们希望开关开启，则需要设置它为 YES，否则设置为 NO，如图 13-16 所示。另外，本小节主要关注如何建立开关设置，所以并不会涉及真正验证的程序代码。

▼ Item 4 (Toggle Switch - 启用登陆验	Diction...	(4 items)
Type	String	PSToggleSwitchSpecifier
Title	String	启用登陆验证
Key	String	authentication
DefaultValue	Boolean	NO

图 13-16　Item 4 的全部条目

13.2.7　添加滑块设置

这里我们需要完成一个滑块设置，并且要为滑块的两端各添加一张图片。对于滑块，我们是不能在偏好设置中为它添加标题说明的，所以在一般情况下，我们会将滑块放置在单独的组中，通过组的 Title 让用户知道这个滑块是做什么的。

步骤 1　创建 Item 5 节点，设置其类型为 Group。

步骤 2　展开 Item 5，设置 Type 为 PSGroupSpecifier，设置 Title 为日记标题字号。

步骤 3　创建 Item 6 节点，设置其键名为 Slider。

步骤 4　展开 Item 6，设置 Key 为 diaryTitleFontSize。这样，设置应用程序就知道使用这个键名作为变量名去存储日记标题的字号。

步骤 5　标题的字号可以设置为从 17 到 21，默认值是 20。因此我们需要设置 MinimumValue 的值为 17，MaximumValue 的值为 21，DefaultValue 的值为 20。

如果此时构建并运行应用程序，可以看到一个滑块供用户设置。虽然通过组设置我们可以知道它用于设置日记标题的字号，但问题是用户现在并不知道设置字号大小的范围是多少。要想解决这个问题，我们可以在滑块的两端各放置一张 21×21 像素的图片，通过图片来告诉用户两端的内容。

13.2.8　设置滑块图标

准备两张用于显示字号大小的图片：17.png 和 21.png。通过文件名我们可以知道图片显示的内容各是什么。然后将这两张图片拖曳到 Settings.bundle 之中。因为这些图片是提供给设置应用程序的，所以不能将其放在 MyDiary 项目中。只有放在 Settings.bundle 中的资源才可以被设置应用程序访问。

步骤 1 在 MyDiary 中找到 Settings.bundle，在 Settings.bundle 上面执行 Control-Click 调出关联菜单，然后选择 Show in Finder。

注意 虽然使用 Show in Finder 命令让 Settings.bundle 显示在 Finder 之中，但我们看到的并不是一个文件夹。出现在 Finder 中的只是一个名为 Settings.bundle 的文件。在这个文件上执行 Control-Click 调出关联菜单，选择显示包内容选项，就会看到设置绑定资源包中的所有文件。

步骤 2 将 17.png 和 21.png 复制到 Finder 的 Settings.bundle 资源包之中。

步骤 3 回到 Xcode，向 Item 6 中增加两行新的子节点：一个是 MinimumValueImage，其值为 17.png；另一个则是 MaximumValueImage，其值为 21.png，如图 13-17 所示。

▼ Item 6 (Slider)	Dictionary	(7 items)
Type	String	PSSliderSpecifier
Key	String	diaryTitleFontSize
DefaultValue	Number	20
MinimumValue	Number	17
MaximumValue	Number	21
MinimumValueImage	String	17.png
MaximumValueImage	String	21.png

图 13-17　Item 6 的全部条目

构建并运行应用程序。在设置应用程序中可以看到一个两端带有图片的滑块，通过图片我们可以知道日记标题字号的大小可以从 17 设置到 21，如图 13-18 所示。

图 13-18　两端带有图片的滑块设置

13.2.9　增加设置子视图

除了直接添加应用程序配置选项以外，我们还可以让设置应用程序显示一个设置子视图。这样，将会出现一个带有指示器的选项。当用户点击它的时候，会直接进入一个新的配置视图之中。

步骤 1　复制 Item 0 节点的内容到 Item 6 的下面，使其成为 Item 7。展开 Item 7，将 Title 的值设置为扩展信息。

步骤 2　收缩 Item 7，选中它以后按回车键增加 Item 8 节点，这个节点将用于显示子视图。

步骤 3　展开 Item 8，将 Type 的值设置为 PSChildPaneSpecifier，将 Title 的值设置为更多设置。

步骤 4　我们还需要向 Item 8 节点中增加一行新的子条目，这一行用于告诉设置应用程序载入"更多设置"视图的配置文件名称。将新增行的键名设置为 File，将其值设置为 MoreSettings，如图 13-19 所示。

▼ Item 8 (Child Pane – 更多设置)	Dictionary	(4 items)
Type	String	PSChildPaneSpecifier
Title	String	更多设置
Key	String	
File	String	MoreSettings

图 13-19　Item 8 的全部条目

在这一节的练习中，我们要将一个事先准备好的偏好设置文件添加到 Settings.bundle 之中，此文件就是 MoreSettings.plist。与设置滑块图标类似，我们不能直接在 Xcode 中向 bundle 中添加新的文件。当我们使用属性列表编辑器向绑定资源包中保存文件的时候，就会出现一个警告提示框。所以需要在其他位置创建一个属性列表文件（.plist 文件），然后使用 Finder 将其复制到 Settings.bundle 之中。

到目前为止，我们已经接触到所有的偏好设置配置选项，因此对于 MoreSettings. plist 文件，我们从本书提供的源文件中直接复制即可。使用前面的方法，通过 Finder 将 MoreSettings.plist 文件复制到 Settings.bundle 之中。

构建并运行应用程序。在 MyDiary 的设置中会出现一个更多设置的选项，点击进入以后可以看到日记作者的设置选项，如图 13-20 所示。

小技巧　我们可以通过使用一种简便的方式来创建偏好设置子视图：复制 Root.plist 文件并命名一个新的文件名，删除其中除第一行 PreferenceSpecifiers 以外的条目，然后添加自己需要的设置条目即可。

在测试运行的过程中，我们可以随意修改这些偏好设置选项，包括配置子视图中的选项，并且当我们退出模拟器再次进入偏好设置的时候，还可以看到上次设置的内容。

图 13-20　含有设置子视图的运行效果

小技巧　在 iOS 开发文档中，我们可以找到全部关于偏好设置的格式说明。访问下面的地址：http://developer.apple.com/library/ios/navigation/，然后在搜索文本框中输入 settings application 就可以看到，如图 13-21 所示。

图 13-21　在 iOS 开发文档中找到偏好设置的说明文档

需要说明的是，虽然我们将 17.png 和 21.png 两个图片文件复制到 MyDiary 项目的 Settings.bundle 之中，但是在项目中我们无法使用这两个图片文件，它们仅供系统的设置程序使用。这是因为，iOS 应用程序是不能读取应用程序沙箱之外的任何文件的，而设置绑定资源包并不属于应用程序沙箱的一部分，它们是设置应用程序沙箱的一部分。

13.3　在应用程序中读取偏好设置内容

到目前为止，我们已经解决了偏好设置的配置问题，但是如何在应用程序中获取这些数据呢？

我们可以通过 NSUserDefaults 类在应用程序中读取用户的配置选项。NSUserDefaults 是一个单例模式的类。这就意味着在应用程序运行的过程中，只有一个 NSUserDefaults 类的实例存在。要想访问这个实例，我们可以通过下面这样的方法：

```
NSUserDefaults *default = [NSUserDefaults standardUserDefaults];
```

在创建好 NSUserDefaults 类型的对象以后，我们就可以像使用 NSDictionary 一样来使用它。发送 objectForKey: 消息获取需要的值。这个值是一个 Objective-C 对象，比如 NSString、NSDate 或 NSNumber。如果想获取一个标量的值，比如整型、单精度或布尔型，就需要使用其他方法，如 intForKey:、floatForKey: 和 boolForKey:。

接下来，我们通过 NSUserDefaults 类设置日记列表的标题颜色。

步骤 1　在项目导航中选择 DiaryListViewController.h 文件，添加 UIColor 类型的成员变量 diaryTitleColor。

```
#import <UIKit/UIKit.h>
#import "DetailDiaryViewController.h"
#import "CreateDiaryViewController.h"

@interface DiaryListViewController : UITableViewController
                        <UITableViewDataSource, UITableViewDelegate,
                        CreateDiaryViewControllerDelegate>

@property (nonatomic, strong) NSMutableArray  *diaries;
@property (nonatomic, strong) UIColor *diaryTitleColor;
@end
```

步骤 2　在 DiaryListViewController.m 文件中，添加 diaryTitleColorFromPreferenceSpecifiers 方法。

```
-(UIColor *)diaryTitleColorFromPreferenceSpecifiers
{
    // 获取应用程序配置选项的实例
    NSUserDefaults *defaults = [NSUserDefaults standardUserDefaults];

    // 根据 diaryTitleColor 的值设置表格中日记标题的颜色
```

```
    if ([[defaults objectForKey:@"diaryTitleColor"]
        isEqualToString:@"black"]) {
        return [UIColor blackColor];
    }else if([[defaults objectForKey:@"diaryTitleColor"]
            isEqualToString:@"red"]){
        return [UIColor redColor];
    }else if([[defaults objectForKey:@"diaryTitleColor"]
            isEqualToString:@"green"]){
        return [UIColor greenColor];
    }else if([[defaults objectForKey:@"diaryTitleColor"]
            isEqualToString:@"blue"]){
        return [UIColor blueColor];
    }else{
        return [UIColor blackColor];
    }
}
```

步骤 3　修改 viewWillAppear: 方法，如下面这样：

```
-(void)viewWillAppear:(BOOL)animated
{
    // 从 DiaryStore 中获取存储的数据
    self.diaries = (NSMutableArray *)[[DiaryStore defaultStore] diaries];

    self.diaryTitleColor = [self diaryTitleColorFromPreferenceSpecifiers];

    NSLog(@"日记标题的颜色为 %@。",self.diaryTitleColor);

    [super viewWillAppear:animated];
}
```

在 diaryTitleColorFromPreferenceSpecifiers 方法中，我们首先获取 NSUserDefaults 的实例，然后通过该实例获取需要的偏好设置。因为获取的值是 NSString 类型的，所以我们要使用 objectForKey: 方法。该方法的参数是一个 NSString 类型的对象，该对象需要与属性列表中键名为 Key 的值相对应。在当前这个练习中，Root.plist 中 Item 3 节点用于设置日记标题颜色。在 Item 3 节点中键名为 Key 的值是 diaryTitleColor，在应用程序中我们就必须使用 diaryTitleColor 来获取用户偏好设置的值。

在获取到偏好设置以后，程序代码使用 if...else 语句将标题颜色值传递给成员变量 diaryTitleColor。

构建并运行应用程序。当进入 DiaryListViewController 控制器视图的时候，调试控制台就会显示当前用户设置的日记标题颜色的值，如 black、red、green 或 blue。

步骤 4　修改 DiaryListViewController.m 中的 tableView:cellForRowAtIndexPath: 方法。

```
- (UITableViewCell *)tableView:(UITableView *)tableView
                    cellForRowAtIndexPath:(NSIndexPath *)indexPath
{
    ......
```

```
// 获取与指定单元格相对应的日记数组中的条目
Diary *diary = [diaryArray objectAtIndex:indexPath.row];

// 设置新闻条目的标题
cell.textLabel.text = [diary title];
cell.textLabel.textColor = self.diaryTitleColor;

// 设置新闻条目的副标题，这里显示的是新闻创建的日期和时间
cell.detailTextLabel.text = [[diary dateCreate] description];

return cell;
}
```

再次构建并运行应用程序。首先退出 MyDiary 应用程序。还要在 Dock 中将该应用程序销毁。然后进入设置应用程序中修改日记标题为自己喜欢的颜色。最后回到日记列表视图的时候，会发现标题颜色已经改变，如图 13-22 所示。

图 13-22　通过偏好设置修改日记标题颜色

对于 MyDiary 的其他偏好设置，我们可以通过同样的方法获得，然后在应用程序中添加相应的代码进行设置。

第 14 章

iOS 应用程序架构介绍

本章内容

在前面的实践练习中，我们构建了一个简单的 MyDiary 应用程序。通过这个程序，我们实现了日记浏览、创建新的日记、为日记添加照片和音频信息，以及物理定位等功能。从本章开始，我们将会了解 iOS 应用程序开发中更深层次的内容。

14.1　Objective-C 和 Cocoa Touch

苹果将 iOS 设备的技术层面划分为 4 层。位于最下面的是 Core OS 层，其上是 Core Services 层，再上面是 Media 层，最上面的是 Cocoa Touch 层，如图 14-1 所示。

我们还可以将 iOS 操作系统（iPhone Operating System）进一步简化，将其分成 C 语言层和 Objective-C Cocoa 层，如图 14-2 所示。

Core OS 和 Core Services 是通过 C 语言函数来维护的，比如低级别的文件 I/O、网络套接字、SQLite 等。

图 14-1　iOS 设备的技术层

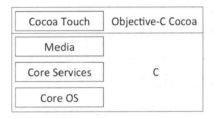

图 14-2　iOS 设备的程序语言层

Media 层也属于低级别，它提供了 C 语言的应用程序编程接口（Application Programming Interfaces，APIs），如 OpenGL ES、Quartz 和 Core Audio。

Cocoa Touch 层在 C 语言层面之上，它简化了 iOS 程序代码的开发。例如，通过前面的实践练习，我们已经非常习惯使用 Foundation 框架中的 NSString 类处理字符串，而很少使用 C 语言中的 String 类型来维护字符串。

14.1.1　Cocoa Touch 层

在 iOS 设备上，Cocoa 被称作 Cocoa Touch。它并不是被简化的 Cocoa，而是在这个层面中包含了触摸事件。如果在设备屏幕上触发了点击、长按、轻滑或缩放事件，iOS 就会通知应用程序发生了哪些触摸事件，从而使开发者可以编写程序代码来响应这些事件。

Cocoa Touch 还提供了在开发过程中所用到的关键类库（也叫做框架）。其中有两个框架是每个应用程序都会用到的，一个是 Foundation 框架，另一个是 UIKit 框架。框架是可以完成一类任务的相关类的集合，它可以使任务得到很大的简化。Foundation 框架是最基础的框架，包括像集合、字符串及文件的输入输出等功能。UIKit 框架与 iOS 设备的界面相关，主要包括 UIView 类。

14.1.2 Foundation 框架

Foundation 框架通过 Objective-C 封装了低级别的核心功能。举个例子，在 iOS 开发的过程中，我们很少会使用低级别的 C 语言去进行文件的读写操作，而是使用 Foundation 提供的 NSFileManager 类来完成相关工作。Foundation 框架可以让我们的程序使用集合（collections）、日期和时间（date & time）、二进制数据（binary data）、URLs、线程（threads）、套接字（sockets）和其他一些被封装的低级别 C 语言的高级 Objective-C 类。因为 Foundation 框架有这些功能，所以我们一定要深入理解和掌握它，这样才能编写出代码稳定、安全、强壮的 iOS 应用程序。

提示 如果以前使用过 Java 进行编程，就会发现 iOS 的编程环境与它很相似。Foundation 框架相当于 Java 的 core classes，比如 ArrayList、String、Thread 和其他的一些 Java 标准类。另外，Cocoa Touch 中的 UIKit 相当于 Java 的 Swing。

14.1.3 iOS 中的各种框架

表 14-1 列出了 iOS 开发中经常用到的框架。通过这个表格，希望大家能够清楚每个框架的基本用途，从而快速完成应用程序的开发。

表 14-1 iOS 中常用的框架列表

框　　架	功　　能
Accelerate	数学矩阵运算和图像处理相关
AddressBook	访问用户的通讯录
AddressBookUI	显示地址簿
AssetsLibrary	访问用户的照片和视频
AudioToolBox	音频数据流，用于播放和录制音频
AVFoundation	为音频的录制和回放提供的 Objective-C 的接口
CFNetwork	Wi-Fi 和蜂窝的网络
CoreAudio	核心音频类
CoreData	通过面向对象的方式进行数据存储
CoreFoundation	与 Foundation 框架相似，但属于低级别抽象类
CoreGraphics	通过一个二维图形绘制引擎 Quartz 2D API 来实现基本路径的绘制、透明度、描影、绘制阴影、透明层、颜色管理、反锯齿、PDF 文档生成和 PDF 元数据访问。它还可以借助图形硬件的功能
CoreLocation	实现定位和 GPS
CoreMedia	通过低级别的 C 接口管理 iOS 应用程序的音视频媒体
CoreMotion	实现重力加速器和三维陀螺仪的功能

（续）

框　架	功　能
CoreTelephony	电话的相关功能
CoreText	高级的文本内容的布局和绘制
CoreVideo	数码视频
EventKit	访问用户的日历
EventKitUI	显示标准的用户日历
Foundation	Cocoa 的基础框架
GameKit	创建社交游戏
iAd	显示广告
ImageIO	图像数据的输入输出
MapKit	应用程序中内嵌地图和经纬度坐标
MediaPlayer	媒体回放
MessageUI	电子邮件和短信相关
OpenGLES	内置的 OpenGL 功能（2D 或 3D 图像的绘制）
QuartzCore	动画相关
QuickLook	快速预览文件
StoreKit	应用程序内购买相关
SystemConfiguration	网络配置
UIKit	负责 iOS 用户的界面

14.2　iPhone 应用程序的架构

　　使用模板创建的 iOS 应用程序或多或少都会包含一些源文件。最简单的项目源代码也会包含如图 14-3 所示的内容：一个 main.m 文件，一个 Application Delegate 类和一个视图控制器类。

　　上面提到的这些文件，我们在之前的实践练习中接触过。下面简单介绍 .h 和 .m 这两个文件类型。

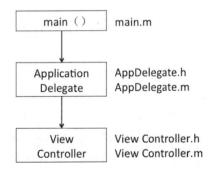

图 14-3　最简单的 iOS 应用程序包含的文件

- iOS 类的源文件使用了与 C 语言风格相同的 .h 作为其头文件的扩展名。头文件包括类、常量和协议的声明。.h 通常与类的执行文件成对出现。
- 执行文件使用 .m 作为其扩展名，而不是 C 语言中常用的 .c。执行文件中包含

Objective-C 的方法代码和 C 语言的函数。

接下来，我们在项目导航中选择 Supporting Files 组中的 main.m 文件，看看它都做了什么。

14.2.1　main.m 文件

与 C 语言相同，Objective-C 语言也是从 main() 函数开始运行的。当我们构建 MyDiary 项目的时候，应用程序模板已经为我们创建了 main.m 文件，其中还包含 main() 函数。main.m 文件主要完成两件工作：首先是为应用程序创建一个基本的自动释放池；其次，main() 函数还会调用应用程序的事件循环。MyDiary 项目中的 main.m 文件是下面这样的。

```
#import <UIKit/UIKit.h>

#import "AppDelegate.h"

int main(int argc, char *argv[])
{
    @autoreleasepool {
        return UIApplicationMain(argc, argv, nil,
                                 NSStringFromClass([AppDelegate class]));
    }
}
```

注意　main() 函数有两个参数：argc 和 argv，它们是命令行参数。因为 iOS 应用程序不会以命令行的方式启动，所以在这里它们是没用的。保留它们只是为了符合标准的 ANSI C 习惯。

14.2.2　自动释放池

自动释放池（Autorelease Pools）是一个支持 iOS 内存管理系统的对象。内存管理系统是基于引用计数器的。凡是被分配了内存空间的 Objective-C 类型的对象，都会有一个引用计数器，用于记录有多少个对象拥有它。自动释放池会在每次应用程序的事件循环周期结束的时候执行 release 消息，释放对池中变量的拥有权。不管我们使用的是 ARC 还是 MRR 编译器，都存在这个自动释放池。

在使用模板创建应用程序项目的时候，会询问我们是否使用 Automatic Reference Counting（ARC），如图 14-4 所示。

Automatic Reference Counting 是 iOS 5 中新增加的功能。ARC 是 LLVM 3.0（最新版本为 4.0）编译器的特性，它完全消除了手工内存管理的麻烦。在项目中使用 ARC 非常简单，除了不再调用 retain、release 和 autorelease 方法外，所有的程序代码都与以前一样。在启用 ARC 以后，LLVM 编译器会在编译的过程中，在代码文件适当的地方插入相应的

retain、release 和 autorelease 语句。

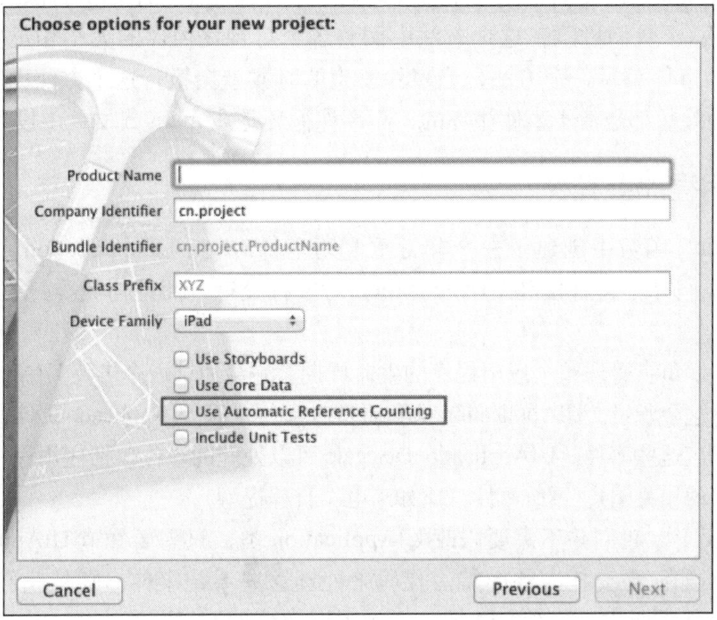

图 14-4　创建应用程序项目时是否使用 ARC

注意　ARC 是编译器新增加的特性，而不是 iOS 运行时的特性。它不同于其他语言中的垃圾回收机制——在运行过程中实时处理不再使用变量的内存空间。在 iOS 开发中，不管是 ARC 还是 MRR 的内存管理，都需要代码干预管理内存，只不过 ARC 通过编译器添加代码来管理内存，MRR 通过程序员手动添加代码来管理内存。

另外，如果应用程序使用了多线程技术，我们还需要为其他线程提供该线程自己的自动释放池。

14.2.3　UIApplicationMain() 函数

UIApplicationMain() 函数会创建一个应用程序对象（UIApplication 类型）。除此以外，它还会创建相应的委托对象（Delegate）。应用程序委托对象（就是项目中的 AppDelegate 类）负责处理应用程序在状态发生变化时，调用相应的协议方法。

UIApplicationMain() 函数中的第三和第四个参数用于指定应用程序类的名称和其委托类的名称。如果第三个参数为空（设置为 nil），则代表应用程序使用标准 UIApplication 类。

UIApplicationMain() 函数也负责建立应用程序的事件循环。事件循环会不断重复接收用户的交互操作，比如屏幕上的触摸或重力加速器、三维陀螺仪的操作。这些交互事件被捕获到 iOS 系统的事件队列之中，以备应用程序进行相应的处理。

在事件循环中，我们需要设计各种回调方法。所谓回调方法，就是为应用程序应该负责的事件指定执行的方法，在 Objective-C 语言中就相当于方法的调用。举一个例子，当 iOS 设备从横向变成纵向的时候会产生一个事件，这个事件会产生一个回调方法（在 Objective-C 中就是委托方法），我们可以在这个方法中调整各个可视化控件的大小和位置。如果需要，我们就针对这个事件编写一个方法，当事件发生的时候就会执行这个方法中的代码。因此，这种程序代码的编写都是基于事件循环的，而事件循环是在 main.m 文件中设置的。

14.2.4　应用程序委托

虽然在 main() 函数中创建了一个非常重要的全局对象：UIApplication，但是在实际的编程过程中，我们并不会直接和 UIApplication 对象打交道，而是与其委托类（AppDelegate 类）打交道。

UIApplication 负责管理整个应用程序的生命周期，它会通过一个名为 UIApplicationDelegate 的委托类来履行这个职责。UIApplication 会负责接收事件，而 UIApplicationDelegate 则会指定应用程序如何去响应这些事件。UIApplicationDelegate 可以处理的事件包括应用程序的生命周期事件（比如程序启动和关闭）、系统事件（比如来电、日程提醒）。

在一般情况下，我们并不需要修改 UIApplication 类，只需要知道 UIApplication 接收系统事件即可，而如何在委托方法中编写代码来处理这些系统事件，则是我们需要完成的工作。处理系统事件需要完成符合 UIApplicationDelegate 协议的方法。

在通过模板创建的应用程序中，Xcode 会为我们自动创建符合 UIApplicationDelegate 协议的类。但是，它不会自动实现任何符合 UIApplicationDelegate 协议的事件处理代码。比如在 MyDiary 中，我们可以看到符合 UIApplicationDelegate 协议的 AppDelegate 类。AppDelegate.m 中定义了下面这些协议方法。

❑ application:didFinishLaunchingWithOptions: 方法。这个方法是在应用程序类（UIApplication）实例化以后第一个被触发的协议方法。在这个方法中，应用程序首先会创建一个 UIWindow 类型的窗口对象，然后在这个窗口对象中设置需要显示的控制器的视图。如果应用程序通过 URL 运行，application:openURL:sourceApplication:annotation: 或 application:handleOpenURL: 方法将会被执行。

```
- (BOOL)application:(UIApplication *)application
                didFinishLaunchingWithOptions:(NSDictionary *)launchOptions
{
    self.window = [[[UIWindow alloc] initWithFrame:[[UIScreen mainScreen]
bounds]] autorelease];

    self.window.backgroundColor = [UIColor whiteColor];
    [self.window makeKeyAndVisible];
    return YES;
}
```

注意　如果我们在创建应用程序项目的时候选择使用 Storyboard，在 application:didFinish LaunchingWithOptions: 方法中则不会有上面出现的代码，故事板会帮我们处理相关的操作。

在使用故事板的情况下，AppDelegate.m 文件的 application:didFinishLaunchingWithOptions:
方法中的代码如下：

```
- (BOOL)application:(UIApplication *)application
             didFinishLaunchingWithOptions:(NSDictionary *)launchOptions
{
    return YES;
}
```

❑ applicationWillResignActive: 和 applicationDidBecomeActive: 方法。当应用程序将要从
运行状态变为非活动状态的时候，会执行 applicationWillResignActive: 协议方法。在
应用程序由非活动状态变为运行状态后，会执行 applicationDidBecomeActive: 协议方
法。我们会在这两个方法中设置需要改变的用户界面。当有电话打来、收到短信或日
历提醒的时候，applicationWillResignActive: 方法被激活，我们需要暂停任务，禁止
timer 等。

❑ applicationWillEnterBackground: 和 applicationWillEnterForeground: 方法。当用户使用
Home 键将应用程序放置后台或从 Dock 中回到前台的时候，会执行这两个方法。在
一般情况下，我们在这两个方法中执行保存和读取设置及数据，关闭文件等操作。

❑ applicationDidReceiveMemoryWarning: 方法。当设备的可用内存不足时，就会调用该
协议方法，在视图控制器中也有同样的方法。如果应用程序不能释放足够的内存空
间，系统可能就会终止这个应用程序的运行并返回 iPhone 的主屏幕。

除此以外，AppDelegate 类还负责管理状态栏的变化，响应系统的通知（包括远程和本
地的通知）。

当应用程序启动载入窗口对象以后，AppDelegate 就会退居二线。UIViewController 类的
实例就此登上舞台并完成自己的工作。一直到应用程序结束或发生内存问题，AppDelegate
都不会再有什么作为了。

注意　虽然应用程序委托方法是在应用程序进入后台或重新变成运行状态等情况下被调用
的，但是，我们还是可以在其他类中使用 [[UIApplication sharedApplication] delegate] 语句获
取 AppDelegate 对象的引用。

14.2.5　视图控制器

在 iOS 程序开发中，视图控制器（View Controller）是应用程序运行的核心部分，这一
点我们在前面的实践练习中就深刻体会到了。下面介绍几个在控制器类中管理视图的方法。

❑ loadView 和 viewDidLoad 方法。通过 loadView 方法创建视图，通过 viewDidLoad 方
法自定义视图。loadView 方法允许我们在不使用 Interface Builder 的情况下，设置屏
幕及布局子视图。在该方法中一定要先执行 [super loadView] 语句以确保载入父类视
图，再设置本类中的视图。在创建完视图并载入内存以后，还可以通过 viewDidLoad

方法进一步设置子视图。

❑ shouldAutorotateToInterfaceOrientation: 方法。该方法用于决定视图控制器所允许的设备旋转方向（横向或纵向）。

❑ viewWillAppear: 和 viewDidAppear: 方法。当控制器的视图准备出现在屏幕或已经出现在屏幕上的时候，会执行这两个方法。通常，在 UINavigationController 中进行不同控制器切换的时候会用到这两个方法。viewWillAppear: 方法用于更新视图信息；viewDidAppear: 方法用于执行一些行为，比如运行动画效果等。

说明 只有 UIView 对象可以直接接收触摸事件，因为它们都继承于 UIResponder 类，而 UIViewController 是不行的。在第 19 章中我们将学习如何管理触摸操作和手势识别。

14.3 iOS 应用程序的组成

编译后的 iOS 项目会形成一个应用程序包，这个应用程序包其实是一个扩展名为 .app 的文件夹。这个文件夹中包含编译后的可执行文件，各种需要的媒体文件，以及一些描述应用程序的配置文件。

14.3.1 应用程序文件夹的结构

iOS 应用程序包的结构非常简单。在默认情况下，所有的素材都会放在文件夹中的根目录下。当然，在为项目创建新文件的时候，也可以在根目录中创建相应的子文件夹来放置它们。

iOS 中有一个 NSBundle 类。这个类提供了访问应用程序包中文件的方法。通过它可以载入根目录及自定义的子文件夹中的任何音频、视频和数据文件。

14.3.2 可执行文件

应用程序可执行文件位于应用程序包的根目录下。它具有可执行的属性，并且在编译的过程中还加入了数字签名。通过数字签名可以使应用程序在真机上进行测试或将应用程序发布到 App Store 上面，没有相应的数字签名就做不到这些。

14.3.3 Info.plist 文件

在前面的学习中我们已接触过 Info.plist 文件，它是应用程序包中最重要的一个文件。Info.plist 文件是使用 XML 描述的一个属性列表，这个属性列表使用键 / 值配对方式呈现。该文件中指明了应用程序的可执行文件名称（Executable File）、应用程序的图标（Icon Files）和应用程序的唯一标识（Bundle Identifier）。应用程序的唯一标识使用的是反向域名格式，比如 cn.project.MyDiary。

14.3.4　程序图标和启动画面

程序图标和启动画面是两个关键的图像文件。程序图标会呈现在 iOS 设备的主屏幕上面。启动画面的图像文件一般被命名为 Default.png。在 Xcode 4 中，我们可以在项目的 Targets → Summary 中直接进行启动画面的设置。

苹果推荐启动画面（Default.png）要与应用程序的背景相匹配，也就是使用与应用程序启动后界面的截图作为启动画面。很多开发者使用自己的 Logo 或是"欢迎"、"你好"等信息作为启动画面。笔者认为这样不合适，原因就是启动画面显示的时间非常短，画面很可能在用户还没有看清楚的时候就消失了，用户体验非常不好。苹果的参考资料《人机交互指南》中也指出，在启动画面中尽量不要出现广告或执行延时代码。

对于 iPad 项目，最多需要 6 个独立的启动画面。除了 Default.png 文件以外，还有 Default-Landscape.png（设备横向），Default-Portrait.png（设备纵向），Default-PortraitUpsideDown.png（设备纵向，Home 键在下方），Default-LandscapeLeft.png（设备横向，Home 键在左方）和 Default-LandscapeRight.png（设备横向，Home 键在右方）。每个图像都具有一定的优先级别，Default-LandscapeLeft.png 优先于 Default-Landscape.png 显示，Default-Landscape.png 优先于 Default.png 显示。

iPhone、iPod 的 Default.png 画面分辨率为 320×480，3.5 英寸 Retina 屏幕分辨率为 640×960，4 英寸 Retina 屏幕分辨率为 $640 \times 1\,136$。而 iPad 启动画面必须要留出状态栏的空间，所以它的启动画面分辨率为横向 $1\,024 \times 748$，纵向 $768 \times 1\,004$。

iOS 项目的应用程序图标分辨率为 57×57，Retina 屏幕分辨率为 114×114，而 iPad 设备则为 72×72。

除此以外，在项目中可能还需要 29×29 像素的图像 Icon-settings.png，这个图像用于在设置应用程序中所显示的图标。如果我们不希望应用程序在设置应用程序中出现，则不用设置该图像。如果用到设置功能但没有提供该图像，使用应用程序图标来显示。

14.3.5　XIB 文件

Interface Builder 可以创建 XIB 类型的文件。XIB 类型的文件是使用 XML 格式表示的用户界面。如果愿意，可以使用任何熟悉的文本编辑器查看其中的内容。在一般情况下，应用程序中或多或少都包含一些 XIB 文件，它们可能是控制器的视图、自定义的单元格或弹出的对话框等。

当我们创建一个应用程序的时候，Xcode 编译器会将 XIB 文件编译成 NIB，并且会将 NIB 文件直接放在应用程序包的根目录之中，以便于应用程序直接将其载入 iOS 设备的屏幕上。

在之前的 MyDiary 项目中，我们使用故事板创建用户界面。这样的好处是可以在一个文件中看到整个应用程序的控制器之间的联系。

14.3.6　IPA 文档

当用户购买了应用程序时，就会从 iTunes 下载扩展名为 .ipa 的文件。它实际上就是 ZIPPED

文档。我们可以在 iTunes Library 文件夹中找到这些 IPA 文件。有兴趣的读者可以将 .ipa 扩展名改为 .zip，这样就可以将其解压并查看其中的资源。

每一个应用程序在下载的时候都被定制化了，以确保它只能够安装和运行在经过认证的 iTunes 账号的设备上面。这样可以防止用户在互联网上面随意共享应用程序 ⊖。

14.4　平台的限制

在第 2 章中已经向大家介绍了 iOS 模拟器的一些限制。但是从 iOS 设备的整体表现来说，还是有很多限制，比如电池、运算能力等方面，因为移动平台在今后一段时期内还是不能达到桌面平台的水平。

1．存储限制

编译后的应用程序最大为 2 GB，否则不允许上架到 App Store 上面。笔者在 App Store 上所购买的应用程序，其中容量最大的一个是 Art Expert HD，有 1.69 GB（幸好它很少更新，否则每一次更新都会经历很长的等待时间）。实际上，大部分的使用者都不希望应用程序超过 20 MB。这意味着 20 MB 是一个非常重要的设计原则，它可以满足用户的购买冲动，随时随地通过 Wi-Fi 和蜂窝进行购买和下载，保证不流失潜在的用户群。

2．数据访问限制

通过前面的学习我们都知道，每个 iOS 应用程序都是一个沙箱，并且被存储在权限要求严格的文件系统中，同时，也不能直接访问其他应用程序，包括数据和文件夹。

虽然本地数据访问有限制，但是，应用程序还是可以通过网络来获取外界数据的，比如通过 iCloud 获取自己的文档或者通过 WebService 获取外部数据信息。

3．内存限制

在 iOS 中，内存管理是一个饱受争议的部分。苹果不允许在 iOS 中使用基于磁盘交换的虚拟内存。当发生内存溢出时，iOS 会关闭应用程序，这会给使用者带来很差的用户体验，同时也是我们不希望看到的。没有交换文件，我们就必须非常小心地管理和使用内存，防止它发生过早销毁和内存溢出的情况，最终导致应用程序的崩溃。

同时，我们还要谨慎使用各种资源，分辨率太高的图片或音视频文件都会导致很大的内存消耗。

4．交互限制

iPhone 和 iPod 抛弃了传统的物理输入设备（键盘），将所有的交互操作都交给了一个 3.5 英寸或 4 英寸大小的屏幕。尽管如此，我们还是可以通过它进行灵活的交互操作。使用多点触摸功能和集成的各种感应器，我们可以构建非常有意思的用户交互体验。

⊖　本书不涉及有关"越狱"的问题。

注意　从 iPhone 3GS 开始，iOS 支持扩展键盘。我们可以通过蓝牙键盘或 USB 键盘在 iOS 设备上面进行输入。要使用 USB 键盘，我们还需要购买一套摄像头连接配件（Camera Connection Kit），但这并没有获得苹果的官方支持。

iPhone 的屏幕最多可以支持 5 个手指的同时触摸，其实在应用程序中最常用的还是一个或两个手指的触摸交互。iPad 最多可以支持 10 个手指的同时触摸，因为它的屏幕比 iPhone 要大很多。比如非常经典的切水果游戏，在多人游戏模式中，iPad 屏幕可以响应多人多手指的触摸交互。

在设计应用程序的时候，我们要遵循"容易点击"的原则。这与桌面电脑的设计有所区别，因为 iOS 的应用程序都是单一窗口的，而不像桌面电脑系统具有多窗口特性。

第 15 章

应用程序的调试

本章内容

这一章会详细介绍 iOS 帮助文档，以及应用程序调试器的使用方法。再好的书籍也不如苹果自身的帮助文档所提供的资料充分，所以经常有意识地使用帮助文档，对我们的应用程序开发是非常有帮助的。之前接触过程序开发的读者肯定清楚地知道调试器的重要性。Xcode 这个集成开发环境当然会集成代码调试器功能，本章对此也会详细介绍。

15.1　iOS 帮助文档

在一般情况下，我们将安装到 Xcode 中的所有帮助说明文档统称为文档集（Documentation Sets 或 Doc Sets、Libraries）。对于文档集，我们不只是简单地将其安装到 Xcode 之中，同时还需要订阅它们。这样，当苹果发布更新文档（iOS 发行新版本或者当前版本增加了更新文档）的时候，我们的 Xcode 就会自动升级到最新的开发文档版本。

在初次安装 Xcode（4.1 及其以后版本）后，文档集中的大部分内容并没有安装到开发者使用的机器上面，需要开发者去下载相应的文档。打开 Xcode 的偏好设置或使用 Command+，（逗号）快捷键，然后找到 Downloads 中的 Documentation 标签，针对自己需要的 iOS Library 版本点击右侧的 Install 按钮进行下载。如果想要保证各 Library 始终为最新版本，可以选中 "Check for and install updates automatically"，如图 15-1 所示。

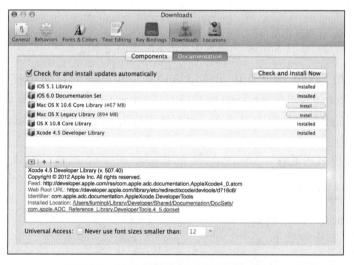

图 15-1　在偏好设置中下载需要的 Library

说明　在 Xcode 4.1 版本以前，当我们从苹果官网上下载 Xcode SDK 的时候，软件大小一般是 3 GB 以上。但是，从 Xcode 4.2 开始，SDK 的大小变为 1.4 GB 左右。其实，缩减的部分就包括开发文档。随着 iOS 发行版本的不断更新，SDK 中可能会包含很多开发者不需要的某些开发文档版本，这就会造成一定的浪费（磁盘空间和下载时间）。因此，苹果索性只提供基本 SDK 的下载，相应的开发文档等开发者安装好 Xcode 以后进行有选择的下载。

虽然 Documentation 中有众多类型的 Library 版本可供下载，但是 iOS 6.0、iOS 5.1 和 Xcode 4.5 Developer Library 这三个文档在开发过程中是不可或缺的。在第一次安装这些开发文档的时候，Xcode 还会要求开发者输入用户的系统账号和密码。

15.1.1　快速安装帮助文档

一个不争的事实就是，如果我们在国内通过 Xcode 下载这些文档集，其下载速度可能会令人抓狂。所以，接下来向大家介绍一种方便、快捷的方法快速完成 Xcode 文档集的安装。

步骤 1　在 Documentation 中选择需要安装的帮助文档，然后从其下面的细节介绍中找到 Feed 的内容。其格式类似于：http://developer.apple.com/rss/com.apple.adc.documentation. AppleiPhoneX.X.atom，如图 15-2 所示。

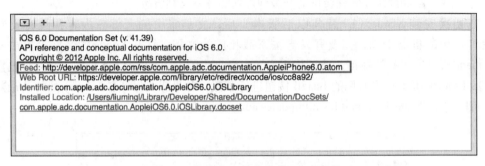

图 15-2　各版本文档集中的 Feed 字段

步骤 2　使用 Firefox 浏览器访问该链接地址，从打开的页面中找到类似于 https:// devimages.apple.com.edgekey.net/docsets/20120919/com.apple.adc.documentation.AppleiOSX. X.iOSLibrary.xar 的链接，如图 15-3 所示，然后使用专用下载器下载这个 .xar 类型的文件。

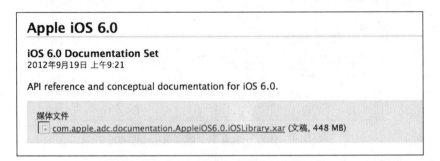

图 15-3　在 Firefox 中打开的 Feed 链接页面

如果使用的是 Chrome 浏览器，它会打开一个 XML 格式的文档，我们可以从中找到含有 .xar 的链接，然后下载该文档。

步骤 3　从应用程序文件夹中选择 Xcode.app，执行 Control-Click 打开关联菜单，从中选择"显示包内容"。

步骤 4　打开包中的 Contents → Developer → Documentation → DocSets 文件夹，然后将下载好的 .xar 文件复制到其中。

步骤 5　在终端中使用下面的命令将文件解压，解压后的文件类型为 .docset。

sudo xar -xf 下载的文件名 .xar

成功完成解压以后，为了节省磁盘空间，我们可以将原有的 .xar 文件删除。

步骤 6　最后修改 .docset 文件的权限，命令格式如下：

sudo chown -R -P devdocs 解压后的文件名 .docset

当我们再次打开 Documentation 的时候，会发现需要的帮助文档已经安装完成。

15.1.2　帮助文档的窗口

在安装好所需版本的帮助文档以后，就可以在 Xcode 中访问和使用它了。选择菜单中的 Help → Documentation and API Reference（Command+Option+Shift+？快捷键），打开 Xcode Organizer 中的文档（Documentation）。其实，在 Organizer 中除了文档浏览器以外，还包括 Devices、Repositories、Projects 和 Archives，它们每一个都扮演着非常重要的角色，如图 15-4 所示。

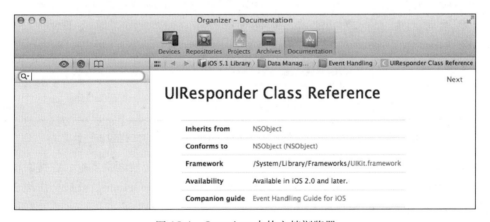

图 15-4　Organizer 中的文档浏览器

现在我们将注意力集中到 Documentation 窗口上面。可以把 Documentation 窗口看作一个符合特殊需要的，并且被简化了的 Web 浏览器，因为这些开发文档实际上就是由一个个网页组成的。其实，通过苹果的开发站点 http://developer.apple.com 同样可以访问这些帮助页面。另外，在 Documentation 窗口中执行 Control-Click 打开帮助文档中的链接，然后在弹出菜单中选择 Open Link in Browser，就可以在浏览器中查看帮助文档了。我们还可以注意到，在弹出菜单中还有一些其他相关选项，如 Open Link 和 Copy Link。当我们在开发过程中需要打开多个帮助文档的时候，可以使用 Copy Link 复制需要的页面链接，然后在浏览器中打开相应的链接页面，从而有效帮助我们进行程序开发。

每一个文档集都有一个主页，在 Documentation 中，它会显示一个按时间排序的文档列

表，我们还可以利用关键字进行过滤。像 iOS Library 这样的主页，其左侧还会包含一个分类
列表，帮助我们快速找到需要的内容。

在找到需要的帮助页面以后，还可以使用书签功能将其记录下来，方便以后
查阅。选择 Editor → Add Bookmark 后，帮助页面被加入书签中，通过书签导航
（Editor → Documentation Bookmarks），我们可以方便快速地看到之前保存的所有书签。在书
签导航中，我们还可以重新排列这些书签并删除不再需要的书签。

在 Documentation 界面中，左侧列表框的上方会有 3 个按钮，从左向右依次为眼
睛、放大镜和翻开的书。眼睛代表浏览开发文档，通过它我们能够查阅相关的文档资料。
Documentation 中所列出的 Library 版本和偏好设置中已经下载完成的文档是一致的，如
图 15-5 所示。通过放大镜按钮，我们可以快速搜索当前选择的文档集中与搜索文字相匹配的
条目内容。翻开的书相当于书签，我们可以用它保存一些文档的链接。

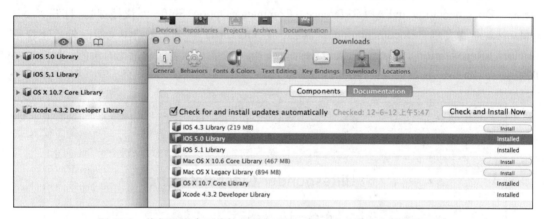

图 15-5　偏好设置中下载的文档与 Documentation 中的文档列表一致

当我们使用放大镜进行搜索的时候，按钮的下方会出现一个搜索文本框，在搜索框左侧
还会出现一个小放大镜，点击它并从弹出菜单中选择 Show Find Options。此时会出现 3 个可
选列表：Match Type、Doc Sets 和 Languages。

❑ Match Type：我们可以选择 Contains（包含）、Prefix（前缀）和 Exact（精准）三种匹
配类型。这三种类型决定了我们以怎样的方式去输入检索字符，如检索字符位于查找
单词的中间、位于单词的开头或精准查找单词。如果我们输入的检索字符是一个类的
开始几个字符"NSStr"，则可以使用 Prefix 进行查找。

❑ Doc Sets：用于设置我们感兴趣或关注的文档集。如果要从事 iOS 开发，就不需要选
中 Mac OS X Library 的文档集。

❑ Languages：用于设置我们关注的语言，一般来说，会包含 Objective-C 和 C 两种
语言。

我们在编辑器中选中某个类的名称，然后在菜单中选择 Help → Quick Help for Selected
Item（或者使用 Option+Click 快捷键），就会显示该类的简要介绍，如图 15-6 所示。如果在

菜单中选择 Help → Search Documentation for Selected Text，则会调出 Documentation 窗口，刚才选择的类名会出现在搜索框中，搜索结果也会显示在列表框中。

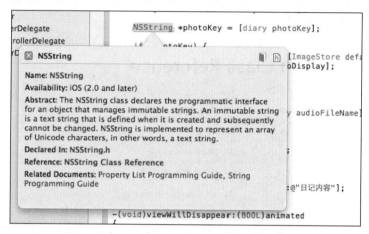

图 15-6　Xcode 中的 Quick Help for Selected Item

在 Documentation 的搜索框中输入 uibutton 以后，与 uibutton 相匹配的所有 API 会以列表的方式呈现在下方的列表框中。搜索列表中的第一组为 Reference，其中显示了所有选中的 iOS Library 版本的查询结果。如果我们点击其中的某一条结果，右侧将呈现 UIButton 类的说明，包括所有的类方法、属性和实例方法的详细介绍，如图 15-7 所示。

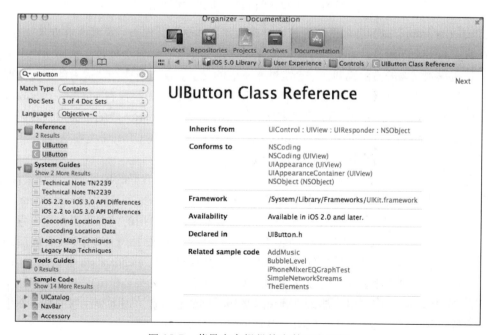

图 15-7　苹果官方提供的完整开发文档

15.1.3 类的文档页面介绍

类的文档页面可以说是开发文档集中最重要的部分。在 Documentation 窗口中搜索 UIButton 类，可以看到如图 15-8 所示的内容。

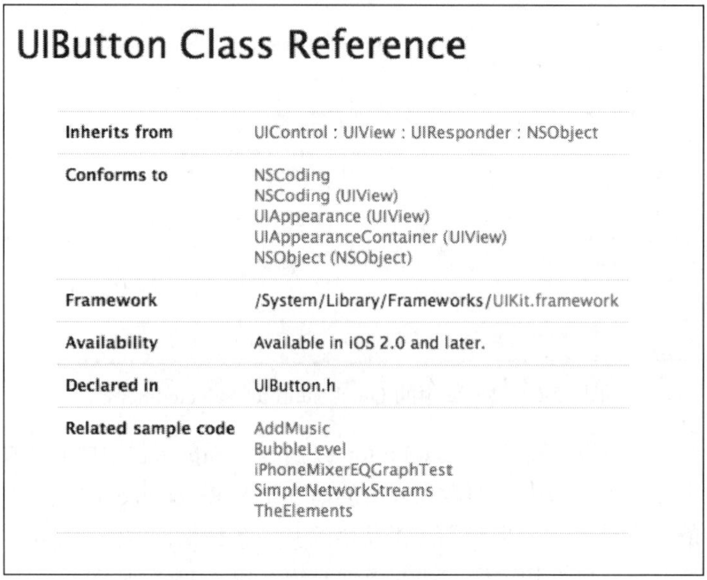

UIButton Class Reference

Inherits from	UIControl : UIView : UIResponder : NSObject
Conforms to	NSCoding NSCoding (UIView) UIAppearance (UIView) UIAppearanceContainer (UIView) NSObject (NSObject)
Framework	/System/Library/Frameworks/UIKit.framework
Availability	Available in iOS 2.0 and later.
Declared in	UIButton.h
Related sample code	AddMusic BubbleLevel iPhoneMixerEQGraphTest SimpleNetworkStreams TheElements

图 15-8　UIButton 类的部分帮助文档内容

❑ Inherits from：以列表和链接的形式呈现一连串的父类。作为一名 iOS 开发的初学者，最大的一个问题就是对每一个类的继承关系不清楚，这样就会导致在帮助文档中无法快速找到需要的方法说明。一个类继承于它的父类，所以有些功能或方法可能需要在其父类中才可以找到。例如，我们在 UIButton 类页面中无法找到 addTarget:action:for-ControlEvents: 方法，但该方法的相关信息会出现在 UIControl 类的页面里。我们也不能在 UIButton 类的页面中找到 frame 属性，这个属性会在 UIView 类中呈现。

❑ Conforms to：含有链接的列表，包含该类所符合的协议。

❑ Framework：告诉我们该类属于哪个框架。要使用该类，我们的项目必须链接该框架。

❑ Availability：该类在早期版本的操作系统中是否可用。比如，EKCalendarItem 类属于 EventKit 框架，而该类在 iOS 5.0 以前的版本中是不可用的。如果想在应用程序中使用这个类的特性，则需要确保应用程序的 target 必须设置为 iOS 5.0 及其以后的版本，否则，就要在应用程序中避免调用该框架中的 EKCalendarItem 类。还有就是，Availability 可以帮助我们区分该类是否在 iOS 中可用。如果要做 iOS 开发，而该类只是在 Mac OS X 中可用，那么所读到的文档一切都是白费。还需要注意的是，类中的有些个别方法也具有可用性说明，需要我们认真阅读。

❑ Related sample code：如果类文档页面中包含样例代码的链接，我们可以点击查看这些代码。

❑ Overview：某些类的页面在 Overview 部分提供了非常重要的关于类的介绍信息，它包括相关指南的链接和进一步的信息。

❑ Tasks：这部分是一个分类的列表，呈现包括类的属性和方法的链接。

❑ Propertie、Class Method 和 Instance Method：这几部分提供了全面的文档说明，而且是开发文档中最为重要的内容。

❑ Constant：很多类都会定义一些常量。比如，在创建 UIButton 对象的时候调用的 buttonWithType: 类方法，它的参数就是一个 UIButtonType 类型的常量。

除了在 Documentation 中通过搜索框直接搜索需要了解的内容以外，Xcode 还提供了另外一种方式帮助我们快速访问苹果的开发文档。

在 Xcode 的项目导航中找到 RecordViewController.h 文件，将光标定位到声明的成员变量 recordButton 前面的 UIButton 上面，在快速帮助（Quick Help）检查窗口中可以看到 UIButton 类的说明信息。当点击 UIButton Class Reference 链接的时候，就会在 Documentation 中显示 UIButton 类的帮助文档，如图 15-9 所示。

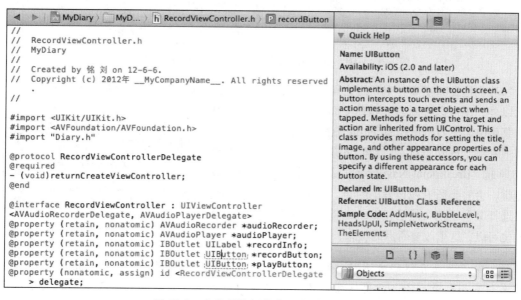

图 15-9　在代码编辑状态下查看开发文档

15.2　代码调试器

Xcode 所集成的代码调试器是一个非常有用的 iOS 应用程序开发辅助工具。在接下来的内容中，我们将重点讨论如何设置应用程序断点，使用调试控制台去了解代码当前的运行状态，以及在运行时查看各个成员变量的值。

15.2.1 断点的设置

1．设置一般断点

在 DetailDiaryViewController.m 文件中找到 viewWillAppear: 方法，在该方法中找到 self.diaryTitle.text = self.diary.title ；语句，然后在该语句左侧空列的位置点击鼠标，此时会出现一个蓝色的断点，如图 15-10 所示。如果断点的颜色为深蓝色，则代表该断点处于激活状态。当我们再次点击该断点时，它会变成浅蓝色，代表断点处于未激活状态。我们可以通过反复点击断点来改变它的状态。

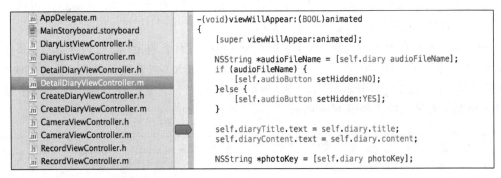

图 15-10　在 viewWillAppear: 方法中设置的断点

我们拖曳断点离开空列的位置，在产生一个可爱的动画效果以后，断点会马上消失。除此以外，还可以在断点处执行 Control-Click，然后在快捷菜单中选择 Delete BreakPoint 来删除断点。

在添加好断点以后，我们可以在导航区域中选择断点导航（Breakpoint Navigator）或使用 Command+6 快捷键，会看到所有被设置的断点。在断点导航中，还可以选择某些断点，然后按 Delete 键将其删除。同样，我们也可以在这里改变断点的状态，如图 15-11 所示。

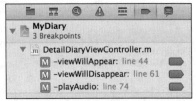

图 15-11　导航区域中的断点导航

提示　除了上面介绍的方法，我们还可以在需要设置断点的代码上通过 Command+\ 快捷键来设置和取消断点。需要注意的是，这里我们使用的是反斜线，如果在编辑器中使用 Command+/ 快捷键，则会将代码设置为注释。

当我们在断点导航中通过 Control-Click 设置某个断点的时候，可以在快捷菜单中选择 Move Breakpoint To → User。这代表会将该断点保存到 Xcode 的 User Breakpoint Library 中，在 Xcode 中打开的任何项目，其断点导航中都会出现这个 User 组，并且会呈现组中的断点。

2．设置异常断点

除了在编辑器中添加断点以外，我们还可以通过断点导航区域底部的＋按钮添加异常断点和符号断点，如图 15-12 所示。

　　简单来说，异常断点就是在调试过程中发生异常时所执行的断点。选择 Add Exception BreakPoint 以后，在断点导航区域中会出现，如图 15-13 所示的设置对话框。

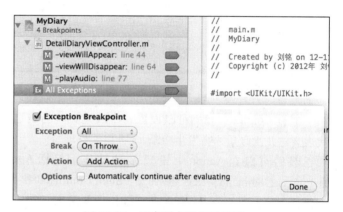

图 15-12　通过 + 按钮为项目添加
异常断点和符号断点

图 15-13　异常断点设置对话框

　　异常断点设置对话框中有如下这些选项。

❑ Exception：用于设置发生异常停止的类型，包括 All、Objective-C 异常和 C++ 异常。

❑ Break：用于指明什么时候中断，它包括抛出异常时和捕获异常时。

❑ Action：发生异常时自定义调试器所做的动作。在下面的内容中会进行详细的介绍。

❑ Options：如果勾选此选项，发生异常以后调试器不会终止程序运行，而是继续执行
后面的代码。

　　这里，我们创建一个异常断点，不需要调整细节，直接点击 Done 按钮创建即可。

3．设置符号断点

　　通过符号断点，我们可以设置在应用程序运行到某个指定的方法或函数的时候发生中断，如图 15-14 所示。

　　其中，Symbol 用于指定一个方法或函数，Module 可以限定哪个模块的方法或函数产生中断。

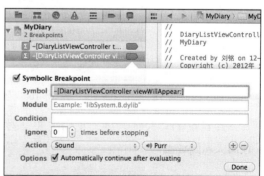

图 15-14　符号断点设置对话框

4．编辑断点

不管是一般断点、异常断点，还是符号断点，在创建完成以后还可以对它们进行编辑，只需要在断点导航中 Option-Command-Click 某个断点即可，如图 15-15 所示。

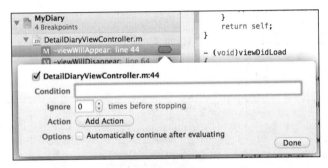

图 15-15　编辑断点

通过 Condition 我们可以设置一个表达式，当表达式的值为真的时候发生中断。Ignore 代表忽略几次以后才会发生中断。

我们可以在 Action 中设置多种动作，包括 AppleScript、Capture OpenGL ES Frame、Debugger Command、Log Message、Shell Command 和 Sound。同时，我们还可以通过 Action 右侧的加号，为某个中断添加多个动作，如图 15-16 所示。

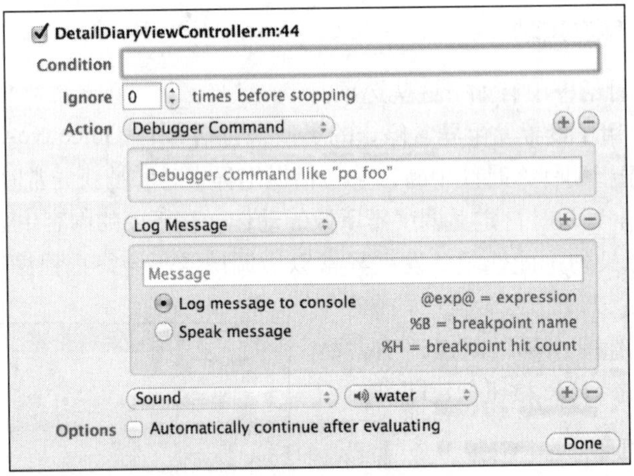

图 15-16　为断点添加多个动作

在后面的实践练习中，我们主要针对 Debugger Command、Log Message 和 Sound 这 3 项向大家做详细的介绍。

15.2.2　调试代码

当我们使用 Command+R 快捷键运行应用程序（在菜单中选择 Product → Run）的时候，

iOS 模拟器会被打开，应用程序会被执行。当代码执行到断点处的时候会暂停，一个绿色剪头的指示框出现在当前断点的后面，并且其中会显示"Thread 1：Stopped at breakpoint 1.1"这样的文字。

在 Xcode 中，调试窗口会在应用程序执行到断点发生暂停时自动出现。我们可以点击调试窗口左上角位置的下三角图标显示或隐藏它，如图 15-17 所示。同时，我们还可以点击调试窗口中的导航跳转栏查看之前的运行过程。

图 15-17　位于工作区下方的调试窗口

接下来，我们会在 MyDiary 项目中设置一些断点，然后进行调试操作。

步骤 1　在调试导航中删除之前所有的断点，然后通过底部的 + 按钮添加一个 Exception Breakpoint。

步骤 2　在 DetailDiaryViewController.m 文件的 viewDidLoad 方法中添加下面粗体字的代码。

```
- (void)viewDidLoad
{
    [super viewDidLoad];

    NSArray *myArray = @[@"a", @"b", @"c"];
    [(NSMutableArray *)myArray removeAllObjects];
}
```

在这段代码中，我们先创建了一个数组，然后强制移去数组中的所有元素。因为 myArray 是不可变数组类型，所以大家应该清楚地知道，当执行到这段代码以后系统会抛出异常。

构建并运行应用程序。在进入 DetailDiaryViewController 视图以后，一个中断发生在 [(NSMutableArray *)myArray removeAllObjects]；语句上，并且在调试控制台中也显示出类似下面的语句：

```
2012-11-25 09:09:43.455 MyDiary[4576:c07] -[__NSArrayI removeAllObjects]:
unrecognized selector sent to instance 0x7f87ed0
```

这代表 NSArray 类执行了一个未认可的方法：removeAllObjects。

步骤 3　将 viewDidLoad 方法中新添加的两行代码注释掉，然后创建一个符号断点。将 Symbol 设置为 -[DiaryListViewController viewWillAppear:]；将 Action 设置为 Sound，将声音

文件设置为 Purr ；将 Automatically continue after evaluating 勾选，如图 15-18 所示。

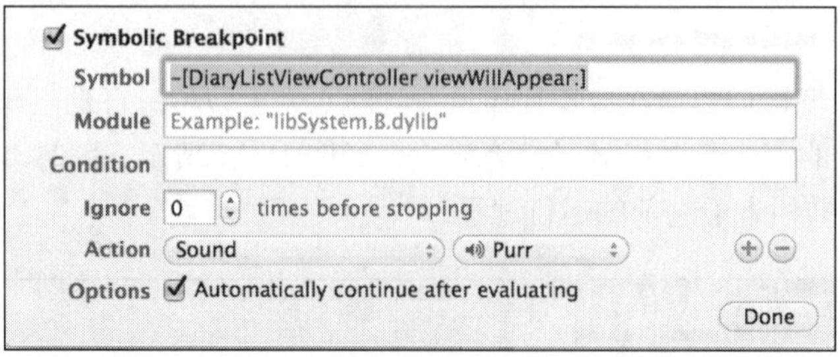

图 15-18　设置符号断点

构建并运行应用程序。当执行到 DiaryListViewController 类中的 viewWillAppear: 方法的时候，我们就可以听到 Purr 的音效。并且因为我们勾选了 Automatically continue after evaluating，所以在运行到断点时并不会中断运行，代码会继续执行下去。

提示　如果在 Spotlight 中搜索 Purr，我们可以找到这些声音文件在磁盘中的位置。在 Mountain Lion 系统中应该是：系统→资源库→ Sounds 文件夹。我们还可以在该文件夹中添加自定义的 AIFF 格式音效文件，以便在断点编辑器中进行调用。

步骤 4　删除之前的符号断点，然后在 DiaryListViewController.m 文件的 viewWill-Appear: 方法中找到 self.diaries = (NSMutableArray *)[[DiaryStore defaultStore] diaries] 语句，并在其前面添加断点。

构建并运行应用程序。当执行到该断点的时候，应用程序停止运行，在编辑器的底部会出现调试控制台。

15.2.3　调试控制台

通过调试控制台，我们可以控制后面的调试步骤，如图 15-19 所示。

下面分别介绍调试窗口左上角的这些按钮的功能。

图 15-19　调试器的可视化检视窗口

❏ Continue program execution—— 从断点处继续运行程序代码，直到再次遇到断点。

❏ Step over——单步执行，执行本段程序中的下一条代码语句。

❏ Step into——单步进入。如果当前的调试语句是一个方法、函数，则进入其内部继续调试。

❏ Step out——单步退出。如果之前使用 Step into 进入方法、函数内部调试，可以使用 Step out 退回以前的调试代码段。

❑ Simulate location——在应用程序中模拟某个位置。

编辑之前 viewWillAppear: 方法中的断点，将 Condition 设置为 !((BOOL)[self.diaries count])；将 Action 设置为 Log Message，在其内部选中 Speak message，在文本框中输入 Not Objects，如图 15-20 所示。

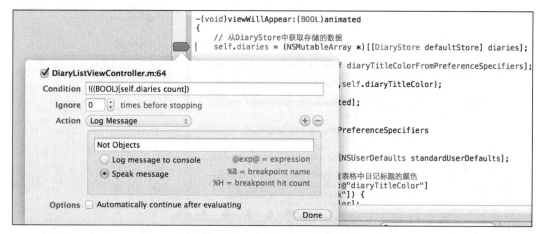

图 15-20　设置断点的 Condition 属性

在这一步的断点设置中，我们将 Condition 设置为 !((BOOL)[self.diaries count])，如果 DiaryListViewController 类的 diaries 数组中没有对象，断点会被执行。当断点执行的时候，我们会让调试器"说"一句话："Not Objects"（调试器是无法"说"中文的）。

构建并运行应用程序。当 DiaryListViewController 的视图出现在模拟器的时候，代码暂停并且可以听到"Not Objects"语音。然后通过调试控制台中的 Continue program execution 按钮让应用程序继续运行。当从 DetailDiaryViewController 再次回到 DiaryListViewController 以后，断点不会被执行，因为此时 diaries 数组中已经存在了一些对象。

Xcode 除了提供上面这种图形化前端调试器以外，还提供了一种文本日志型的交互方式。Xcode 中一共有两种文本型命令行调试器：GDB 和 LLDB。LLDB 调试器是基于标准 GNU 调试器（GDB）的一个扩展，它改善了内存使用效率且集成了 C 语言编译器。在调试项目的时候，我们可以选择其中的一种。

步骤 1　在 Xcode 工具栏中找到 Stop 按钮右侧的 Scheme，选择其中的 MyDiary，如图 15-21 所示。

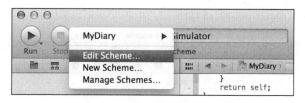

图 15-21　位于工具栏中的 Scheme

步骤 2　在弹出的快捷菜单中选择 Edit Scheme。

步骤 3　在出现的对话框中选择 Info → Debugger，对使用 GDB 还是 LLDB 进行切换，点击 OK 按钮，如图 15-22 所示。

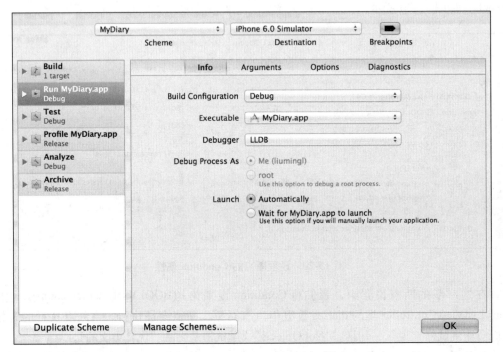

图 15-22　在项目 Scheme 编辑器中选择调试器

15.2.4　检视对象

当程序执行到断点并暂停的时候，我们可以通过命令行调试器去查看程序中对象的值。

步骤 1　选择 LLDB 调试器，然后在 DiaryListViewController 类的 viewWillAppear: 方法的 self.diaryTitleColor = [self diaryTitleColorFromPreferenceSpecifiers]；语句前面设置一个断点。

步骤 2　构建并运行应用程序，使程序执行到该断点。

步骤 3　在调试控制台中输入 po self.diaryTitleColor 命令来查看 diaryTitleColor 对象。调试结果如下：

```
(lldb) po self.diaryTitleColor
(UIColor *) $4 = 0x00000000 <nil>
```

步骤 4　执行一次单步，然后再次运行 po 命令，此时调试结果发生下面这样的变化。

```
(lldb) po self.diaryTitleColor
(UIColor *) $5 = 0x12775030 UIDeviceRGBColorSpace 1 0 0 1
```

第 16 章

创建可滚动的视图

本章内容

虽然从 iPhone 4 开始，苹果使用 Retina 屏幕大幅度地提高了手机屏幕的显示分辨率，但是 960×480 像素还是不能和台式机的显示器相提并论的。因此，要想在 iPhone 屏幕上显示更多的内容，我们一般会采用两种策略来处理。一种策略是将要显示的众多内容分割成多个部分，然后通过多视图控制器将其呈现出来，比如使用标签控制器或者导航控制器。另一种策略是将所有内容放在一个具有滚动属性的视图之中。

UIKit 框架提供了 UIScrollView 类，该类用于帮助我们创建具有滚动属性的视图。接下来，我们将学习在应用程序中使用 UIScrollView 类。其实，我们之前所学过的 UITableView 及 UITextView 都是 UIScrollView 的子类。除此以外，还有一个 UIWebView。尽管它不是 UIScrollView 的子类，但是它符合 UIScrollViewDelegate 协议，用于显示网页内容。

16.1　UIScrollView 类

我们可以通过故事板来创建 UIScrollView 对象，只需从对象库中拖曳一个 Scroll View 对象到视图里面即可。为了让大家能够清楚地掌握 UIScrollView 的相关知识，我们在 MyDiary 的标签控制器中再加入一个视图控制器：ScrollViewController。

步骤 1　在 MyDiary 项目中添加一个新的 UIViewController 子类，设置类的名称为 ScrollViewController，类型为 UIViewController。

步骤 2　在故事板中添加一个新的 View Controller，选中该视图控制器以后，通过 Option+Command+3 快捷键切换到标识检查窗口，设置该控制器的 Class 为刚创建的 ScrollViewController。

步骤 3　选择故事板中的 Tab Bar Controller 控制器，通过 Option+Command+6 快捷键切换到关联检查窗口。在 Triggered Segues 部分，按住 view controllers 右侧的圆圈（此时圆圈内部变成一个＋号），将其拖曳到 Scroll View Controller 控制器上面，如图 16-1 所示。

步骤 4　选中 Scroll View Controller 场景中下方的 Item 标签，通过 Option+Command+4 快捷键切换到属性检查窗口，在 Bar Item 部分将 Title 设置为"滚动视图"即可。

构建并运行应用程序。在底部的标签栏中，我们可以看到新增加的"滚动视图"标签。虽然在这个视图控制器中并不能完成 MyDiary 项目中的任何实质功能，但是在本章中我们依然可以通过它来全面掌握 Scroll View 的相关知识。

我们可以将多种 UIView 或其子类对象（UIButton、UILabel、UITextField 等）作为子视图，添加到 Scroll View 之中。这些子视图集合在一起所占据的空间叫做内容区域（Content Area），它可以超过 Scroll View 本身的大小，如图 16-2 所示。

当我们使用故事板或 Interface Builder 创建 Scroll View 的时候，Scroll View 的 Frame 大小与 Content Area 的空间大小是完全一样的。因此，在这个时候，Scroll View 是不会有滚动效果的。要想使用滚动行为，需要设置 Scroll View 类的 contentSize 属性。在一般情况下，我们可以在视图控制器的 viewDidLoad 方法中进行设置，代码如下：

```
scrollView.contentSize = CGSizeMake( 320, 1280 );
```

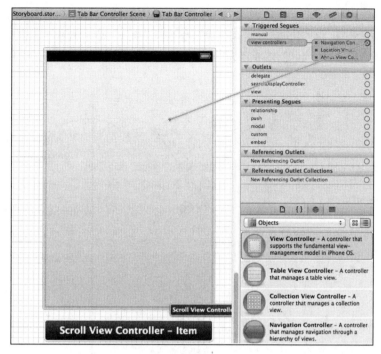

图 16-1　将 Tab Bar Controller 与 Scroll View Controller 建立联系

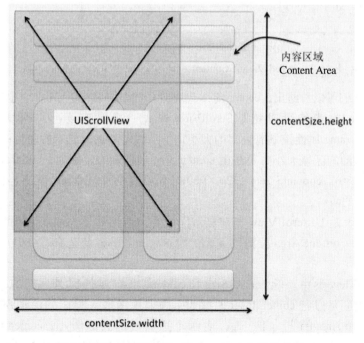

图 16-2　Scroll View 和 Content Area 之间的关系

在 Scroll View 中，与滚动行为相关的另外一个属性是 contentOffset。该属性值是 CGPoint 类型的结构体。CGPoint 包括两个成员变量：x 和 y，它们代表 Scroll View 左上角在 Content Area 中的偏移量，如图 16-3 所示。

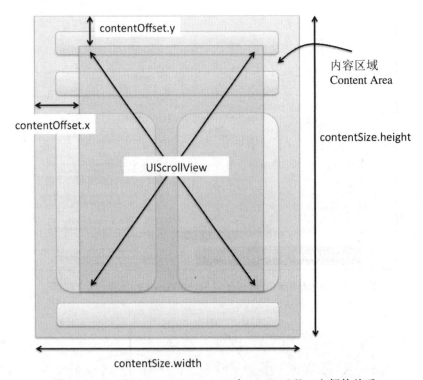

图 16-3　Scroll View、Content Area 和 contentOffset 之间的关系

由图 16-3 我们可以总结出，contentSize 代表着 Content Area 的大小，它也是 UIScrollView 可以滚动的区域。我们可以把 UIScrollView 看成一个具有上、下两层的复合视图，UIScrollView 的 frame 属性控制着上层的大小，上层固定不动，显示的变化由下层的滚动来控制。而下层滚动的区域大小，正是由 contentSize 来控制的。例如，UIScrollView 的 frame = (0，0，320，480)，contentSize = (320，960)，代表该 UIScrollView 可以上下滚动，滚动区域为 Frame 大小的两倍。

contentOffset 是 UIScrollView 当前显示区域的顶点相对于 Frame 顶点的偏移量，例如将上面例子中的 Content Area 拉到最下面，则 contentOffset 就是 (0，480)，也就是 y 偏移了 480。

在 UIScrollView 类中，除 contentSize 和 contentOffset 属性以外，还有一个属性叫做 contentInset。我们可以把 contentInset 理解为：内容视图嵌入封闭的滚动视图的距离，实际上就是 Content Area 的上、下、左、右四个边扩展出去的大小。contentInset 的单位是 UIEdgeInsets，默认值为 UIEdgeInsetsZero，也就是没有扩展的边。UIEdgeInsets 是一个结构体，定义如下：

```
typedef struct {
CGFloat top, left, bottom, right;
}
```

四个参数分别代表着上边界、左边界、下边界和右边界所扩展出去的值。

接下来，我们使用 Interface Builder 从对象库中向 Scroll View 直接拖曳界面元素。至于这些界面元素控件的位置，我们可以通过下面两种方法进行设置。

一种方法是通过大小检查窗口进行设置。

步骤 1 在 MyDiary 项目中选择故事板中的 Scroll View 场景，从对象库中拖曳一个 Scroll View 到其上面，并使其充满整个视图（最下方的标签栏除外）。

步骤 2 从对象库中拖曳一个 Text Field 到新添加的 Scroll View 上面。

步骤 3 选中新添加的 Text Field 控件，通过 Option+Command+5 快捷键切换到大小检查器，在 View 部分中设置 X，Y，Width 和 Height 分别为 20，20，280，31。效果如图 16-4 所示。

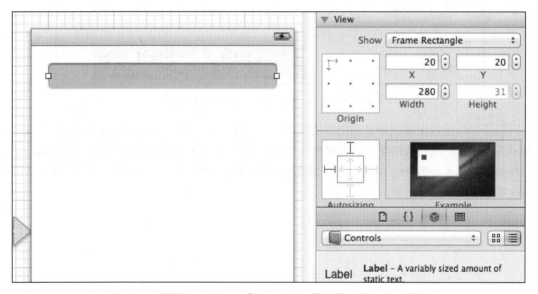

图 16-4　设置 Scroll View 中 Text Field 控件的位置和大小属性

另外一种方法是直接在 Scroll View 中布局，但是我们需要先调整 Scroll View 到需要的大小。

接下来我们继续向 Scroll View Controller 场景的 Scroll View 中添加控件，如图 16-5 所示。

在为 Scroll View 添加界面元素的时候，我们首先将 Scroll View 调整到能够放下所有控件的大小，然后添加 4 个 Text Field 对象和 1 个 Round Rect Button 对象，最后将 Scroll View

调回初始状态。

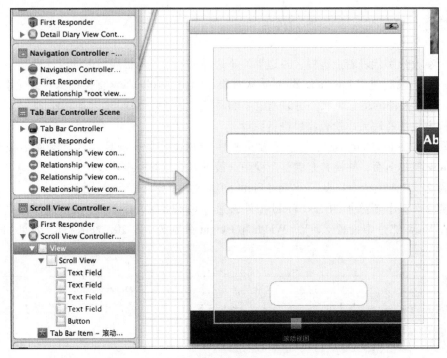

图 16-5　在 Scroll View 中添加相关的控件

除了可以通过上面两种可视化方法添加界面控件以外，我们还可以通过程序代码创建并显示界面元素。在一般情况下，需要在视图控制器的 viewDidLoad 方法中创建界面元素，然后将其添加到 Scroll View 中去。下面就是通过程序代码创建了一个 UILabel 对象，然后将其呈现到控制器的视图之中。

```
- (void)viewDidLoad
{
    [super viewDidLoad];

    UILabel *username = [[[UILabel alloc] init]
                            initWithFrame:CGRectMake(10, 120, 300, 40)];

    username.textColor = [UIColor blackColor];
    username.backgroundColor = [UIColor clearColor];
    username.font = [UIFont systemFontOfSize:12];
    username.textAlignment = UITextAlignmentCenter;
    username.text = @"用户名";
    [scrollView addSubview:username];
}
```

以上我们一共介绍了 3 种在 Scroll View 中添加界面元素的方法。不管使用哪种方法，都需要为 contentSize 属性设置一个合适的值，让其滚动起来。

16.2　Scroll View 和 Text Field

此时我们构建并运行 MyDiary 应用程序，在模拟器中切换到"滚动视图"标签栏以后，就会看到 iPhone 屏幕上面一共出现 4 个 Text Field 和 1 个 Button。如果点击屏幕最下方的 Text Field，虚拟键盘就会自动弹出并遮盖住很大一部分的用户界面，如图 16-6 所示。不幸的是，在这个 Text Field 中，我们根本无法看到输入的任何内容，这会给使用者带来非常大的麻烦。

要想解决这个问题，我们就需要借助 Scroll View，通过改变 Scroll View 在内容区域（Content Area）中的偏移量（Offset），将用户希望看到的内容呈现在合适的位置上。

图 16-6　虚拟键盘遮盖住下面的 Text Field

16.2.1　完善 Scroll View Controller 中的界面元素

在 Scroll View Controller 的视图中，我们把它设计为一个用户注册的界面，可以简单地将其布局为如图 16-7 所示的样子。

步骤 1　在 Scroll View 中添加 4 个 UILabel 对象，分别定义其 Text 属性为：用户名：、密码：、电子邮件：、住址：，将最下方按钮的 Title 属性设置为：创建账号。

步骤 2　为 UIScrollView 对象、4 个 UITextField 对象和 UIButton 对象建立 5 个 IBOutlet

关联和 1 个 IBAction 关联。其中，IBOutlet 关联的名称分别为 scrollView、usernameField、passwordField、emailField 和 addressField，IBAction 关联的名称为 createAccount（虽然本次实践不会用到该方法）。

步骤 3 为了在 ScrollViewController 类中响应用户与 Text Field 对象之间的交互操作，在 ScrollViewController.h 中添加对 UITextFieldDelegate 协议的支持。

```
#import <UIKit/UIKit.h>

@interface ScrollViewController : UIViewController
<UITextFieldDelegate>
@property (weak, nonatomic) IBOutlet UIScrollView *scrollView;
@property (weak, nonatomic) IBOutlet UITextField *usernameField;
……
@end
```

图 16-7　Scroll View Controller 的界面整体布局

说明 本章中，我们主要学习如何在应用程序中使用 Scroll View，因此在控制器中并不涉及创建用户账号的代码。

16.2.2　编写与滚动相关的代码

还记得之前在模拟器中点击 Text Field 以后，一部分 Text Field 控件被弹出的虚拟键盘所遮盖的事情吗？接下来，我们就要解决这个问题。

步骤 1 在项目导航中选择 ScrollViewController.h 文件，添加 3 个新的成员变量。

```
@interface ScrollViewController : UIViewController
```

```
<UITextFieldDelegate>
......
// 记录弹出的虚拟键盘在屏幕中 Y 轴方向的坐标值
@property float keyboardY;
// 记录状态栏的高度值
@property float statusBarHeight;
// 指向当前用户操作的 Text Field 对象
@property (weak, nonatomic) UITextField *currentTextField;
```

因为 keyboardY 和 statusBarHeight 是 float 类型，属于 C 语言的标准类型变量，并不是 NSObject 类型的变量，所以不需要设置成员变量的属性。

另外一个成员变量 currentTextField 用于指向用户当前所交互的 Text Field。因为在故事板中我们的 Scroll View Controller 场景已经拥有了这 4 个 Text Field，所以只需要对 currentTextField 使用 weak 属性即可。

步骤 2　在项目导航中选择 ScrollViewController.m 文件，在 viewDidLoad 方法中将 4 个 Text Field 的 delegate 属性指向当前的 ScrollViewController 控制器。

```
- (void)viewDidLoad
{
    [super viewDidLoad];

self.usernameField.delegate = self;
self.passwordField.delegate = self;
self.emailField.delegate = self;
self.addressField.delegate = self;
}
```

步骤 3　在 viewWillAppear: 方法中，添加对虚拟键盘出现和消失的通知。

```
-(void)viewWillAppear:(BOOL)animated
{
    [super viewWillAppear:animated];

    [[NSNotificationCenter defaultCenter] addObserver:self
selector:@selector(keyboardDidShow:)
name:UIKeyboardDidShowNotification
                                        object:self.view.window];

 [[NSNotificationCenter defaultCenter] addObserver:self
selector:@selector(keyboardDidHide:)
name:UIKeyboardDidHideNotification
                                        object:nil];

}
```

在 viewWillAppear: 方法中，我们使用 NSNotificationCenter 类注册了 2 个消息事件。有关消息通知的内容，我们会在后面进行详细介绍。

通过前面通知中心的设置，当虚拟键盘在屏幕上出现和消失的时候，针对 UIKeyboard-DidShowNotification 和 UIKeyboardDidHideNotification 事件，分别执行 keyboard-DidShow:

和 keyboardDidHide: 方法。

步骤 4 当我们不再需要这两个消息通知的时候，需要将其撤销。因为是在 viewWill-Appear: 方法中设置的消息通知，所以我们在 viewDidDisappear: 方法中销毁通知。

```
-(void)viewDidDisappear:(BOOL)animated
{
    [super viewDidDisappear:animated];

    [[NSNotificationCenter defaultCenter] removeObserver:self
name:UIKeyboardDidShowNotification
                                        object:nil];

    [[NSNotificationCenter defaultCenter] removeObserver:self
name:UIKeyboardDidHideNotification
                                        object:nil];
}
```

在以上代码片段中，一个个地移除 observer。如果想要通过一行语句移除所有的 observer，则可以使用下面的方法。

```
-(void)viewDidDisappear:(BOOL)animated
{
    [super viewDidDisappear:animated];

    [[NSNotificationCenter defaultCenter] removeObserver:self];
}
```

步骤 5 在 ScrollViewController.m 文件中完成 keyboardDidShow: 方法。

```
-(void) keyboardDidShow:(NSNotification *) notification
{
    // 获取虚拟键盘在屏幕垂直方向的坐标值
    NSDictionary* info = [notification userInfo];
    CGRect keyboardFrame = [[info
            objectForKey:UIKeyboardFrameEndUserInfoKey] CGRectValue];

    // 获取屏幕上状态栏的高度值
    CGRect statusBarFrame = [[UIApplication sharedApplication]
                            statusBarFrame];

    self.statusBarHeight = statusBarFrame.size.height;
    self.keyboardY = keyboardFrame.origin.y;

    float textFieldTop = self.currentTextField.frame.origin.y;
    float textFieldBottom = textFieldTop +
self.currentTextField.frame.size.height;

    if (textFieldBottom>self.keyboardY) {
        [self.scrollView setContentOffset:CGPointMake(0, textFieldBottom-
                            self.keyboardY + self.statusBarHeight) animated:YES];
    }
```

在 keyboardDidShow: 方法中，我们首先通过 notification 获取出现在屏幕上的虚拟键盘在屏幕垂直方向的坐标值，然后获取与用户交互的 Text Field 控件在垂直方向的高点与低点的坐标值，进行判断后计算 scrollView 的偏移量。

步骤 6　在 ScrollViewController.m 文件中完成 textFieldShouldReturn: 方法。

```
-(BOOL)textFieldShouldReturn:(UITextField *)textField
{
    // 当用户点击虚拟键盘的 return 按钮后，让键盘消失
    [textField resignFirstResponder];
    return YES;
}
```

用户在 Text Field 中点击虚拟键盘的 return 按钮以后，虚拟键盘消失。

步骤 7　在 ScrollViewController.m 文件中添加 textFieldDidBeginEditing: 方法。

```
-(void)textFieldDidBeginEditing:(UITextField *)textField
{
    // 将 currentTextField 指向用户当前交互的 Text Field
    self.currentTextField = textField;

    float textFieldTop = self.currentTextField.frame.origin.y;
    float textFieldBottom = textFieldTop +
    self.currentTextField.frame.size.height;

    if ((textFieldBottom>self.keyboardY) && (self.keyboardY != 0.0))
    {
        [self.scrollView setContentOffset:CGPointMake(0, textFieldBottom -
                    self.keyboardY + self.statusBarHeight) animated:YES];
    }
}
```

用户点击 Text Field 控件以后，textFieldDidBeginEditing: 方法会被触发。在这个方法中，我们让 currentTextField 指向正在交互的 Text Field 对象。通过计算，判断是否调整 scrollView 的偏移量。

虽然在步骤 5 的时候，我们定义了 keyboardDidShow: 方法用于调整 scrollView 的偏移量，但是当用户点击某个 Text Field 控件的时候，同样需要进行判断和偏移量的调整。这是因为，当用户从一个 Text Field 控件转移到另一个需要交互的 Text Field 控件的时候，keyboardDidShow: 方法是不会再次被运行的（从一个编辑控件转移到另一个编辑控件时，虚拟键盘不会消失后再出现，而是处于一直呈现状态），我们需要通过 textFieldDid-BeginEditing: 方法进行必要的判断。

还有一点，当中文虚拟键盘出现的时候，中文文字选择框并没有出现；当用户开始输入汉语拼音的时候就出现了，需要进行适当的调整。

步骤 8　在 ScrollViewController.m 文件中增加 keyboardDidHide: 方法的定义。

```
- (void)keyboardDidHide:(NSNotification *)notification
{
    [self.scrollView setContentOffset:CGPointMake(0, 0) animated:YES];
}
```

构建并运行应用程序。切换到滚动视图标签后，点击住址的 Text Field 控件，此时虚拟键盘出现，并且视图向上滚动到合适的位置。如果此时紧接着点击电子邮件的 Text Field 控件，虚拟键盘不会消失，而且相应的 Text Field 控件会通过 Scroll View 移动到合适的位置，如图 16-8 所示。在点击虚拟键盘的换行按钮以后，键盘消失。

图 16-8　分别点击住址和电子邮件的 Text Field 控件以后的效果

在上面的实践练习中，我们分别实现了 UITextFieldDelegate 协议的 textFieldDidBeginEditing: 方法和消息通知中心的 keyboardDidShow: 和 keyboardDidHide: 方法。在用户点击了 Text Field 对象以后，textFieldDidBeginEditing: 方法会被执行，然后系统会自动调出虚拟键盘。在虚拟键盘出现以后，消息通知中心才会去调用 keyboardDidShow: 方法。因此，该控制器会先执行 textFieldDidBeginEditing: 方法，再执行 keyboardDidShow: 方法。

在这里，我们使用了消息通知中心（NSNotificationCenter）技术实现响应键盘出现和消失的事件。接下将向大家详细介绍消息通知中心。

16.3　消息通知中心

在 Objective-C 中，我们一般在一个对象中向另一个对象发送消息，这是两个对象之间的沟通事件。但是有些时候，会有很多个对象去关注一个对象的事件。也就是说，它们都对某个对象的特定事件感兴趣。而当事件发生的时候，让这个对象逐个去通知所有关注它的其他对象是不现实的。

要想解决这个问题，我们可以让对象在事件发生的时候发送一个通知到消息通知中心。当这个特定的通知（或特定的对象）被发送以后，那些关注这个事件的并且已经在消息通知中心中注册的对象就会收到一个消息。在本节中，我们将学习如何去使用消息通知中心。

在 iOS 中，每个应用程序都有一个 NSNotificationCenter 实例，它就像一个电子公告板（BBS）。举例来说，有一个"正直"的对象，在无意中捡到了一个钱包，因此他在电子公告板中注册为一个 observer，并进行这样的设置：当有人发出"丢钱包"的通知时，他就会收到这个消息。这样他就可以把捡到的这个钱包还给失主。另一个倒霉的对象，丢失了自己的钱包，所以他发送了"丢钱包"的通知。消息通知中心会迅速将这个通知发送给注册的 observer，也就是那个"正直"的对象，后面的事情就不用再多解释了。

通知是一个 NSNotification 的对象。每一个 NSNotification 对象都有一个名称（Name）和一个对象，它指向发送通知的那个对象（Object）。当我们注册 observer 的时候，需要指定一个通知名称、一个接收对象和一个需要执行的方法。

下面这段代码通过消息通知中心注册了一个 observer，通知名称为"LostWallet"，observer 指向当前对象（self）。当应用程序中任何对象发送 LostWallet 通知的时候，当前对象的 retrieveWallet: 方法就会被激活。

```
NSNotificationCenter *notificationCenter = [NSNotificationCenter
defaultCenter];
[notificationCenter addObserver:self
                        selector:@selector(retrieveWallet: )
                            name:@"LostWallet"
                          object:nil];
```

注意　在上面的代码中，我们可以使用 nil 作为通配符。当我们将 nil 作为 name 和 object 的参数时，当前对象会接收所有的通知。

接收通知的方法如下：

```
-(void) retrieveWallet:(NSNotification *) note
{
    id poster = [note object];
    NSString *name = [note name];
    NSDictionary *extraInformation = [note userInfo];
    ......
}
```

通过上面代码我们注意到，NSNotification 对象除了 name 和 object 属性以外，还可能会附带一个 NSDictionary 类型的 userInfo 属性。这个 userInfo 属性可以用来传递更多的信息，比如钱包的颜色等。对象在发送通知的时候，可以像下面这样：

```
NSDictionary *extraInfo = ......
```

```
    NSNotification *note = [NSNotification notificationWithName:@"LostWallet"
object:self
userInfo:extraInfo];
    [[NSNotificationCenter defaultCenter] postNotification:note];
```

就拿 16.2 节的实践为例，当键盘出现在屏幕上面的时候，系统会发送 UIKeyboard-
DidShowNotification 通知，并且附带 userInfo，其中就包含了虚拟键盘在屏幕上所占据的空
间大小和位置。

还有一点非常重要，消息通知中心不会拥有这些注册的 observer。一个对象注册到消息
通知中心以后，必须在销毁之前取消注册。如果没有取消注册，再次发出该通知，消息通知
中心就会向注册的对象发送消息，而此时该对象已经被销毁，这样会导致应用程序的崩溃。
因此针对 16.2 节的实践，我们在 viewDidDisappear: 方法中还要取消已经注册的通知。

```
-(void)viewDidDisappear:(BOOL)animated
{
    [super viewDidDisappear:animated];

    [[NSNotificationCenter defaultCenter] removeObserver:self];
}
```

16.4 完善 CreateDiaryViewController 控制器

在第 9 章中，我们创建了 CreateDiaryViewController 用于新建日记，但是整个界面看起
来有些别扭，究其原因，是因为当时我们还没有学习 Scroll View 和 Notification 的相关知识。
在这部分实践中，我们将完善该控制器，使其更加完美。

16.4.1 使用 Scroll View

在故事板中找到 Create Diary View Controller 场景。其控制器中的 View 目前是 UIView
类型，我们需要先将其修改为 UIScrollView 类型。

步骤 1 选中 Create Diary View Controller 场景中的 View，然后通过 Option+ Command+3
快捷键切换到标识检查窗口，将其 Class 属性设置为 UIScrollView，如图 16-9 所示。同时，
我们还要将控制器中 Text View 控件的高度适当增加一些，改成 110 左右。

步骤 2 在项目导航中选择 CreateDiaryViewController.h 文件，添加 UITextViewDelegate
协议的支持，并且创建 3 个成员变量。

```
@interface CreateDiaryViewController :UIViewController
<UITextFieldDelegate, CameraViewControllerDelegate,
                        RecordViewControllerDelegate,
                        UITextViewDelegate>
......
@property float keyboardY;
@property float statusBarHeight;
@property (weak, nonatomic) UITextView *currentTextView;
```

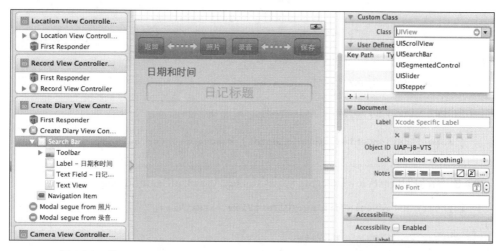

图 16-9　将 CreateDiaryViewController 中的 View 修改为 UIScrollView 类型

　　步骤 3　为了响应用户在 Text View 控件的交互事件，我们还需要设置 Text View 的 delegate 属性。在故事板中选择 Create Diary View Controller 场景中的 Text View，然后将其通过 Control-Drag 拖曳到 Create Diary View Controller 控制器图标上面，在弹出的关联菜单中选择 delegate，如图 16-10 所示。

　　除了在故事板中可以设置 Text View 的 delegate 属性以外，我们还可以通过代码的方法设置 delegate 属性，只要在 CreateDiaryViewController 类的 viewDidLoad 方法中添加 self.diaryContent.delegate = self；语句即可。

　　步骤 4　在 CreateDiaryViewController.h 文件中添加 viewWillAppear: 方法，在该方法中注册两个 observer。

```
- (void)viewWillAppear:(BOOL)animated
{
    [super viewWillAppear:animated];

    [[NSNotificationCenter defaultCenter]
addObserver:self
    selector:@selector(keyboardDidShow:)
    name:UIKeyboardDidShowNotification
                            object:self.view.window];

    [[NSNotificationCenter defaultCenter] addObserver:self
    selector:@selector(keyboardDidHide:)
    name:UIKeyboardDidHideNotification
```

图 16-10　设置 Text View 的 delegate 属性

```
                                                    object:nil];
}
```

步骤 5 添加 viewDidDisappear: 方法，在该方法中注销 observer。

```
-(void)viewDidDisappear:(BOOL)animated
{
    [super viewDidDisappear:animated];

    [[NSNotificationCenter defaultCenter] removeObserver:self];
}
```

步骤 6 增加 UITextViewDelegate 协议中的 textViewDidBeginEditing: 方法。

```
-(void)textViewDidBeginEditing:(UITextView *)textView
{
self.currentTextView = textView;

float textViewTop = self.currentTextView.frame.origin.y;
float textViewBottom = textViewTop +
self.currentTextView.frame.size.height;

if ((textViewBottom>self.keyboardY) && (self.keyboardY != 0.0))
{
        [(UIScrollView *)self.view setContentOffset:CGPointMake(0,
textViewBottom - self.keyboardY + self.statusBarHeight) animated:YES];
    }
}
```

步骤 7 增加 keyboardDidShow: 方法。

```
- (void)keyboardDidShow:(NSNotification *)notification
{
    NSDictionary* info = [notification userInfo];
    CGRect keyboardFrame = [[info
                    objectForKey:UIKeyboardFrameEndUserInfoKey] CGRectValue];

    CGRect statusBarFrame = [[UIApplication sharedApplication]
    statusBarFrame];

    self.statusBarHeight = statusBarFrame.size.height;
    self.keyboardY = keyboardFrame.origin.y;

    float textViewTop = self.currentTextView.frame.origin.y;
    float textViewBottom = textViewTop +
    self.currentTextView.frame.size.height;

    if (textViewBottom>self.keyboardY) {
            [(UIScrollView *)self.view setContentOffset:CGPointMake(0,
    textViewBottom - self.keyboardY + self.statusBarHeight)
animated:YES];
    }
}
```

步骤 8　增加 keyboardDidHide: 方法。

```
- (void)keyboardDidHide:(NSNotification *)notification
{
    [(UIScrollView *)self.view setContentOffset:CGPointMake(0, 0)
animated:YES];
}
```

注意，虽然在步骤 8 中重新设置了 Scroll View 的偏移量，但是就目前来看，我们还不能响应该方法。因为用户要在 Text Field 中输入文字，往往会使用换行键进行文本的换行，因此，我们不能使用换行键让虚拟键盘消失。在 16.4.2 小节的实践练习中，我们会解决这个问题。

构建并运行应用程序。当我们创建一个新的日记时，点击 Text Field 控件后，视图将向上发生移动，如图 16-11 所示，用户体验比之前的版本要好很多。接下来，我们还要处理在 Text View 中将虚拟键盘收起的工作。

图 16-11　将 CreateDiaryViewController
　　　　　 中的视图修改为 UIScroll-
　　　　　 View 的效果

16.4.2　在 Text View 中让键盘消失

在 CreateDiaryViewController 控制器中，用户在 Text Field 控件中完成输入以后，就可以通过虚拟键盘上面的换行键让其消失。但是对于 Text View 控件，这个方法就不灵光了，因为我们需要使用换行键在 Text View 中换行。还有，iPhone 中出现的虚拟键盘与 iPad 中的不同，它不存在让键盘消失的按键。

要想解决这个问题，就需要通过编写代码对虚拟键盘进行改造。当用户开始在 Text View 中输入的时候，虚拟键盘的右上角会出现一个自定义的按钮。用户点击该按钮以后，虚拟键盘消失。

步骤 1　在 CreateDiaryViewController.h 中声明一个 UIButton 类型的成员变量。

```
@interface CreateDiaryViewController :UIViewController
<UITextFieldDelegate, CameraViewControllerDelegate, RecordViewControllerDelegate,
UITextViewDelegate>
......
@property (strong, nonatomic) UIButton *doneInKeyboardButton;
```

步骤 2　将资源包中的 doneInKeyboard.png 文件拖曳到 MyDiary 项目中，确定勾选 Copy items into destination group's folder (if needed) 选项。

步骤 3　在 CreateDiaryViewController.m 的 keyboardDidShow: 方法中添加下面粗体字的代码。

```
- (void)keyboardDidShow:(NSNotification *)notification
```

```
{
    ......
    if (textViewBottom>keyboardY) {
        [(UIScrollView *)self.view setContentOffset:CGPointMake(0,
                                    textViewBottom - keyboardY + statusBarHeight)
                                    animated:YES];
    }

    // 如果 doneInKeyboardButton 没有被实例化，则创建它
    if (self.doneInKeyboardButton == nil)
    {
        // 设置按钮的类型为自定义
        self.doneInKeyboardButton = [UIButton
buttonWithType:UIButtonTypeCustom];

        // 设置按钮在 view 中的位置和大小
        self.doneInKeyboardButton.frame =
                            CGRectMake(keyboardFrame.size.width - 30,
                                keyboardFrame.origin.y - 25, 30, 25);
        // 设置按钮上显示的图标
        self.doneInKeyboardButton.adjustsImageWhenHighlighted = NO;
        [self.doneInKeyboardButton setImage:[UIImage
imageNamed:@"doneInKeyboard.png"]
                                forState:UIControlStateNormal];
        // 设置用户点击按钮后所执行的方法
        [self.doneInKeyboardButton addTarget:self
action:@selector(handleDoneInKeyboard:)
forControlEvents:UIControlEventTouchUpInside];
    }

    // 获取虚拟键盘所在的视图
    UIWindow* tempWindow = [[[UIApplication sharedApplication] windows]
objectAtIndex:1];

    // 将自定义的按钮显示在虚拟键盘所在的视图上
    if (self.doneInKeyboardButton.superview == nil)
    {
        [tempWindow addSubview:self.doneInKeyboardButton];
        // 注意这里直接加到 Window 上
    }}
```

在 keyboardDidShow: 方法中，如果 doneInKeyboardButton 不存在，则创建它。紧接着会设置它的类型和图片，并设置当用户点击它时所触发的事件，最后将其显示在指定的位置上即可。

步骤 4 在 CreateDiaryViewController.m 中添加 handleDoneInKeyboard: 方法。

```
- (void)handleDoneInKeyboard:(id) sender
{
    [self.currentTextView resignFirstResponder];
}
```

用户点击之前在虚拟键盘中自定义的按钮后会执行该方法，该方法会让虚拟键盘消失。

步骤 5　修改 keyboardDidHide: 方法，添加下面粗体字的内容。

```
- (void)keyboardDidHide:(NSNotification *)notification
{
    // 如果 doneInKeyboardButton 按钮出现在屏幕上，将其从视图中移除
if (self.doneInKeyboardButton.superview)
    {
        [self.doneInKeyboardButton removeFromSuperview];
    }

    [(UIScrollView *)self.view setContentOffset:CGPointMake(0, 0) animated:YES];
}
```

　　构建并运行应用程序。点击 Text View 以后，虚拟键盘出现，并且键盘的右上角出现了我们自定义的消失按钮。完成输入后再点击该按钮，虚拟键盘马上消失，如图 16-12 所示。

图 16-12　虚拟键盘右上角的自定义按钮

第 17 章

自动旋转和自动调整大小

本章内容

毋庸置疑，不管是 iPhone 还是 iPad 都给我们带来了很多的惊喜。这些惊喜有很大一部分来自于苹果工程师们对 iPhone 这个看似小玩意的东西最大限度地、赤裸裸地"挖掘"。当用户水平或垂直放置 iPhone 时，应用程序的界面也会随之发生变化，我们将其称作自动选转（Autoroation）。比如说 iOS 的网页浏览器 Safari，如图 17-1 所示。

图 17-1　iPhone 上的 Safari 在设备垂直和水平方向的显示效果

在本章我们将介绍与自动旋转有关的知识，通过三种不同的方式来达到自动旋转的效果。

17.1　自动旋转的机制

自动旋转可能并不适合所有的 iOS 应用程序，有些 iPhone 的应用程序只支持 1 个方向，比如 iPhone 内置的设置应用程序就不支持水平和 Home 键在上方的垂直方向。iPad 就不同了，它的设置应用程序在垂直和水平方向会有不同的显示形式。苹果官方建议设计的应用程序应该支持设备的每一个方向，但是一些 iPhone 游戏应用除外，因为它在屏幕上显示的内容必须是固定一个方向的，比如"愤怒的小鸟"就不能在垂直方向上进行游戏。

实际上，对于 iPhone 应用程序来说，只要自动旋转提高了用户的使用体验，就应该去设置它。可能有读者会想，针对不同的方向设置用户界面会非常麻烦，其实不然。苹果通过 iOS 和其提供的 UIKit 框架使我们能够非常轻松和简单地完成应用程序自动旋转的功能。

如果用户旋转设备，那么旋转后的方向会被封装到一个对象之中，并通过相应的协议方法传递给当前屏幕所呈现的视图控制器上，视图控制器会查看该方向是否为允许的旋转方向。如果允许，则应用程序的窗口和视图会进行旋转，并且窗口和视图将会在新的方向中调整自己的大小和位置。

在 iPhone 和 iPod touch 上，垂直方向的视图，它的宽和高分别是 320 点和 480 点。在垂直方向上，iPad 的宽和高分别是 768 点和 1 024 点。而且在很多时候，屏幕的可用空间还会减少 20 点的高度，因为这 20 点用于显示状态栏。状态栏位于屏幕的顶端，显示信号强度、3G、时间和电池电量等信息。

当设备旋转到水平方向的时候，应用程序的窗口和当前视图都会发生旋转，并且会调整自己的大小，宽和高分别变为 480 点和 320 点（iPhone、iPod touch），或 1 024 点和 768 点（iPad）。如果有状态栏，也会减少 20 点的高度。

17.1.1　点、像素和视网膜显示

在本书开始的时候，笔者就向大家介绍过点和像素之间的关系。在早期 iPhone OS 系统中，点和像素实际上是一样的，但是直到苹果推出了视网膜显示屏以后就不一样了。

苹果推出的 iPhone 4（iPod touch 第 4 代）及其以后的机型，屏幕都采用了视网膜显示技术，屏幕分辨率整整扩大了一倍，从 320×480 像素变成了 640×960 像素。幸运的是，我们并不需要做太多的事情就可以让应用程序轻松面对这两种不同的分辨率，那就是使用点代替像素来指定界面元素的位置和大小。在以前的 iPhone 和 iPad 设备中，点就是像素，1 点等于 1 像素。从 iPhone 4 和 the new iPad 以后，1 点等于 2 像素。

17.1.2　旋转的方式

应用程序处理自动旋转可以使用三种不同的方式。在应用程序中到底选择哪一种方式，需要根据界面元素的复杂程度而定。

如果视图比较简单，我们可以为视图中的界面对象指定相应的 autosize 属性。autosize 属性会告诉 iOS 设备当视图发生旋转的时候如何设置自己的大小和位置。

autosize 属性的设置和使用非常简单和方便，但是并不适合所有的情况。当视图非常复杂并且还要进行旋转处理的时候，就需要使用下面的这两种方式。

❑ 当视图收到设备正在旋转的通知时，手动编写代码重新定位视图中对象的位置。
❑ 在 Interface Builder 中设计两个不同的视图，一个视图用于垂直方向，另一个视图用于水平方向。

如果选择上面的这两种方式，则需要重写 UIViewController 中的一些方法。

17.2　通过 autosize 属性处理旋转

在接下来的内容中，为了掌握旋转的相关知识，我们首先要创建一个新的视图控制器。

17.2.1　创建一个新的视图控制器

步骤1　在项目导航中创建一个新的视图控制器类 RotationViewController，类型为 UIViewController。

步骤2　从对象库中拖曳一个新的 View Controller 到故事板中，通过 Option+ Command+3 快捷键切换到标识检查窗口，将 Class 设置为刚创建的 RotationViewController。点击其底部标签栏的 Item，通过 Option+Command+4 快捷键切换到属性检查窗口，将 Title 设置为旋转视图。

步骤3　在故事板中选择 Tab Bar Controller，通过 Option+Command+6 快捷键切换到关联检查窗口，将 View Controllers 右侧的圆圈通过 Control-Drag 拖曳到新创建的 Rotation-ViewController 场景上面。此时，两个视图控制器之间有一条线相连接。

构建并运行应用程序，此时标签栏中多了一个"旋转视图"。点击后看到该控制器的视图还没有任何的内容。

17.2.2　配置所支持的方向

首先，我们需要指明应用程序所支持的方向。选择项目导航顶端的 MyDiary 项目，在编辑区域中选择 TARGETS，在 Summary 标签中找到 Supported Interface Orientations 部分，这里可以设置 MyDiary 所支持的设备方向。

当前项目所支持的设备方向只有 Portrait（垂直方向且 Home 键在下方），我们需要再添加另外两个所支持的方向，如图 17-2 所示。

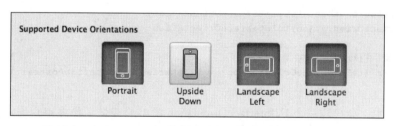

图 17-2　在 Summary 标签中设置应用程序所支持的设备方向

经过前面的操作，我们指明了应用程序支持设备的三个不同旋转方向：Portrait（垂直且 Home 键在下方）、Landscape Left（水平且 Home 键在左方）和 Landscape Right（水平且 Home 键在右方）。这并不代表应用程序的每一个视图都会支持这三个方向，但是反过来，想要在视图中实现的方向必须在 Supported Interface Orientations 中被选择。

除了在 Summary 标签中通过可视化方式设置支持的设备方向以外，我们还可以在项目的 Info.plist 文件中进行设置。在项目导航中选择 Supporting Files 组的 MyDiary-Info.plist 文件，在其中找到 Key 为 Supported interface orientation 的条目。它下面有 3 个子条目，分别是应用程序所支持的设备方向，如图 17-3 所示。在 plist 文件中，我们也可以添加对设备方向的支持或减少所支持的方向。一般来说，两种方法都可以设置所支持的方向，但是笔者推荐使用可视化方式，因为这种方式更为简单和方便。

▼ Supported interface orientation ⇕ ◎ ⊖	Array	(3 items)
Item 0	String	Portrait (bottom home button)
Item 1	String	Landscape (left home button)
Item 2	String	Landscape (right home button)

图 17-3　在 MyDiary-Info.plist 中的 Supported interface orientation 设置

不知道读者是否思考过这个问题：为什么在 iPhone 应用程序开发中很少选择 Upside Down 方向呢？主要原因在于，iPhone 在 Upside Down 方向时，如果有来电，用户不好接听电话（不知大家是否有过电话听筒拿反的经历）。而在 iPad 上没有这样的情况发生，所以在默认情况下，iPad 项目会支持所有的设备方向。

通过前面的实践练习，我们指明了 MyDiary 所支持的方向。但是仅仅做到这些还不够，我们需要为每个视图控制器指明所支持的方向，而且这些方向还必须是 Summary 标签中所允许的方向。

17.2.3　在控制器中设定支持方向

根据 iOS 版本的不同，我们设置控制器所支持的设备旋转方法也不相同。

1. 在 iOS 5 中设定支持的方向

在项目导航中选择 RotationViewController.m 文件，重写 shouldAutorotateToInterface-Orientation: 方法，代码如下：

```
- (BOOL)shouldAutorotateToInterfaceOrientation:
(UIInterfaceOrientation)toInterfaceOrientation
{
    // 对于支持的设备方向会返回 YES
    return (toInterfaceOrientation == UIInterfaceOrientationPortrait);
}
```

在该方法中，会接收一个 UIInterfaceOrientation 类型的变量，代表用户旋转设备后的方向。iOS 设备所支持的方向共包括下面 4 种：

❑ UIInterfaceOrientationPortrait

❑ UIInterfaceOrientationPortraitUpsideDown

❑ UIInterfaceOrientationLandscapeLeft

❑ UIInterfaceOrientationLandscapeRight

在 iOS 设备改变到新的方向以后，当前的视图控制器会调用 shouldAutorotateToInterface-Orientation: 方法，参数 toInterfaceOrientation 是上面 4 个方向常量之一。该方法会返回一个真假值（YES 或 NO）以表明该视图控制器是否支持该方向。每个视图控制器对方向的需求不尽相同，有的控制器需要支持某些方向，而另外的控制器则需要支持其他方向。控制器所支持的方向，必须在之前的 Supported Interface Orientations 部分中选中。

注意　实际上，iOS 有两个不同类型的方向。一个是用户界面方向（Interface Orientation），另一个则是设备方向（Device Orientation）。设备方向特指 iOS 物理设备的方向，用户界面方向则是在屏幕上的视图旋转方向。如果用户旋转 iPhone 的方向为垂直且 Home 键在上方，设备方向就是垂直且 Home 键在上方，但是在 MyDiary 中，用户界面方向则是另外三个中的一个（项目中只允许另外三个方向）。

2. 在 iOS 6 中设定支持的方向

在 iOS 6 之前的版本中，我们通常使用 shouldAutorotateToInterfaceOrientation: 方法来单独控制某个视图控制器的方向，需要视图控制器支持哪个方向的旋转，只需要重写 shouldAutorotateToInterfaceOrientation: 方法即可。

但是在 iOS 6 里面的屏幕旋转发生了很大的变化，之前的 shouldAutorotateToInterfaceOrientation: 方法被列为 DEPRECATED（废弃的）方法，查看 UIViewController.h 文件也可以看到：

```
// Applications should use supportedInterfaceOrientations and/or shouldAutorotate..
- (BOOL)shouldAutorotateToInterfaceOrientation:(UIInterfaceOrientation)
                       toInterfaceOrientation NS_DEPRECATED_IOS(2_0, 6_0);
```

如果我们在 iOS 6 中重写该方法并为其添加断点，就可以发现应用程序永远不会运行到该方法。在 iOS 6 中，我们需要使用 supportedInterfaceOrientations 和 shouldAutorotate 这两个方法来代替 shouldAutorotateToInterfaceOrientation: 方法。而且，为了向下兼容 iOS 4 和 iOS 5，还需要在应用程序中保留 shouldAutorotateToInterfaceOrientation: 方法，以及像 willRotateToInterfaceOrientation: duration: 这样的方法。

在 iOS 6 中，控制某个视图控制器旋转并不像在 iOS 4 或 iOS 5 中那样，在该视图控制器中重写 supportedInterfaceOrientations 和 shouldAutorotate 这两个方法是不行的，我们需要在这个视图控制器的 rootViewController（根视图控制器）中重写这两个方法。这是什么意思呢？根视图控制器就是最开头的那个控制器，也就是直接跟应用程序的 UIWindow 接触的那个控制器。在 MyDiary 项目中，RotationViewController 的根视图控制器就是故事板中的 TabBarController，因为 RotationViewController 是其子控制器，而且 TabBarController 直接与 UIWindow 对话。

步骤 1　在 MyDiary 项目中创建一个 UITabBarController 的子类 TabBarController。

步骤 2　在故事板中选中 TabBarController 控制器，通过 Option+Command+3 快捷键切换到标识检查窗口，将 Class 设置为刚创建的 TabBarController 类。

步骤 3　在 TabBarController 类中重写 shouldAutorotate 方法，代码如下面粗体字这样。

```
- (BOOL)shouldAutorotate
{
    return YES;
}
```

```
-(NSUInteger)supportedInterfaceOrientations
{
    return UIInterfaceOrientationMaskAllButUpsideDown;
}
```

如果需要设置 RotationViewController 的旋转，我们不能在其视图控制器中重写 shouldAutorotate 和 supportedInterfaceOrientations 方法，而需要在 TabBarController 中进行设置。又因为其父控制器是一个系统控件 UITabBarController，所以我们还需要新建一个 UITabBarController 的子类 TabBarController，然后在其中实现 shouldAutorotate 和 supportedInterfaceOrientations 方法。如果代码像下面这样：

```
self.window.rootViewController = rotationViewController;
```

那么，上面那两个控制旋转的方法就应该写在 RotationViewController 类之中。

构建并运行应用程序。此时 MyDiary 项目的 TabBarController 及其子视图控制器会响应除 Home 键在上方以外的所有旋转方向。

在 supportedInterfaceOrientations 方法中，我们返回了 UIInterfaceOrientationMaskAllButUpsideDown 常量，它代表控制器支持除 Home 键在上方的所有的界面方向。与此相关的常量还包括：

❏ UIInterfaceOrientationMaskPortrait，视图控制器支持垂直用户界面。

❏ UIInterfaceOrientationMaskLandscapeLeft，视图控制器支持水平 Home 键在左侧的用户界面。

❏ UIInterfaceOrientationMaskLandscapeRight，视图控制器支持水平 Home 键在右侧的用户界面。

❏ UIInterfaceOrientationMaskPortraitUpsideDown，视图控制器支持垂直 Home 键在上方的用户界面。

❏ UIInterfaceOrientationMaskLandscape，视图控制器支持水平用户界面。

❏ UIInterfaceOrientationMaskAll，视图控制器支持所有方向的用户界面。

❏ UIInterfaceOrientationMaskAllButUpsideDown，视图控制器支持除 Home 键在上方的所有方向的用户界面。

需要注意的是，这些常量只有在 iOS 6 及以后的版本中有效。

对于 iOS 4 和 iOS 5，如果在控制器中没有重写 shouldAutorotateToInterfaceOrientation: 方法，那么默认只支持垂直 Home 键在下方的方向，且不能旋转。

对于 iOS 6，如果在控制器中没有重写 shouldAutorotate 和 supportedInterfaceOrientations 方法，默认可以旋转且支持除 Home 键在上方的所有方向，而 iPad 可以选择支持所有方向。

说明 由于篇幅和使用习惯的问题，本章后面所涉及的屏幕旋转的相关内容均以 iOS 6 规范为标准。

17.2.4　使用 autosize 属性设计界面

使用 autosize 属性来处理旋转的最大好处就是不用编写太多的程序代码。

在故事板中选择 Rotation View Controller 场景，然后从对象库拖曳 6 个 Round Rect Button 到视图上面，大小和位置如图 17-4 所示。双击每个按钮，将 title 分别设置为左上、右上、左、右、左下和右下。

图 17-4　增加 6 个按钮到视图上面

构建并运行应用程序。在模拟器中使用 Command+ ← 快捷键（或者在模拟器菜单中选择硬件→向左旋转），iPhone 模拟器就会变成水平且 Home 键在右侧。Rotation-ViewController 的视图根据旋转方向发生相应的变化，如图 17-5 所示。

虽然我们没有在 RotationViewController 中进行任何的旋转设置，但是因为重写了其 rootViewController（也就是 TabBarController）的 shouldAutorotate 和 supported InterfaceOrientations 这两个方法，所以 RotationViewController 会自动进行旋转。

图 17-5　在模拟器中旋转后的效果

在默认的情况下，大部分的可视化控件的位置与屏幕的左上方有关。在本例中，设备在垂直方向时的左下按钮位置为（20，358）点；当旋转到水平方向时，其位置还是（20，358）点。但是水平方向的高度最多为 320 点（不算状态栏和下方的标签栏），导致我们看不到最下面的左下和右下两个按钮。

在 Rotation View Controller 场景中选择左上角的按钮，通过 Option+Command+5 快捷键切换到大小检查窗口，如图 17-6 所示。

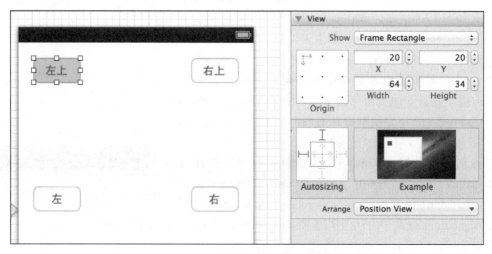

图 17-6　大小检查器中的属性设置

我们可以在大小检查器中对按钮进行 Autosizing 设置，如图 17-7 所示。通过左侧的盒子设置 Autosizing 属性。而右侧的盒子是一个从垂直到水平过渡的动画效果，用于显示视图在旋转变化时对象的变化效果。左侧盒子内部有一个正方形，代表选中的对象。如果当前我们选中的是一个按钮，则内部的正方形就代表那个按钮。

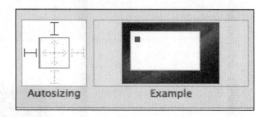

图 17-7　大小检查窗口中的 Autosize 部分

在正方形的内部有横向和纵向两个红色箭头。两个箭头被点击以后，会从虚线变成实线，或者从实线变成虚线。如果水平箭头变成实线，那么对象的宽度就会随着窗口的大小自动调整。如果水平箭头变成虚线，iOS 就尝试保持对象在初始化时的宽度值。纵向箭头的设置与对象的高度值关系亦是如此。

在内部正方形的外围还有 4 个红色工形线条。如果工形线条是虚线，则代表当前对象与其父视图的边缘距离是灵活的；如果是实线，则代表对象与父视图边缘的距离是固定的。

到这里，可能大家在理解内部的箭头和外部的工形线条上还有些迷糊。还是以图 17-7 为例，当前对象的大小是保持不变的，但是与父视图的顶端和左侧的距离是固定的。仔细观察其右侧的动画，我们会发现，不管是在横向还是纵向的情况下，对象的大小始终保持不变，而且与父视图顶端及左侧的距离也保持不变。

我们还可以做这样一个试验：将对象外围的所有工形线条变为虚线，也将其内部箭头均设置为虚线。此时，动画显示对象会浮动于父视图的中心位置，且大小保持不变，如图 17-8 所示。

在将垂直方向的箭头和工形线条设置为实线以后，对象的大小自动调整为和父视图的高度匹配，如图 17-9 所示。

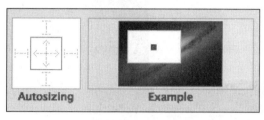 

图 17-8　将工形线条及其内部箭头均　　　图 17-9　将垂直方向的箭头和工形线条均
　　　　　设置为虚线后的效果　　　　　　　　　　　设置为实线后的效果

接下来，我们为视图中的 6 个按钮设置 autosize 属性。

17.2.5　设置按钮的 autosize 属性

有了前面的知识储备，现在我们就可以设置视图中 6 个按钮的 Autosizing 属性。如图 17-10 所示，在故事板中将 Rotation View Controller 场景中的 6 个按钮的 Autosizing 属性进行设置。

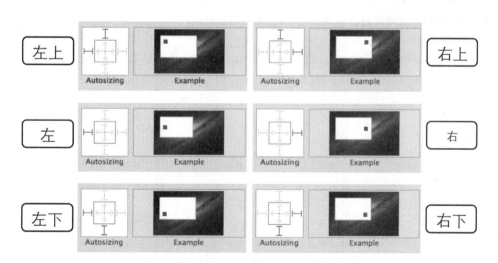

图 17-10　设置 6 个按钮的 Autosizing 属性

构建并运行应用程序，然后切换到"旋转视图"控制器。当我们在模拟器中执行 Command+ ←

或 Command+ →旋转设备的时候，就会看到 6 个按钮发生了位置的变化，如图 17-11 所示。

图 17-11　按钮在视图旋转后的新位置

在上面的这个实践练习中，我们只是在设备旋转以后改变了 6 个按钮的位置，使它们都可见并且可用，并没有在这个过程中调整按钮的大小。其实，在某些情况下，我们还是需要修改某些控件大小的，因此，接下来介绍视图旋转处理的另外一种方法。

17.3　旋转时重构视图

在故事板中将 Rotation View Controller 场景中的 6 个按钮的宽度和高度值都设置为 120 点，然后在视图中调整其到合适的位置，如图 17-12 所示。

图 17-12　视图中经过调整的 6 个按钮的布局

不知是否有读者能够猜到，运行应用程序并旋转模拟器以后会有什么样的效果出现。因为我们并没有对 6 个按钮的 Autosizing 属性中的大小进行调整，所以旋转后的效果如图 17-13 所示。

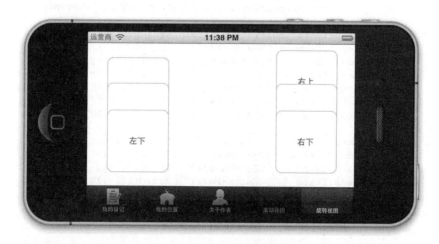

图 17-13　旋转后的效果

我们要想容纳这些按钮，就必须将按钮的 Autosizing 属性的高度设置为自动适应。但是，这样的话，我们并不能很好地控制按钮的大小。要想让应用程序达到很好的用户体验，我们就需要通过程序代码来进行控制。

17.3.1　创建和关联 Outlet

在 Rotation View Controller 中为 6 个按钮建立 Outlet 关联，名称分别为 buttonUL、buttonL、buttonLL、buttonUR、buttonR 和 buttonLR。

在 RotationViewController.h 文件中，我们可以看到如下代码：

```
#import <UIKit/UIKit.h>

@interface RotationViewController : UIViewController
@property (weak, nonatomic) IBOutlet UIButton *buttonUL;
@property (weak, nonatomic) IBOutlet UIButton *buttonL;
@property (weak, nonatomic) IBOutlet UIButton *buttonLL;
@property (weak, nonatomic) IBOutlet UIButton *buttonUR;
@property (weak, nonatomic) IBOutlet UIButton *buttonR;
@property (weak, nonatomic) IBOutlet UIButton *buttonLR;

@end
```

17.3.2　旋转时移动按钮

为了让按钮能够移动到最合适的位置上，我们需要重写 willAnimateRotationToInterface-

Orientation:duration: 方法。

在 RotationViewController.m 文件中添加下面的方法：

```
-(void)willAnimateRotationToInterfaceOrientation:(UIInterfaceOrientation)
               toInterfaceOrientation duration:(NSTimeInterval)duration
{
    if (UIInterfaceOrientationIsPortrait(toInterfaceOrientation)) {
        self.buttonUL.frame = CGRectMake(36, 25, 110, 110);
        self.buttonUR.frame = CGRectMake(178, 25, 110, 110);
        self.buttonL.frame =  CGRectMake(36, 151, 110, 110);
        self.buttonR.frame =  CGRectMake(178, 151, 110, 110);
        self.buttonLL.frame = CGRectMake(36, 277, 110, 110);
        self.buttonLR.frame = CGRectMake(178, 277, 110, 110);
    } else {
        self.buttonUL.frame = CGRectMake(36, 15, 110, 110);
        self.buttonUR.frame = CGRectMake(36, 135, 110, 110);
        self.buttonL.frame =  CGRectMake(177, 15, 110, 110);
        self.buttonR.frame =  CGRectMake(177, 135, 110, 110);
        self.buttonLL.frame = CGRectMake(328, 15, 110, 110);
        self.buttonLR.frame = CGRectMake(328, 135, 110, 110);
    }
}
```

要想通过代码指定对象的大小和位置，我们需要指定对象的 frame 属性（frame 是 CGRect 类型的结构体）。我们通过 CGRectMake 函数来创建 CGRect 对象，该对象中包括指定位置（x，y）的 CGPoint 类型的结构体和指定大小（width，height）的 CGSize 类型的结构体。

构建并运行应用程序。旋转后的效果如图 17-14 所示。

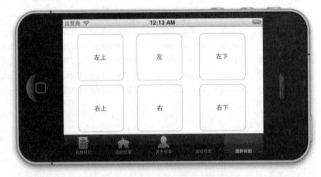

图 17-14　旋转后的效果

17.4　旋转时切换视图

在前面的两个实践练习中，我们都是在旋转的时候改变了对象的大小和位置。但是对于复杂的，可能含有 15 到 20 个的子视图来说，使用前面介绍的方法就显得繁琐很多。有没有更好的方式来处理复杂视图的旋转呢？答案是肯定的，那就是在视图旋转的同时，让控制器切换不同的视图。也就是我们要在控制器中创建两个视图，一个用于在垂直方向显示，而另一个用于在水平方向显示。

针对两个不同方向的视图，有读者可能会想到：对于同一个控制器的两个不同视图中的相对应交互控件，需要分别在视图控制器类中创建不同的 IBOutlet 关联，但实际上它们完成的功能是一样的。比如，有一个负责播放音乐的按钮，我们需要分别在横向和纵向视图中创建它们。如果我们修改了其中一个按钮的属性，对应的另一个按钮的属性也要进行修改。例如，在应用程序运行过程中，我们将音乐按钮禁止（disable）或隐藏（hide），对另外一个视图中的按钮也要如此。

对于上面提到的这两个音乐按钮，我们需要创建多个 Outlet，比如用指针 musicPortrait 和 musicLandscape 指向这两个按钮。其实，在 iOS 以前的版本中确实就是这样处理的。但是最新版本的 iOS 中加入了一个新的特性，叫做 Outlet 集合（Outlet Collection），通过它可以减少程序的代码量，可以更方便地管理。在之前的学习中，我们清楚地知道 Outlet 只能指向一个单独的对象控件，而 Outlet 集合就像是一个数组，它可以指向任意数量的控件对象。

17.4.1　设计两个视图

在接下来的实践练习中，我们要创建一个全新的 iOS 项目，其用户界面并不复杂，主要目的是为了让大家能够清楚视图切换的过程。

步骤 1　创建一个新的 iOS 项目，使用 Single View Application 模板，将项目名称设置为 Swap，将 Devices 设置为 iPhone，勾选 Use Automatic Reference Counting 选项，并且将 Use Storyboards 设置为未选中状态。

注意　在这个小的实践练习中，我们不使用故事板创建应用程序的用户界面，而是使用 Interface Builder 为每一个视图控制器设置独立的用户界面。每个控制器的界面都会存储到与控制器类同名的 XIB 文件中。

步骤 2　在项目导航中可以看到，除了 AppDelegate 类以外，还有一个 ViewController 类。这个 ViewController 类除了具有 .h 和 .m 文件以外，还多了一个 .xib 文件，它就是 ViewController 控制器的用户界面文件。

XIB 是一个用 XML 格式存储用户界面信息的文件。从字面上能够看出，XIB 是 XML Interface Builder 的缩写。当编译器构建项目的时候，XIB 文件会被编译成 NIB 文件。也就是说，开发者在编写程序的时候编辑的用户界面文件是 XIB 文件，而应用程序在运行中使用的是经过编译和压缩处理的 NIB 文件。道理很简单，XIB 文件便于开发者编辑界面，而 NIB 文件便于应用程序执行时的载入和解析。今后，如果看到配置 NIB 的选项，应该清楚它指的就是相应 XIB 文件经过编译后产生的 NIB 文件。

步骤 3 在项目导航中选中 ViewController.xib 文件，整个 Xcode 工作界面如图 17-15 所示。

在项目导航中选择 ViewController.xib 文件以后，编辑区域中就会显示大纲视图（Outline View）和画布（Canvas）两部分内容。左边的是大纲视图，其中列出了该 XIB 文件中的所有对象。如果是在笔记本电脑或低分辨率的显示器上开发用户界面，当大纲视图占据很大空间影响到画布的设计时，可以点击该视图右下角的缩放按钮，将其收缩或展开。

在 ViewController.xib 的大纲视图中可以看到以下 3 个对象。

❑ File's Owner：代表哪个对象拥有该 NIB 文件。具体到本例中，ViewController.xib 文件的 File's Owner 指向的是项目中 ViewController 类的一个实例，它用于响应该视图控制器的事件及执行相应的代码。

❑ First Responder：主要负责用户的输入。虽然在前面的实践中也接触到了，但在 iOS 开发中基本用不上，所以在这里可以忽略它。

❑ View：是 UIView 类的一个实例，用于呈现用户需要显示的内容。

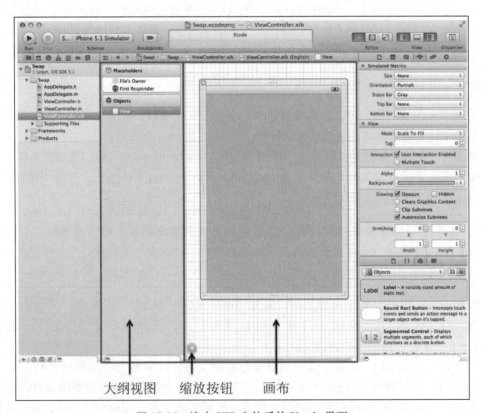

图 17-15　选中 XIB 文件后的 Xcode 界面

在选择导航视图中的 ViewController.xib 文件后，画布中就会出现一个空白的灰色用户界面，这就是 View。我们可以通过点击边缘处来随意调整它在画布上的位置，甚至可以点击其左上角的 × 将其关闭。当再次选择大纲视图中的 View 时，它又会出现在画布中。注意，在画布上移动 View 的位置不会对程序界面有任何的影响，而在画布中关闭 View 也不会将它从XIB 文件中删除。

步骤 4　从对象库中拖曳两个 Round Rect Button 到视图中去，调整好大小和位置，并将Title 分别设置为音乐和影片。然后，在大纲视图中选中 Objects 中的 View 对象，在同级层面上再复制一份。

步骤 5　选中复制的那个视图，通过 Option+Command+4 快捷键切换到属性检查窗口，将 Orientation 设置为 Landscape。此时，该视图变为横向。将其中的两个按钮水平放置，最后修改两个视图的标题分别为 View- 纵向和 View- 横向，如图 17-16 所示。

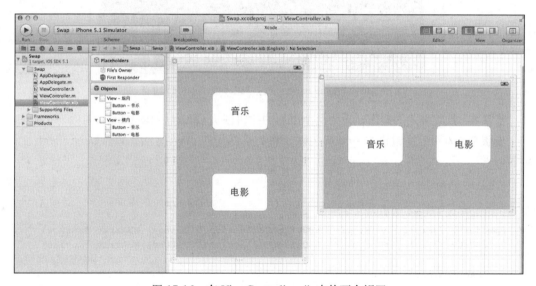

图 17-16　在 ViewController.xib 中的两个视图

到目前为止，ViewController.xib 中共有 2 个视图和 4 个按钮，我们需要为它们创建Outlet 及 Action 关联。

步骤 6　将 Xcode 切换到助手模式，在大纲视图选中"View - 纵向"视图，将其通过Control-Drag 拖曳到 ViewController.h 文件中，将 Connection 设置为 Outlet，将 Name 设置为portrait。用同样的方式设置"View - 横向"视图的 Outlet 关联，将 Connection 设置为 Outlet，将 Name 设置为 landscape。

需要注意的是，在弹出的关联设置窗口中，Storage 类型均为 Strong，否则运行时会出现问题。

步骤 7　将 Xcode 切换到助手模式，选中纵向视图中的音乐按钮，将其通过 Control-Drag 拖曳到 ViewController.h 文件中，在弹出的关联菜单中将 Connection 设置为 Outlet

Collection，将 Name 设置为 musics。然后从大纲视图中选择 File's Owner，将其通过 Control-Drag 拖曳到横向视图中的音乐按钮，在弹出的关联菜单中选择 Outlet Collections 中的 musics。此时，如果在 File's Owner 上执行 Control-Click，可以看到 Outlet Collections 部分中 musics 指向了两个音乐按钮，如图 17-17 所示。

图 17-17　File's Owner 中的 Outlet Collections 信息

步骤 8　重复刚才的操作，也为两个电影的按钮创建 Outlet Collections，名称为 movies。

步骤 9　为 4 个按钮建立 Action 关联，将其全部指向 play: 方法。ViewController.h 文件如下：

```
#import <UIKit/UIKit.h>

@interface ViewController : UIViewController
@property (strong, nonatomic) IBOutletCollection(UIButton) NSArray *musics;
@property (strong, nonatomic) IBOutletCollection(UIButton) NSArray *movies;

- (IBAction)play:(id)sender;

@end
```

在这部分的实践练习中，我们为 ViewController 控制器准备了两个视图，一个为横向，另一个为纵向。每个视图都有两个按钮，我们为这些按钮设置好了 Outlet 和 Action 关联。

17.4.2　执行旋转时的切换

步骤 1　在项目导航中选择 ViewController.m 文件，在开始部分添加一行 C 语言的宏代码。

```
#define degreesToRadians(x) (M_PI *(x) / 180.0)
```

这行宏代码帮助我们将角度值转换为弧度值，因为在旋转时切换视图会用到这个值。

步骤 2　添加 willAnimateRotationToInterfaceOrientation: duration: 方法。

```
-(void)willAnimateRotationToInterfaceOrientation:(UIInterfaceOrientation)
                    toInterfaceOrientation
duration:(NSTimeInterval)duration
    {
        if (toInterfaceOrientation == UIInterfaceOrientationPortrait) {
            self.view = self.portrait;
            self.view.transform = CGAffineTransformIdentity;
            self.view.transform =
CGAffineTransformMakeRotation(degreesToRadians(0));
            self.view.bounds = CGRectMake(0.0, 0.0, 320, 460);
        }
        else if (toInterfaceOrientation == UIInterfaceOrientationLandscapeLeft){
            self.view = self.landscape;
            self.view.transform = CGAffineTransformIdentity;
            self.view.transform =
CGAffineTransformMakeRotation(degreesToRadians(-90));
            self.view.bounds = CGRectMake(0.0, 0.0, 480, 300);
        }
        else if(toInterfaceOrientation == UIInterfaceOrientationLandscapeRight){
            self.view = self.landscape;
            self.view.transform = CGAffineTransformIdentity;
            self.view.transform =
CGAffineTransformMakeRotation(degreesToRadians(90));
            self.view.bounds = CGRectMake(0.0, 0.0, 480, 300);
        }
    }
```

在 ViewController 类中，我们重写了父类的 willAnimateRotationToInterfaceOrientation: duration: 方法。该方法在旋转开始以后及结束之前被触发。在该方法中，我们根据方向去决定当前控制器的视图是使用 portrait 还是 landscape。在呈现视图的时候，我们使用了 CGAffineTransformMakeRotation() 函数，它属于 Core Graphics 框架的一部分。

transform 属性通过数学方式来描述对象大小、位置或角度的改变。通常，在控制器仅拥有一个视图时，如果设备发生旋转，iOS 会自动为我们设置 transform 的值。但是如果我们需要在旋转时切换不同视图，就需要为呈现的视图设置正确的过渡效果。因此在 willAnim-ateRotationToInterfaceOrientation: duration: 方法中，我们需要为每一个旋转方向设置视图的 transform 属性。

步骤 3 在 ViewController.m 文件中完成 play: 方法，添加下面粗体字的代码：

```
- (IBAction)play:(id)sender {
    NSString *message = nil;

    if ([self.musics containsObject:sender])
        message = @"音乐按钮被点击";
    else
        message = @"电影按钮被点击";

    UIAlertView *alert = [[UIAlertView alloc] initWithTitle:message
```

```
                                              message:nil
                                             delegate:nil
                                    cancelButtonTitle:@"OK"
                                    otherButtonTitles:nil, nil];

    [alert show];
}
```

在 play: 方法中，我们使用了 Outlet Collections 类的两个变量来判断用户到底点击哪个按钮。因为 Outlet Collections 是数组类型，所以可以使用 containsObject: 方法来进行判断。最后，使用 UIAlertView 将结果显示出来。

构建并运行应用程序。不管是横向还是纵向，我们都可以得到正确的反馈信息。

17.4.3 改变 Outlet Collections

有些时候，我们需要改变用户界面元素，所以我们要确保在发生改变的时候，不管是横向还是纵向都要发生相应的改变。

接下来我们修改 play: 方法，当用户点击按钮的时候，让该按钮消失，同时让另一个视图相应的按钮也消失。

修改 play: 方法，代码如下：

```
- (IBAction)play:(id)sender {
    if ([self.musics containsObject:sender]) {
        for (UIButton *aMusic in musics) {
            aMusic.hidden = YES;
        }
    }
    else{
        for (UIButton *aMovie in movies) {
            aMovie.hidden = YES;
        }
    }
}
```

构建并运行应用程序，不管我们点击哪个视图中哪个按钮，在旋转到另外一个视图后，相应的按钮也消失了。

第 18 章

编辑表格视图

本章内容

我们在第 7 章创建日记列表的时候，就接触到了表格视图（UITableView），并且在随后几章的实践练习中，还实现了在表格视图中显示用户所创建的日记列表。在本章的学习中，我们还需要解决几个与表格处理相关的深层次的问题：

- 让表格视图进入编辑模式。
- 在单元格中设置不同类型的附件指示器。
- 在单元格中自定义附件指示器。
- 自定义单元格的高度。
- 删除表格视图中的条目。
- 调整表格视图中条目的位置。
- 在表格视图中使用刷新控件。

通过之前的学习我们可以发现，表格视图实际上就是一个特殊的滚动视图（Scrolling View），只不过它只能进行垂直方向的滚动。表格视图可以分成几部分，每部分都会包含一些行，这些行都是 UITableViewCell 类的实例。我们可以通过继承 UITableViewCell 类来创建自定义的单元格。

在 iPhone 中，通过表格视图向用户呈现一组数据，可以说是最理想的方法。我们可以在单元格中呈现文字、图像及其他对象，还可以自定义单元格的高度和外观，以及对它们进行分组。

18.1 表格视图的编辑模式

UITableView 有一个 editing 属性。当我们将这个属性设置为 YES 的时候，表格视图将进入编辑模式。在表格视图进入编辑模式以后，用户就可以对行进行相应的维护和管理。比如，用户可以改变行的排列顺序，增加行或移除行。在编辑模式下，用户无法编辑行（单元格）中的内容。

还记得我们在 DiaryListViewController 类的 viewDidLoad 方法中设置导航栏中左侧按钮的语句吗？

```
- (void)viewDidLoad
{
    [super viewDidLoad];

    // 将导航栏中左侧的按钮设置为表格视图的编辑按钮
    [[self navigationItem] setLeftBarButtonItem:[self editButtonItem]];

    // 设置导航栏的标题
    [[self navigationItem] setTitle:@"日记列表"];
}
```

除此以外，要想在其他方法中修改表格视图的编辑状态，则可以通过下面这样的语句。

```
// 让表格视图进入编辑状态
```

```
[self setEditing:YES animated:YES];
```

该方法会让视图控制器显示一个可编辑的视图。如果 editing 为 YES，则视图控制器会显示一个可编辑视图。如果 animated 为 YES，在改变编辑状态的时候会呈现动画效果。

构建并运行应用程序。当点击导航栏中的 Edit 按钮的时候，表格视图会进入编辑模式，如图 18-1 所示。此时该按钮的标题也会变为 Done，再次点击则会回到之前的状态。

图 18-1　点击 Edit 按钮以后表格视图进入编辑状态

18.2　使用不同类型的附件指示器

在表格视图中，我们还可以借助单元格中的附件指示器使用户与单元格之间进行某种方式的交互。

修改 DiaryListViewController 类中的 tableView:cellForRowAtIndexPath: 方法，添加下面粗体字的内容。

```
- (UITableViewCell *)tableView:(UITableView *)tableView
cellForRowAtIndexPath:(NSIndexPath *)indexPath
{
    static NSString *CellIdentifier = @"DiaryCell";
    UITableViewCell *cell = [tableView
dequeueReusableCellWithIdentifier:CellIdentifier];
```

```
// 针对不同单元格应用不同的附件指示器
if (indexPath.row % 2) {
    cell.accessoryType = UITableViewCellAccessoryDisclosureIndicator;
}else{
    cell.accessoryType = UITableViewCellAccessoryDetailDisclosureButton;
}

Diary *diary = [self.diaries objectAtIndex:indexPath.row];

cell.textLabel.text = [diary title];
cell.textLabel.textColor = self.diaryTitleColor;

cell.detailTextLabel.text = [[diary dateCreate] description];

return cell;
}
```

在 tableView:cellForRowAtIndexPath: 方法中，我们实现了交叉显示不同类型的单元格附件指示器的效果。

UITableViewCellAccessoryType 是枚举类型。它包括 UITableViewCellAccessoryNone、UITableViewCellAccessoryDisclosureIndicator、UITableViewCellAccessoryDetailDisclosure-Button 和 UITableViewCellAccessoryCheckmark。我们可以将其中任意一个类型赋值给 UITableViewCell 对象的 accessoryType 属性。

在应用程序中，我们经常会使用 Disclosure Indicator 和 Detail Disclosure Button 这两个指示器。它们都会显示一个向右指向的箭头，用以告知用户当点击该单元格的时候会呈现一个新的视图或视图控制器，并且这个新的视图所呈现的内容一定与所选择的单元格内容有着必然的联系。两个指示器的不同点则是，Disclosure Indicator 只是对用户的一个提示，而用户在点击 Detail Disclosure Button 的时候会触发 UITableViewDelegate 协议中的方法。对于用户来说，在点击单元格和该单元格中的 Detail Disclosure Button 时，会呈现不同的效果。对于开发者来说，Detail Disclosure Button 可以在同一个单元格中完成两个独立但又有关系的动作。

构建并运行应用程序。我们可以在 DiaryList-ViewController 视图中看到两种不同的附件指示器，单数行呈现的是 Detail Disclosure Indicator 类型，双数行呈现的是 Disclosure Indicator 类型，如图 18-2 所示。

图 18-2　两种不同类型的附件指示器

当我们点击 Detail Disclosure Button 的时候，就会发现它其实是一个真正的按钮。那么问题在于：表格视图如何知道用户点击了这个按钮呢？这需要通过 UITableViewDelegate 协议中的 tableView: accessoryButtonTappedForRowWithIndexPath: 方法来响应应用用户的交互操作。

在 DiaryListViewController.m 文件中添加下面粗体字的内容。

```
-(void)tableView:(UITableView *)tableView
accessoryButtonTappedForRowWithIndexPath:(NSIndexPath *)indexPath
{
    NSLog(@"单元格 %@ 的附件指示器按钮被点击。", indexPath);

    UITableViewCell *cell = [tableView cellForRowAtIndexPath:indexPath];

    NSLog(@"单元格的标题为：%@", cell.textLabel.text);
}
```

构建并运行应用程序。当点击某个单元格中 Detail Disclosure Button 的时候，在调试控制台中就会出现当前选择的单元格的 indexPath 描述及单元格的文字标题，所呈现的内容如下：

```
2012-12-12 22:28:56.312 MyDiary[3363:c07] 单元格 <NSIndexPath 0x12b5a750> 2 indexes
[0, 2] 的附件指示器按钮被点击。
2012-12-12 22:28:56.312 MyDiary[3363:c07] 单元格的标题为：这就是我的秘诀，专注和简单
```

18.3　创建自定义的单元格附件指示器

除了使用 iOS SDK 提供的附件指示器以外，我们还可以创建自己的指示器。

步骤 1　在 tableView:cellForAtIndexPath: 方法中删除之前的指示器设置代码，然后添加下面粗体字的代码。

```
- (UITableViewCell *)tableView:(UITableView *)tableView
cellForRowAtIndexPath:(NSIndexPath *)indexPath
{
    // CellIdentifier 所指向的字符串必须与故事板中 Table View Cell 对象的 Indentifier 属性一致
    static NSString *CellIdentifier = @"DiaryCell";
    UITableViewCell *cell = [tableView
dequeueReusableCellWithIdentifier:CellIdentifier];

    UIButton *button = [UIButton buttonWithType:UIButtonTypeRoundedRect];
    button.frame = CGRectMake(0.0f, 0.0f, 150.0f, 25.0f);

    [button setTitle:@"听录音" forState:UIControlStateNormal];

    [button addTarget:self
               action:@selector(listenAudio:)
     forControlEvents:UIControlEventTouchUpInside];

    cell.accessoryView = button;
```

```
    Diary *diary = [self.diaries objectAtIndex:indexPath.row];

    cell.textLabel.text = [diary title];
    cell.textLabel.textColor = self.diaryTitleColor;

    cell.detailTextLabel.text = [[diary dateCreate] description];

    return cell;
}
```

步骤 2　添加 listenAudio: 方法。

```
-(void) listenAudio:(UIButton *)sender
{
    /* 添加相应的程序代码 */
}
```

构建并运行应用程序。自定义的附件指示器如图 18-3 所示。只不过现在点击该指示器的时候，不会执行任何代码。

在 UITableViewCell 类中，有一个属性叫做 accessory-View。如果我们对 iOS SDK 提供的内置指示器不满意，可以创建一个自定义的 UIView 类型的对象，然后将它赋值给 accessoryView。在这个属性被设置以后，Cocoa Touch 会忽略 accessoryType 属性的值，而直接使用 accessoryView 作为单元格的指示器。

从上面的代码中我们可以发现，当单元格中的按钮被点击时，就会执行 listenAudio: 方法。如果日记含有音频信息，我们可以在这个方法中播放。

图 18-3　单元格中自定义的附件指示器

```
-(void) listenAudio:(UIButton *)sender
{
    UITableViewCell *cell = (UITableViewCell *)sender.superview;

    if (cell != nil) {
        NSIndexPath *cellIndexPath = [self.tableView indexPathForCell:cell];
        NSLog(@"单元格 %@ 的附件指示器按钮被点击。", cellIndexPath);
    }

    /* 获取了用户点击的那行单元格的指示器以后，可以播放该日记的音频信息 */
}
```

在 listenAudio: 方法中传递进来的参数 sender 是用户点击的 UIButton 类型的附件指示器。因为 UIButton 是 Cell 的子视图，所以我们通过 (UITableViewCell *)sender.superview 来获取用户选择的单元格对象，最后通过 indexPathForCell: 方法获取特定单元格的位置。

18.4　显示具有层级的表格视图

如果想让表格视图显示具有层级的单元格，则需要设置单元格的 indentation 属性。
修改 tableView:cellForRowAtIndexPath: 方法，如下：

```
- (UITableViewCell *)tableView:(UITableView *)tableView
cellForRowAtIndexPath:(NSIndexPath *)indexPath
{
    ......
    cell.accessoryView = button;

    cell.indentationWidth = 10;
    cell.indentationLevel = indexPath.row;

    Diary *diary = [self.diaries objectAtIndex:indexPath.row];

    ......
    return cell;
}
```

构建并运行应用程序，效果如图 18-4 所示。

图 18-4　设置单元格中的 indentation 属性后的显示效果

在单元格的设置中，与缩进相关的属性一共有两个：indentation level 和 indentation
width，每个单元格最终的缩进距离就是 level × width。举个例子，如果 level 的值是 3，width

的值为 2，则最终的缩进距离就是 6。

18.5　为表格创建 Header 和 Footer

在本章的实践练习中，我们会通过 UITableViewDelegate 协议中的两个方法，将自定义的视图放置在表格的头视图（Header View）中。头视图的位置是在每个 Section 的上方，用于呈现标题或可视化控件对象。它可以是任何 UIView 类型的对象。与此相对应，还有一个脚视图（Footer View）位于每个 Section 的下方，如图 18-5 所示。表格视图中具有两个 Section，每个 Section 的头视图都是一个 UIButton 对象，而脚视图都是一个 UILabel 对象。

表格中的每个 Section 都可以有自己的 Header 和 Footer。举例来说，如果在一个表格视图中设置了 3 个 Section，我们就可以设置最多 3 个 Header 和 Footer。但是，这里也不强制要求必须为每一个 Section 都设置 Header 和 Footer，在需要的地方设置即可。

图 18-6 是模拟器中的键盘设置界面，从中可以看出这个表格视图共有 4 部分的 Section。其中第一部分的 Section（含有"启用大写字母锁定键"和"句号快捷键"的部分），有一个"连按两下空格键插入句号……"的 Footer。之所以将这句话放在该 Section 的 Footer 中，是因为它是对句号快捷键的解释，放在 Header 中显然是不合适的。同理，第三部分的"用户词典"则放在了 Header 中，而第二部分的"键盘"和第四部分的"添加新的短语 ..."，因为对使用者来说非常好理解，所以不需要 Header 和 Footer 的说明。

图 18-5　UITableView 中的头视图和脚视图

图 18-6　模拟器中的键盘设置界面

18.5.1 创建头视图

接下来，我们会在 DiaryListViewController 的表格视图中创建两个 UIView 对象，一个用于显示"日记列表的开头"，另一个用于显示"日记列表的结尾"。

步骤 1 在项目导航中打开 DiaryListViewController.h 文件，声明 1 个 Outlet 变量 headerView 及相应的 getter 方法。

```
@interface DiaryListViewController : UITableViewController
<UITableViewDataSource, UITableViewDelegate,
CreateDiaryViewControllerDelegate>

@property (nonatomic, strong) NSMutableArray  *diaries;
@property (nonatomic, strong) UIColor *diaryTitleColor;
@property (nonatomic, weak) UIView *headerView;

-(UIView *) headerView;

@end
```

我们将会在一个 XIB 文件中创建 Section 的头视图和其中的子视图（UILabel 对象），而 DiaryListViewController 类将在需要呈现 headerView 的时候载入并显示该视图。

步骤 2 在项目导航中选中 MyDiary 组，从菜单中选择 File → New → File...。在新文件模板对话框中选择 User Interface → Empty 类型，如图 18-7 所示。在接下来的对话框中设置 Device Family 为 iPhone，最后将 XIB 文件保存为 HeaderView。

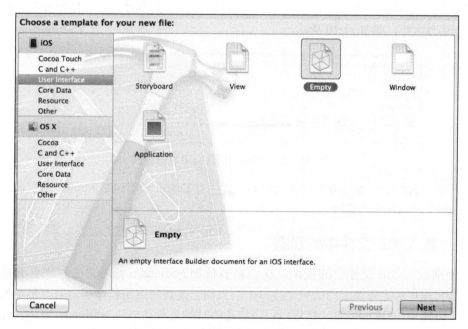

图 18-7　创建一个新的 XIB 文件

步骤3 在项目导航中选择 HeaderView.xib 文件，在编辑区域的大纲视图中选择 File's Owner，通过 Option+Command+3 快捷键切换到标识检查窗口，将 Class 设置为 DiaryListViewController，如图 18-8 所示。

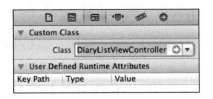

图 18-8　修改 HeaderView.xib 的
File's Owner

当我们创建好 HeaderView.xib 文件以后，需要为它指定一个拥有者（主人），也就是哪个类将拥有该 XIB 文件。

步骤4 拖曳一个 UIView 到画布上面，选中以后打开大小检查窗口，此时我们会发现其大小是不能改变的，如图 18-9 所示。我们再添加一个 UIView 对象到刚才创建的视图之中，修改其大小为 320×60，然后将其拖曳到第一个 UIView 的外部，最后删除第一个 UIView 对象即可。

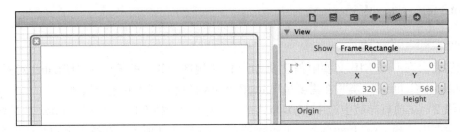

图 18-9　HeaderView.xib 中的 UIView

步骤5 在 UIView 对象中添加一个 UILabel 控件，设置内容为"日记列表的开头"并且调整好字号大小，如图 18-10 所示。

图 18-10　在 UIView 中添加 UILabel 控件

接下来，我们需要通过编写程序代码的方式，在 DiaryListViewController 控制器中手动载入 HeaderView.xib 中的视图。

18.5.2　载入 XIB 文件中的视图

要手动载入 XIB 文件中的视图，我们需要借助 NSBundle 类来完成。这个类是应用程序和应用程序绑定资源之间的一个接口。当我们想要访问应用程序绑定资源包中的文件时，就可以使用 NSBundle 类。在应用程序启动的时候会自动创建 NSBundle 对象，通过向 NSBundle 发送 mainBundle 消息可以获取该对象。

在拥有了绑定资源指针以后，就可以载入 XIB 文件。

在项目导航中选择 DiaryListViewController.m 文件，添加 headerView 方法如下：

```
-(UIView *)headerView
{
    // 如果还没有载入 headerView...
    if (!_headerView) {
        // 载入 HeaderView.xib 资源
        _headerView = (UIView *)[[[NSBundle mainBundle]
                            loadNibNamed:@"HeaderView"
                            owner:self options:nil] objectAtIndex:0];
    }
    return _headerView;
}
```

在 headerView 方法中，首先判断成员变量 headerView 是否被初始化。

注意　在 headerView 的 getter 方法中，我们不可以使用 self.headerView，只能使用 headerView 变量，因为 self.headerView 实际上还是调用 headerView 的 getter 方法。否则就会形成一个无限嵌套循环，导致应用程序崩溃退出。

如果 headerView 没有被初始化，则需要通过 loadNibNamed:owner:options: 方法载入 XIB 文件中的视图对象。在该方法中，我们指明了需要载入的 XIB 文件的名称 HeaderView，但不用去说明它的后缀名称，NSBundle 会自动处理这个问题。通过 self 参数，我们让 DiaryListViewController 类作为 XIB 文件的拥有者。loadNibNamed:owner:options: 方法会返回 XIB 文件中的 UIView，并且会通过数组的方式呈现。如果 XIB 文件中只有一个自定义 UIView，使用数组的 objectAtIndex: 方法获取第一个 UIView 对象。

18.5.3　设置头视图

在 headerView 被初始化好以后，我们就可以设置表格的头视图了。这需要我们在 DiaryListViewController 中实现 UITableViewDelegate 协议的两个方法。

步骤 1　在 DiaryListViewController.m 中实现 tableView:viewForHeaderInSection: 方法。

```
- (UIView *)tableView:(UITableView *)tableView
viewForHeaderInSection:(NSInteger)section
{
    return [self headerView];
}
```

步骤 2　在 DiaryListViewController.m 中实现 tableView:heightForHeaderInSection: 方法。

```
-(CGFloat)tableView:(UITableView *)tableView
heightForHeaderInSection:(NSInteger)section
{
    return [[self headerView] bounds].size.height;
}
```

注意 虽然协议的这两个方法是可选的，但是只要在控制器中实现了其中一个方法，就需要实现另外一个。

当 tableView:heightForHeaderInSection: 消息被发送到 DiaryListViewController 的时候，就会执行 headerView 方法。如果成员变量 headerView 此时为 nil，就会载入绑定资源库中指定的 XIB 文件。

构建并运行应用程序。表格视图的顶部会出现一个头视图，如图 18-11 所示。

图 18-11 MyDiary 具有头视图的运行效果

18.5.4 设置脚视图

与 tableView:viewForHeaderInSection: 和 tableView:heightForHeaderInSection: 方法类似，我们可以通过 tableView:viewForFooterInSection: 和 tableView:heightForFooterInSection: 这两个方法设置 Section 的脚视图。

步骤 1 在 DiaryListViewController.m 文件中添加下面这两个方法。

```
- (UIView *) tableView:(UITableView *)tableView
viewForFooterInSection:(NSInteger)section
{
```

```
        UIView *footerView = nil;
        if (section == 0)
        {
            UILabel *label = [[UILabel alloc] initWithFrame:CGRectZero];
            label.text = @" 日记列表的结尾 ";
            label.backgroundColor = [UIColor clearColor];
            [label sizeToFit];

            /* 将 label 向右移动 10 点 */
            label.frame = CGRectMake(label.frame.origin.x + 10.0f,
                            5.0f, /* 将 label 向下移动 5 个点 */
                            label.frame.size.width, label.frame.size.height);

            /* 作为放置 label 的容器，footerView 要比 label 的宽度大 10 点，这不是必须的 */
            CGRect frame = CGRectMake(0.0f, 0.0f,label.frame.size.width + 10.0f,
                    label.frame.size.height);
            footerView = [[UIView alloc] initWithFrame:frame];
            [footerView addSubview:label];
        }
        return footerView;
    }


    - (CGFloat) tableView:(UITableView *)tableView
                            heightForFooterInSection:(NSInteger)section
    {
        CGFloat height = 0.0f;
        if (section == 0)
        {
            height = 30.0f;
        }
        return height;
    }
```

构建并运行应用程序，效果如图 18-12 所示。

通过刚才的方法，我们还可以将图片及其他类型的控件（只要是 UIView 的子类）放置在表格视图的头或脚视图中。除此以外，如果我们只是想显示文字内容，则可以借助 UITableViewDataSource 协议提供的方法来实现，这样可以节省很大的精力。

步骤 2　将前面的 tableView:viewForFooterInSection: 方法注释掉，然后添加下面这个方法：

```
- (NSString *) tableView:(UITableView *)tableView
titleForFooterInSection:(NSInteger)section
{
    NSString *string = nil;
    if (section == 0)
    {
        string = @" 日记列表的结尾 ";
    }
    return string;
}
```

在 tableView:titleForFooterInSection: 方法中，我们返回一个 NSString 类型的对象，这个对象会以 label 的形式显示在表格视图的脚视图中。

图 18-12　MyDiary 具有脚视图的运行效果

18.6　删除行

在表格进入编辑模式后，用户可以通过点击单元格前端的红色圆圈并点击后端的删除确认按钮删除行信息。但是，目前我们点击删除按钮以后还不会有任何效果，这需要我们添加一些代码到程序之中。当表格视图将要删除单元格的时候，会接收到 UITableViewDataSource 关于删除和等待确认的信息。

表格视图在显示单元格内容的时候，需要去访问数据源。除了第一次载入单元格需要访问数据源以外，还有其他 3 种情况需要访问数据源。

❑ 当用户滚动表格视图时。

❑ 当表格视图从视图体系中被移除后再返回视图体系的时候。

❑ 当发送 reloadData 消息的时候。

为了达到真正删除行的目的，我们需要在删除对象的时候更新数据源，以保证该对象不会再显示被删除的信息，所以这里我们首先要修改 DiaryStore 类。

步骤 1　修改 DiaryStore.h 文件，添加 removeDiary: 方法的声明。

```
@interface DiaryStore : NSObject
{
    NSMutableArray *diaries;
}

+ (DiaryStore *)defaultStore;

- (NSArray *)diaries;
- (Diary *)createDiary;

-(void)removeDiary:(Diary *)d;
```

步骤 2　修改 DiaryStore.m 文件，添加 removeDiary: 方法的定义。

```
-(void)removeDiary:(Diary *)d
{
    [diaries removeObjectIdenticalTo:d];
}
```

在 removeDiary: 方法中，我们使用了 NSArray 中的实例方法 removeObjectIdenticalTo:，它会移除数组中指定的对象。如果数组中不存在指定的对象，则不会产生任何效果。

步骤 3　在 DiaryListViewController.m 文件中添加 tableView:commitEditingStyle:forRow-AtIndex Path: 方法，它是 UITableViewDataSource 协议中的方法。

```
- (void)tableView:(UITableView *)tableView
    commitEditingStyle:(UITableViewCellEditingStyle)editingStyle
                    forRowAtIndexPath:(NSIndexPath *)indexPath
{
    if (editingStyle == UITableViewCellEditingStyleDelete) {
        NSArray *diarys = [[DiaryStore defaultStore] diaries];
        Diary *d = [diarys objectAtIndex:[indexPath row]];
        [[DiaryStore defaultStore] removeDiary:d];

        // 从表格视图中移除被删除的单元格，并且使用动画效果
        [tableView deleteRowsAtIndexPaths:@[indexPath]
withRowAnimation:UITableViewRowAnimationFade];
    }
}
```

构建并运行应用程序，然后删除其中的一行，就会看到该行被真正销毁了。如果此时点击 Home 键退出 MyDiary 应用程序，修改后的数据信息就会被存储到磁盘里。

说明　@[indexPath] 是 NSArray 的一种简写形式。它相当于 [NSArray arrayWithObject: indexPath] 语句，都会返回一个 NSArray 类型的对象。

18.7　移动表格视图中的行

要想改变表格视图中各个单元格的位置顺序，我们需要使用 UITableViewDataSource 协

议中的另外一个方法：tableView:moveRowAtIndexPath:toIndexPath:。

删除表格视图中的行后，我们发送 deleteRowsAtIndexPaths:withRowAnimation: 消息到表格视图。如果要移动某个单元格，只要向数据源发送 tableView:moveRowAtIndexPath:toIndexPath: 消息，然后数据源收到这个消息以后进行相应的更新即可。

步骤 1 在 DiaryStore 类中添加 moveDiaryAtIndex:toIndex: 方法。

在 DiaryStore.h 文件中：

```
- (void)moveDiaryAtIndex:(int)from toIndex:(int)to;
```

在 DiaryStore.m 文件中：

```
- (void)moveDiaryAtIndex:(int)from toIndex:(int)to
{
    if (from == to) {
        return;
    }

    Diary *d = [diaries objectAtIndex:from];

    [diaries removeObjectAtIndex:from];

    [diaries insertObject:d atIndex:to];
}
```

步骤 2 在 DiaryListViewController.m 中，完成 tableView:moveRowAtIndexPath:toIndexPath: 方法。

```
- (void)tableView:(UITableView *)tableView
            moveRowAtIndexPath:(NSIndexPath *)fromIndexPath
                   toIndexPath:(NSIndexPath *)toIndexPath
{
    [[DiaryStore defaultStore] moveDiaryAtIndex:[fromIndexPath row]
                                        toIndex:[toIndexPath row]];
}
```

步骤 3 在 DiaryListViewController.m 中，完成 tableView:canMoveRowAtIndexPath: 方法。

```
- (BOOL)tableView:(UITableView *)tableView
  canMoveRowAtIndexPath:(NSIndexPath *)indexPath
{
    return YES;
}
```

构建并运行应用程序。在用户点击编辑按钮以后，每个单元格的末端都会出现一个排序控件（三个横杠的按钮）。按住它就可以将单元格移动到新的位置上，如图 18-13 所示。

通过上面的实践练习，我们在 tableView:moveRowAtIndexPath:toIndexPath: 方法中使用简单的语句就完成了单元格的移动，这完全仰仗 Objective-C 是一个智能化语言。表格视图可以实时向控制器发送 tableView:moveRowAtIndexPath:toIndexPath: 消息，但与此同时，我们还要设置 tableView:canMoveRowAtIndexPath: 方法以保证表格视图在编辑状态下可以移动。

图 18-13　移动表格视图中的单元格

18.8　在表格视图中使用刷新控件

打开 iOS 6 的邮件应用程序，如果我们在邮件列表中向下拖曳表格视图，就会看到一个刷新控件，如图 18-14 所示。

步骤 1　在 DiaryListViewController 类中添加 refresh 成员变量，并且在 viewDidLoad 方法中创建并初始化 refresh 控件。

在 DiaryListViewController.h 文件中声明 UIRefreshControl 类型的成员变量。

```
@property (nonatomic, strong) UIRefreshControl
*refresh;
```

在 DiaryListViewController.m 文件中修改 viewDidLoad 方法。

```
- (void)viewDidLoad
{
    [super viewDidLoad];

    [[self navigationItem] setLeftBarButtonItem:[self
```

图 18-14　iOS 6 中的邮件刷新效果

```
editButtonItem]];
        // 设置导航栏的标题
        [[self navigationItem] setTitle:@" 日记列表 "];

        // 创建刷新控件
        self.refresh = [[UIRefreshControl alloc] init];
        self.refreshControl = self.refresh;
        [self.refresh addTarget:self
                                action:@selector(handleRefresh:)
                    forControlEvents:UIControlEventValueChanged];
}
```

步骤 2　在 DiaryListViewController.m 文件中添加 handleRefresh: 方法。

```
-(void)handleRefresh:(id)sender
{
    if (self.refresh.refreshing) {
        NSLog(@" 表格视图正在刷新中……");
        self.refresh.attributedTitle = [[NSAttributedString alloc]
                                            initWithString:@" 刷新中 "];
    }
    if
    [self.refresh endRefreshing];
    [self.tableView reloadData];
}
```

　　构建并运行应用程序。当我们向下拖曳表格视图的时候，就会看到刷新控件，如图 18-15 所示。

　　刷新控件属于 iOS 6 SDK 的一个新的 UI 组件。它为我们提供了一种简单、可视化的方式去更新表格视图中的数据。比如，在 iOS 6 之前的邮件应用程序中，我们只能点击刷新按钮去查看是否有新的邮件，而在 iOS 6 以后使用了 UIRefreshControl 来完成邮件的更新。

　　在 viewDidLoad 方法中，我们首先要创建并初始化一个 UIRefreshControl 的实例，然后将其赋值给 UITableViewController 类中的 refreshControl 属性。

　　通过刷新控件的 addTarget:action:forControlEvents: 方法，就可以告诉控制器用户在刷新表格视图。target 要设置为当前控制器（self），action 是刷新事件发生时所触发的方法。最后我们向 forControlEvents 发送 UIControlEventValueChanged 常量。

图 18-15　日记列表中刷新控件的效果

第 19 章

手 势 识 别

本章内容

　　iOS 设备的屏幕是个清新、靓丽、灵敏的东西，在全球范围内堪称杰作。它的多点触摸功能极大地扩展了 iOS 平台的输入机能，因为它可以在同一时间检测和跟踪多个独立位置的手指触摸事件。对于应用程序来说，可以让用户的手指操作体验达到一个全新的高度。

　　假如我们进入 iOS 平台的邮件应用程序，然后在垃圾箱中看到一堆不想要的邮件。此时可以点击其中的邮件，通过废纸篓图标将其删除，然后等待下一封邮件显示出来，继续删除这些无用的邮件。如果我们希望在删除邮件前确认每一封邮件，这是个不错的选择。

　　除此以外，在显示邮件列表的时候，我们还可以点击视图右上角的"编辑"按钮，标记所有想要删除的邮件，一次性将它们全部删除。这种方式在我们不需要阅读邮件信息的时候非常实用。

　　除了上面介绍的两种方式以外，我们还可以在显示邮件列表的单元格上，用手指从左到右或从右到左水平方向轻划屏幕，这个手势会使单元格产生一个删除按钮，点击它以后邮件被删除。

　　上面提到的这个轻划的例子只是众多手势应用中的一个。我们还可以通过两个手指的掐捏来缩放视图中的图片；在系统中通过长按一个图标使 iOS 进入"晃动"模式，从而删除系统中不想要的应用程序。

19.1　多点触摸概述

　　在真正的实践练习之前，我们需要先掌握一些与触摸相关的词汇，首先就是手势（Gesture）。它是从一个或多个手指放在屏幕上开始，到所有手指离开屏幕的一系列事件的混合体。我们不用关心这一过程会经历多长的时间，只要有一个或多个手指持续保留在屏幕上面，这个手势就不会结束（除非有系统事件，如 iPhone 来电将手势中断）。

　　手势是通过系统内部的事件（Event）进行传递的。当用户在屏幕上进行多点触摸操作的时候就会产生事件，这些事件中包含了触摸的信息。

　　触摸（Touch）是用户的每个手指从放在屏幕上开始，直到在屏幕上拖曳或手指离开屏幕的一组动作。手势中所包含触摸的个数等于用户同一时刻触摸屏幕的手指个数。我们可以将 5 个手指同时放在屏幕上（手指之间的距离不要太近），iOS 就可以识别并跟踪它们。现在，5 个手指的手势并不常用，但是 iPhone 确实可以识别。实际上，在 iPad 的屏幕上最多可以同时识别 10 个手指的操作，这对于我们在设计多人同屏游戏的时候非常有用（如双人的切水果游戏）。

　　我们用手指触摸屏幕，在不发生移动的情况下，马上离开屏幕的时候就会发生轻击（Tap）手势。iOS 设备可以记录轻击的次数，以确定用户进行的是双击、三击……十次点击等。

　　手势识别（Gesture Recognizer）是一个对象。它知道如何去检查用户产生的事件流，以及在用户触摸和拖曳等操作的时候对预定义手势进行识别。当用户对应用程序中的视图进行触摸操作的时候，UIGestureRecognizer 类及其子类可以帮助我们完成手势识别的工作。

　　手势识别只有被添加到 UIView 实例中以后才会起作用。一个视图可以同时包含多个手势识别对象。如果需要，在视图捕获到手势以后，还可以将相同的手势向下传递给视图体系中的下层视图。

19.1.1 基本的操作手势

苹果提供了一种简单的方法帮助我们检测用户界面上的特定手势。当 iOS 察觉到用户有点击、缩放、旋转、轻划或者长按操作的时候，手势识别类就会调用相应的方法。这需要我们对界面控件代码进行一定的补充。下面列出了 iOS SDK 所支持的手势。

❑ 轻击（Tap）——一个或多个手指在屏幕上轻击的手势。我们可以在手势识别中指定用户需要多少个手指轻击及轻击的次数。比如，iOS 可以识别用一个手指轻击某个视图两次所触发的事件，或者两个手指轻击屏幕三次的事件。

❑ 轻划（Swipe）——一个短暂的，一点或多点在一个方向上的移动识别。其中的方向包括上、下、左、右，而且移动的距离也不用太长。我们可以同时设置一个或多个方向上的识别，并且它还会返回用户轻划的方向。

❑ 掐捏（Pinche）——在照片应用程序中，我们经常会用到这个手势来对照片进行放大或缩小。操作时，用户要使用两个手指一起移动或其中一个手指移动。这个手势识别会返回一个缩放因子来指明缩放的程度。

❑ 旋转（Rotation）——使用两个手指进行顺时针或逆时针方向的旋转。该手势识别的返回值会产生一个旋转弧度的属性。

❑ 拖曳（Pan）——用户使用手指在屏幕上进行拖曳的手势。

❑ 长按（Long Press）——用户手指点击屏幕保持不动并持续一个指定时长的手势。我们可以在这个手势中指定用户必须使用多少个手指。

19.1.2 手势识别的分类和状态

我们可以将上面提到的基本手势分成两大类：瞬间的和持续的。瞬间的手势被识别以后就会调用相应的方法进行处理，而持续的手势被识别以后，会持续将手势的信息提交给调用的方法。也就是说，该方法会不断地收到触摸信息，直到该手势结束。

例如，双击就是一个瞬间的手势。尽管它是两次触摸屏幕的操作，系统还是会把它识别为一次瞬间的操作。因为系统会在第一次触摸后等待一段足够的时间，确认用户是否在进行双击操作。在识别为双击操作以后，系统也仅仅会调用目标方法一次。

再比如旋转手势，它就是持续的。这个手势从旋转开始一直到用户手指离开屏幕结束的这段时间，会在非常短的时间间隔内持续不断地调用处理的方法，并传递旋转相关的旋转数据。

我们可以使用 UIView 类的 addGetureRecognizer: 方法，将手势识别添加到视图中，而且在需要的时候也可以使用 removeGestureRecognizer: 方法将其从视图中移除。

UIGestureRecognizer 就是手势识别类。它有一个 state 属性，在用户进行触摸操作的过程中，通过监控它来获得手势的不同状态。瞬间的和持续的手势识别都会经历一些不同的状态。

瞬间的手势识别可以经历下面几个状态：

❑ UIGestureRecognizerStatePossible

❑ UIGestureRecognizerStateRecognized

❏ UIGestureRecognizerStateFailed

依据当时的情况，一个瞬间的手势可能会发送 UIGestureRecognizerStateRecognized 状态给目标对象。当在识别的过程中发生错误的时候，则会发送 UIGestureRecognizerStateFailed 状态。

持续的手势识别则会经历如下的几个状态：

❏ UIGestureRecognizerStatePossible

❏ UIGestureRecognizerStateBegan

❏ UIGestureRecognizerStateChanged

❏ UIGestureRecognizerStateEnded

❏ UIGestureRecognizerStateFailed

同样，如果在持续的手势识别的过程中偶然发生了不能修复的内部问题，目标对象手势状态会变成 UIGestureRecognizerStateFailed。如果成功完成手势识别，则会变成 UIGestureRecognizerStateEnded 状态。当 iOS 正在收集视图上的触摸事件相关信息的时候，手势识别的状态就会变为 UIGestureRecognizerStatePossible。

19.1.3 触摸事件所响应的方法

UIResponder 类及其子类是可以响应触摸事件的，之前学过的 UIView 及其 UIViewController 都是它的子类。只不过我们需要在事件发生的时候，根据用户在屏幕上的手指触摸数量和状态来判断做出什么样的响应。

当用户用手指在屏幕上触摸、移动和抬起的时候，UIResponder 及其子类就可能接收到下面的 4 个消息。

❏ touchesBegan:withEvent:——用户开始点击屏幕，触摸事件开始的时候被调用的方法。

❏ touchesMoved:withEvent:——手指在屏幕上移动时调用的方法。

❏ touchesEnded:withEvent:——触摸过程结束，一个或多个手指离开屏幕时调用的方法。

❏ touchesCancelled:withEvent:——当 Cocoa Touch 必须响应一个系统中断的时候调用的方法。

19.2 拖曳手势的检测

接下来，我们要对之前提到的几种基本手势逐一进行讲解。首先，我们需要在 Tab Bar Controller 中创建一个新的视图控制器。创建的方法在前面章节已经介绍过，所以不再赘述。

新创建的控制器名称为 TouchRecognizerViewController，是 UIViewController 类型的。在故事板中拖曳一个新的视图控制器并与 TouchRecognizerViewController 建立联系，然后将其添加到 Tab Bar Controller 中，最后修改该控制器的 Bar Item 信息，将 Title 设置为手势识别。不过，需要注意的是，因为在 Tab Bar Controller 中的控制器已经超过 5 个，所以标签栏第 5 项的内容已经换成 "More"，当我们点击它以后就会看到新添加的视图控制器了。

19.2.1　简单的手势识别

下面我们将重心从 UIViewController 转移到 UIView 上。因为 UIView 属于 UIResponder 的子类，所以可以响应用户的手势交互。

步骤 1　在 MyDiary 项目中创建一个新类，为 UIImageView 类型，名称为 TapView。

步骤 2　从本书提供的源文件的相应文件夹中找到 flower.png 文件，将其拖曳到项目之中。

步骤 3　在 TapView.h 文件中声明成员变量 startLocation。

```
@interface TapView : UIImageView
{
    CGPoint startLocation;
}
```

步骤 4　在 TapView.m 文件中重写 initWithImage: 方法。

```
-(id)initWithImage:(UIImage *)image
{
    if (self = [super initWithImage:image]) {
        self.userInteractionEnabled = YES;
    }
    return self;
}
```

在 initWithImage: 方法中，我们需要将自身的 userInteractionEnable 属性设置为 YES，只有这样，TapView 才能够接收触摸事件。

步骤 5　在 TapView.m 文件中添加 touchesBegan:withEvent: 方法。

```
- (void)touchesBegan:(NSSet *)touches withEvent:(UIEvent *)event
{
    CGPoint pt = [[touches anyObject] locationInView:self];
    startLocation = pt;
    [[self superview] bringSubviewToFront:self];
}
```

在 touchesBegan:withEvent: 方法中，我们使用 [touches anyObject] 语句获取到 UITouch 类型的触摸事件，然后向其发送 locationInView: 信息，该方法会返回在指定视图中的坐标。我们向其传递 self 作为参数，这说明我们需要的是用户在当前对象中的触摸位置。

使用 [[self superview] bringSubviewToFront:self] 语句的目的，是将当前视图调整到父类视图整个体系的最前端。也就是说，在视图中不管有多少个 TapView，用户点击到哪一个，哪一个就会出现在最顶端。

步骤 6　在 TapView.m 文件中添加 touchesMoved:withEvent: 方法。

```
-(void)touchesMoved:(NSSet *)touches withEvent:(UIEvent *)event
{
    CGPoint pt = [[touches anyObject] locationInView:self];
    float dx = pt.x - startLocation.x;
    float dy = pt.y - startLocation.y;
```

```
    CGPoint newcenter = CGPointMake(self.center.x + dx, self.center.y + dy);

    self.center = newcenter;
}
```

在该方法中，我们随时计算手指移动的偏移量，然后重新为视图定位。

步骤 7 修改 TouchRecognizerViewController.m 文件中的 viewDidLoad 方法。

```
#import "TapView.h"
......
- (void)viewDidLoad
{
    [super viewDidLoad];

    TapView *tapView = [[TapView alloc]initWithImage:[UIImage
                                        imageNamed:@"flower"]];
    tapView.center = CGPointMake(130, 130);

    [self.view addSubview:tapView];
}
```

构建并运行应用程序。在切换到手势识别视图以后，我们会看到一个黄色花朵的图片，按住鼠标后可以将其拖曳到视图的其他地方，如图 19-1 所示。

图 19-1　MyDiary 的运行效果

19.2.2　UIPanGestureRecognizer 类

在上面的实践练习中，我们使用 UIView 自身的两个方法来实现视图的拖曳移动。接下来，我们会通过 UIPanGestureRecognizer 类来实现同样的效果。这种方法会比前者简单很多。

步骤 1　创建 UIImageView 类型的新类 PanView，并为其添加成员变量 previousLocation。

```
@interface PanView : UIImageView
{
    CGPoint previousLocation;
}
```

步骤 2　修改 PanView.m 文件，如下面这样：

```
@implementation PanView

-(id)initWithImage:(UIImage *)image
{
    if (self = [super initWithImage:image]) {
        self.userInteractionEnabled = YES;
        UIPanGestureRecognizer *pan = [[UIPanGestureRecognizer alloc]
                    initWithTarget:self action:@selector(handlePan:)];

        // 设置最少和最多有几个手指触摸
        pan.minimumNumberOfTouches = 1;
        pan.maximumNumberOfTouches = 1;

        self.gestureRecognizers = [NSArray arrayWithObject:pan];
    }
    return self;
}

-(void)touchesBegan:(NSSet *)touches withEvent:(UIEvent *)event
{
    [self.superview bringSubviewToFront:self];
    previousLocation = self.center;
}

-(void) handlePan:(UIPanGestureRecognizer *) uipgr
{
    if (uipgr.state != UIGestureRecognizerStateEnded &&
        uipgr.state != UIGestureRecognizerStateFailed) {
        CGPoint translation = [uipgr translationInView:self.superview];
        self.center = CGPointMake(previousLocation.x + translation.x,
                                  previousLocation.y + translation.y);
    }
}
```

在 initWithImage: 方法中，我们实例化了一个 UIPanGestureRecognizer 类型的对象；在初

始化方法 initWithTarget:action: 中，将 Target 和 action 分别设置为 self 和 @selector (handlePan:)，代表当用户的操作手势被激活时会执行当前类的 handlePan: 方法。

拖曳是手指持续在屏幕上移动的手势，这意味着我们在初始化时设置的目标方法从这个手势开始到结束都会被不断地调用。拖曳手势将经历下面三个状态。

❑ UIGestureRecognizerStateBegan

❑ UIGestureRecognizerStateChanged

❑ UIGestureRecognizerStateEnded

所以，在 handlePan: 方法中，我们只在 UIGestureRecognizerStateChanged 状态下进行视图位置的确定。

当用户点击 PanView 视图的时候，会发送 touchesBegan:withEvent: 消息到当前类，因此在 touchesBegan:withEvent: 方法中，我们记录下视图的原始位置。

当用户开始移动视图的时候，也就是在符合我们定义的手势的时候，会发送 handlePan: 消息到当前类。该消息会携带一个 UIPanGestureRecognizer 类型的参数 uipgr。通过该参数，我们可以获取到视图被拖曳的偏移量，进而改变视图的位置。

步骤 3 修改 TouchRecognizerViewController.m 文件中的 viewDidLoad 方法，注释掉之前有关 tapView 的代码，添加下面粗体字的内容。

```
#import "PanView.h"
......
-(void)viewDidLoad
{
    [super viewDidLoad];

    PanView *panView = [[PanView alloc]initWithImage:[UIImage
                                         imageNamed:@"flower"]];
    panView.center = CGPointMake(130, 130);

    [self.view addSubview:panView];
}
```

构建并运行应用程序。虽然执行的效果与前面的完全一样，但是这次我们是通过 UIPanGesture Recognizer 类来完成视图拖曳功能的。

注意 在进入 UIGestureRecognizerStateEnded 状态的时候，UIPanGestureRecognizer 的 x 和 y 属性值有可能不是数值，而是 NAN，所以我们要避免在这个状态下使用 x 和 y 属性。

19.3 轻划手势的检测

接下来我们使用 UISwipeGestureRecognizer 来识别轻划的手势。

步骤 1 创建 UIImageView 类型的 SwipeView 类。

步骤 2 修改 SwipeView.m 文件，如下面这样。

```objc
@implementation SwipeView

-(id)initWithImage:(UIImage *)image
{
    if (self = [super initWithImage:image]) {
        self.userInteractionEnabled = YES;
        // 实例化一个 UISwipeGestureRecognizer 实例,
        // 符合的手势会响应该类中的 handleSwipe: 动作
        UISwipeGestureRecognizer *swipe = [[UISwipeGestureRecognizer alloc]
                        initWithTarget:self action:@selector(handleSwipe:)];

        // 定义的手势只支持向右轻划
        swipe.direction = UISwipeGestureRecognizerDirectionRight;
        // 定义的手势要求只使用一个手指
        swipe.numberOfTouchesRequired = 1;

        self.gestureRecognizers = [NSArray arrayWithObject:swipe];
    }
    return self;
}


-(void)touchesBegan:(NSSet *)touches withEvent:(UIEvent *)event
{
    [self.superview bringSubviewToFront:self];
}


-(void) handleSwipe:(UISwipeGestureRecognizer *) uisgr
{
    if (uisgr.direction & UISwipeGestureRecognizerDirectionUp) {
        NSLog(@"向上轻划! ");
    }
    if (uisgr.direction & UISwipeGestureRecognizerDirectionDown) {
        NSLog(@"向下轻划! ");
    }
    if (uisgr.direction & UISwipeGestureRecognizerDirectionLeft) {
        NSLog(@"向左轻划! ");
    }
    if (uisgr.direction & UISwipeGestureRecognizerDirectionRight) {
        NSLog(@"向右轻划! ");
    }
}
```

步骤 3　修改 TouchRecoginzerViewController.m 文件中的 viewDidLoad: 方法。

```objc
#import "SwipeView.h"

- (void)viewDidLoad
{
    [super viewDidLoad];
```

```
      SwipeView *swipeView = [[SwipeView alloc]initWithImage:[UIImage
imageNamed:@"flower"]];
      swipeView.center = CGPointMake(150, 170);

      [self.view addSubview:swipeView];
}
```

轻划是 iOS SDK 内置的手势识别中最简单的一个，当用户使用一个或多个手指在视图上轻划的时候就会被触发。UISwipeGuestureRecognizer 是 UIGestureRecognizer 的子类，并且含有一些特有的属性，如允许我们指定手指轻划的方向和几个手指在屏幕上进行轻划操作。

在 handleSwipe: 方法中，通过传递进来的变量，我们可以判断用户向哪个方向进行轻划。在这里的实践练习中，因为在设置手势的时候指定了对象的 direction 属性，所以在 handleSwipe: 中实际只会接收向右的轻划操作。

构建并运行应用程序。当我们在 flower 图片上使用鼠标从左向右轻划时，调试控制台会显示日志内容：2012-08-19 07:04:59.704 MyDiary[2328:c07] 向右轻划！由于我们设置了 direction 属性，所以 handleSwipe: 方法不会接收其他方向的轻划手势。

注意 在 UISwipeGuestureRecognizer 中，我们可以为 direction 属性混合多个方向定义，只不过需要在每个方向之间使用管道符号（|）链接。比如，我们想检测向右下轻划的操作，就可以将代码写成 swipeView.direction = UISwipeGestureRecognizerDirectionRight | UISwipeGestureRecognizerDirectionDown；

19.4　旋转手势的检测

在本节的实践练习中，我们将使用 UIRotationGestureRecognizer 判断用户的旋转手势。

步骤 1　创建 UIImageView 类型的新类 RotationView。

步骤 2　修改 RotationView.h 文件，添加成员变量 rotationAngleInRadians。

```
@interface RotationView : UIImageView
{
    float rotationAngleInRadians;
}
@end
```

步骤 3　修改 RotationView.m 文件，如下面这样。

```
@implementation RotationView

-(id)initWithImage:(UIImage *)image
{
    if (self = [super initWithImage:image]) {
        self.userInteractionEnabled = YES;
        UIRotationGestureRecognizer *rotation =
                    [[UIRotationGestureRecognizer alloc]
```

```
                        initWithTarget:self action:@selector(handleRotation:)];

            self.gestureRecognizers = [NSArray arrayWithObject:rotation];
        }
        return self;
    }

    -(void) handleRotation:(UIRotationGestureRecognizer *)uirgr
    {
        self.transform = CGAffineTransformMakeRotation
                                    (rotationAngleInRadians + uirgr.rotation);

        if (uirgr.state == UIGestureRecognizerStateEnded) {
            rotationAngleInRadians += uirgr.rotation;
        }
    }
    @end
```

步骤 4　修改 TouchRecoginzerViewController.m 文件中的 viewDidLoad 方法。

```
#import "RotationView.h"

- (void)viewDidLoad
{
    [super viewDidLoad];

    RotationView *rotationView = [[RotationView alloc]initWithImage:
                                        [UIImage imageNamed:@"flower"]];
    rotationView.center = CGPointMake(150, 170);

    [self.view addSubview:rotationView];
}
```

UIRotationGestureRecognizer 用于识别手指旋转的手势操作，在某些游戏或图片处理应用程序中会经常使用。它包含一个 rotation 属性，用于反馈用户手指旋转的角度（用弧度制表示）。rotation 的角度是从两个手指的最初位置开始，也就是触摸的 UIGestureRecognizerStateBegan 状态开始，到最终旋转位置结束，也就是进入 UIGesture-RecognizerStateEnded 状态之间的这个角度。

在获取到用户旋转的角度以后，我们还要将视图进行相应的旋转，这里使用了 CGAffine TransformMakeRotation 函数来实现。

对于旋转手势，我们唯一关心的就是它的角度。只要旋转的手势在继续，那么这个角度值就在不断变化，从而导致不断地、频繁地运行 handleRotation: 方法，直到用户停止该手势。rotation 是从 0 开始的，如果是顺时针旋转，rotation 是正值，否则就是负值。

提示　如果我们使用 iOS 模拟器来运行应用程序，为了达到旋转的目的，需要使用 Option 键来模拟两个手指的操作。此时，鼠标离屏幕中心越远，两个模拟的手指间的距离也就越远。在默认情况下，两个手指间的中心位置就在屏幕中心。如果想移动这个位置，我们只需要按住 Shift+Option 键。

构建并运行应用程序。在 flower 上进行旋转操作，就会出现花朵旋转的效果。在这里需要注意的是，旋转手势不是进行一次就结束了，还可能会有第二次或第三次的旋转。出于这个原因，我们需要为 RotationView 设置一个成员变量 rotationAngleInRadians 来记录每次旋转的角度。最后使用 CGAffineTransformMakeRotation 函数让视图进行旋转。该函数属于 Core Graphics 框架，所以我们必须保证 Core Graphics 框架在项目的 Frameworks 之中。

19.5　长按手势的检测

在本节的实践练习中，我们将使用 UILongPressGestureRecognizer 判断用户的长按手势。

步骤 1　创建 UIImageView 类型的新类 LongPressView。

步骤 2　修改 LongPressView.m 文件，如下面这样：

```
@implementation LongPressView

-(id)initWithImage:(UIImage *)image
{
    if (self = [super initWithImage:image]) {
        self.userInteractionEnabled = YES;
        UILongPressGestureRecognizer *longPressGestureRecognizer =
                            [[UILongPressGestureRecognizer alloc]
                                            initWithTarget:self
action:@selector(handleLongPress:)];
        // 长按手势必须使用 1 个手指
        longPressGestureRecognizer.numberOfTouchesRequired = 1;

        // 手指必须按住视图至少 1 秒的时间
        longPressGestureRecognizer.minimumPressDuration = 1.0;

        [self addGestureRecognizer:longPressGestureRecognizer];
    }
    return self;
}

-(void) handleLongPress:(UILongPressGestureRecognizer *) uilpgr
{
    [self removeGestureRecognizer:uilpgr];

    if (uilpgr.numberOfTouchesRequired == 1) {
        self.gestureRecognizers = nil;

        UIAlertView *alertView = [[UIAlertView alloc]
                            initWithTitle:@" 长按手势 "
                            message:nil
                            delegate:nil
                            cancelButtonTitle:@" 确认 "
                            otherButtonTitles:nil, nil];
        [alertView show];
```

```
    }

    [self addGestureRecognizer:uilpgr];
}

@end
```

步骤 3　修改 TouchRecoginzerViewController.m 文件中的 viewDidLoad 方法。

```
#import "LongPressView.h"

- (void)viewDidLoad
{
    [super viewDidLoad];

    LongPressView *longPressView = [[LongPressView alloc]initWithImage:
                                        [UIImage imageNamed:@"flower"]];
    longPressView.center = CGPointMake(150, 170);

    [self.view addSubview:longPressView];
}
```

iOS SDK 提供了 UILongPressGestureRecognizer 类来识别长按手势。它会在用户使用一个或多个手指（通过程序代码设置）在视图上持续按住指定时长以后调用指定的方法。长按手势有 4 个重要的属性。

❑ numberOfTapsRequired：手势被激活前，用户必须在目标视图上点击的次数。需要记住的是，点击不单是手指在屏幕上的触摸，而是从手指按到屏幕上到离开的一个完整动作。它的默认值为 0。

❑ numberOfTouchesRequired：这个属性指明长按手势同时需要几个手指的触摸。如果设置 numberOfTapsRequired 属性值大于 0，则 numberOfTouchesRequired 的值必须与其相同。

❑ allowableMovement：手指在屏幕上长按的时候，有一个允许移动的像素值范围。如果超过这个像素值范围，长按手势识别将取消。

❑ minimumPressDuration：长按所需要的时长，以秒为单位。如果用户的手指在屏幕上按住的时长超过该时长，则手势会被识别。

因为长按是一个持续手势，所以在一个长按的过程中会不断调用 handleLongPress: 方法，这样就会导致弹出多个警告窗口的情况。为了解决这个问题，我们需要在 handleLongPress: 方法中先移除自身的手势识别，在操作完成以后再添加这个手势识别到视图。

19.6　掐捏手势的检测

在本节的实践练习中，我们将使用 UIPinchGestureRecognizer 判断用户的掐捏手势。

步骤 1　创建 UIImageView 类型的新类 PinchView。

步骤 2 修改 PinchView.h 文件，添加成员变量 currentScale。

```
@interface PinchView : UIImageView
{
    CGFloat currentScale;
}
@end
```

步骤 3 修改 PinchView.m 文件，如下面这样。

```
@implementation PinchView

-(id)initWithImage:(UIImage *)image
{
    if (self = [super initWithImage:image]) {
        self.userInteractionEnabled = YES;
        UIPinchGestureRecognizer *pinch = [[UIPinchGestureRecognizer alloc]
                        initWithTarget:self action:@selector(handlePinch:)];

        [self addGestureRecognizer:pinch];
    }
    return self;
}


-(void)handlePinch:(UIPinchGestureRecognizer *)uipgr{
    if (uipgr.state == UIGestureRecognizerStateEnded) {
        currentScale = uipgr.scale;
    }else if (uipgr.state == UIGestureRecognizerStateBegan &&
            currentScale != 0.0f){
        uipgr.scale = currentScale;
    }

    if (uipgr.scale != NAN && uipgr.scale != 0.0f) {
        self.transform = CGAffineTransformMakeScale(
                                            uipgr.scale, uipgr.scale);
    }
}
@end
```

步骤 4 修改 TouchRecoginzerViewController.m 文件中的 viewDidLoad 方法。

```
#import "PinchView.h"

- (void)viewDidLoad
{
    [super viewDidLoad];

    PinchView *pinchView = [[PinchView alloc]initWithImage:
                                    [UIImage imageNamed:@"flower"]];
    pinchView.center = CGPointMake(150, 170);
```

```
    [self.view addSubview:pinchView];
}
```

掐捏手势允许用户对视图进行缩放，就像相片程序一样。掐捏会导致两种情况的发生：放大或缩小。它属于持续手势且必须由两个手指完成。

掐捏手势的状态会按照下面的顺序进行。

❑ UIGestureRecognizerStateBegan

❑ UIGestureRecognizerStateChanged

❑ UIGestureRecognizerStateEnded

当掐捏手势开始的时候，handlePinch: 方法就会被调用，而且直到手势结束之前会持续被频繁调用。在该方法中，我们可以访问两个非常重要的属性：scale 和 velocity。scale 是缩放的比例因子，代表用户的两个手指在 x 轴和 y 轴上面的缩放比例。velocity 是每秒在 x 轴和 y 轴上的移动速率。我们在 handlePinch: 方法中使用 scale 属性值，通过 CGAffine-TransfromMakeScale 函数对视图进行缩放处理。

构建并运行应用程序。如果在 flower 上进行掐捏操作，会看到视图被放大或缩小，如图 19-2 所示。

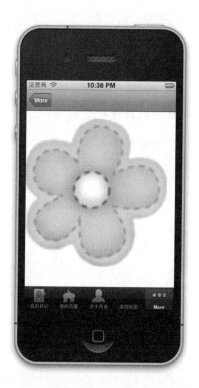

图 19-2　在 flower 上执行掐捏手势后的效果

第 20 章

警 告 用 户

本章内容

一般，当应用程序产生新的数据信息或状态发生改变的时候，需要提醒用户注意。通过警告对话框，用户可以在进行下一步操作之前有一个确认的过程（或者等待，或者返回，或者引起注意）。图 20-1 中展示了两个警告画面，前者通过 UIAlertView 类生成，后者则是通过 UIActionSheet 类生成的。

图 20-1　iOS 程序中的警告对话框

20.1　通过警告对话框与用户进行交互

UIAlertView 类和 UIActionSheet 类都可以对用户发出警告信息。至于它们的区别，简单来说，前者会在屏幕中央弹出信息，而后者会从视图的底部滑出信息。这两个轻量级的类会通过两种不同的方法在应用程序中呈现警告对话框。

如果我们简单地把警告想成只是显示信息并带有 OK 按钮的对话框，那就错了。其实警告对象还有很多扩展功能，如构建菜单、进行文本输入和查询等。在本节的实践练习中，我们将带领大家了解这些功能。

20.1.1　构建简单的 Alert 警告对话框

要创建警告对话框，我们可以使用 UIAlertView 对象。在初始化该对象的时候，要为其指定标题和一个按钮数组。标题是 NSString 类型，按钮数组中存储的均为字符串对象，每个字符串会负责呈现一个按钮的标题。

在下面的实践练习中，我们主要是对 DetailDiaryViewController 类进行操作。在该类中我们定义过一个 UIImageView 对象，用于显示用户所存储的照片。接下来修改的是，当我们长按照片的时候，可以弹出警告类型的对话框，提示用户进行下一步的操作。

步骤 1　修改 DetailDiaryViewController 类的 .h 和 .m 文件，添加下面粗体字的代码。

在 DetailDiaryViewController.h 文件中：

```
......
@property (strong, nonatomic) AVAudioPlayer *player;

@property (strong, nonatomic) UILongPressGestureRecognizer
*longPressGestureRecognizer;

- (IBAction)playAudio:(id)sender;
@end
```

在 DetailDiaryViewController.m 文件中：

```
- (void)viewDidLoad
{
    [super viewDidLoad];
    self.diaryPhoto.userInteractionEnabled = YES;
    self.longPressGestureRecognizer = [[UILongPressGestureRecognizer alloc]
                                  initWithTarget:self
action:@selector(handlePhoto:)];
    self.longPressGestureRecognizer.numberOfTouchesRequired = 1;
    self.longPressGestureRecognizer.minimumPressDuration = 1.0f;
    [self.diaryPhoto addGestureRecognizer:longPressGestureRecognizer];
}

-(void) handlePhoto:(UILongPressGestureRecognizer *) uilpgr
{
    if (uilpgr.numberOfTouchesRequired == 1 &&
                          uilpgr.state == UIGestureRecognizerStateBegan) {
        [self showAlert:@" 用户在长按照片 "];
        [uilpgr setDelaysTouchesEnded:YES];
    }
}
```

我们对 DetailDiaryViewController 类的修改主要集中在为 diaryPhoto 成员变量添加手势功能上。在第 19 章手势识别的内容中，我们学会在长按被触发的响应方法中移除长按的手势识别对象，在处理完以后再添加长按的手势识别对象来解决持续触发长按的问题。但在本章的练习中，我们通过判断手势状态的方法来解决这个问题：当用户长按照片时，被认证的长按手势状态总是从 UIGestureRecognizerStateBegan 开始的。因此，我们在这个状态下去执行 showAlert: 方法，然后通过 setDelaysTouchesEnded: 方法将长按手势对象的执行阶段设置为结束。这样，本次的长按手势识别就此结束，因为 UIImageView 对象上的长按响应操作被执行一次就足够了。

步骤 2　在 DetailDiaryViewController.m 文件中添加 showAlert: 方法。

```
-(void) showAlert:(NSString *) theMessage
{
    UIAlertView *alertView = [[UIAlertView alloc] initWithTitle:@"标题"
                                                     message:theMessage
                                                     delegate:nil
                                              cancelButtonTitle:@"OK"
                                              otherButtonTitles:nil];

    [alertView show];
}
```

在 UIAlertView 的初始化语句中，会显示一个文字信息并带一个 OK 标题的按钮。但是这个警告没有设置 delegate 或回调方法，所以在用户点击警告按钮以后，alertView 就被直接销毁了。

构建并运行应用程序。在 DetailDiaryViewController 视图上长按 UIImageView 超过 1 秒时，就会弹出警告对话框，如图 20-2 所示。

图 20-2　长按照片后所弹出的警告对话框

当我们想在警告对话框中增加一些其他按钮进行选择的时候，可以向 otherButtonTitles: 传递参数。

步骤 3　修改之前的 showAlert: 方法，如下：

```
-(void) showAlert:(NSString *) theMessage
```

```
{
    UIAlertView *alertView = [[UIAlertView alloc] initWithTitle:@" 标题 "
                                            message:theMessage
                                            delegate:nil
                                            cancelButtonTitle:@" 取消 "
                                            otherButtonTitles:@" 选项 ",@"OK", nil];
    [alertView show];
}
```

在 UIAlertView 初始化的 otherButtonTitles: 参数中，可以传递任意数量的字符串对象作为按钮的标题，但必须使用 nil 作为最后的结束。修改后的 showAlert: 方法会创建带有取消、选项和 OK 按钮的警告对话框。因为没有设置 delegate，所以现在控制器还不知道哪个按钮被按下。在用户点击任意按钮以后，警告对话框会被销毁，暂时不会有其他效果，如图 20-3 所示。

我们除了可以在 App Store 上直接购买应用程序以外，还可以在应用程序运行的时候进行购买。在程序内购买的情况下，通常会使用警告对话框，如图 20-4 所示。

图 20-3　修改 otherButtonTitles: 参数后的
警告对话框

图 20-4　在 iOS 设备中程序内部购买
该应用的正式版本

当 UIAlertView 含有两个按钮的时候会左右排列这两个按钮，但是当出现 3 个以上按钮的时候会上下排列这些按钮，如图 20-5 所示。但是建议大家对按钮的使用数量不要超过 4

个，一至两个按钮是最佳的选择。如果需要显示更多的按钮，则可以考虑使用 UIActionSheet
对象。

图 20-5　UIAlertView 含有 2 个、3 个按钮时的显示状态

UIAlertView 提供了一个默认高亮按钮，但是这个高亮只能是在初始化时 cancel-
ButtonTitle: 参数所指定的按钮。根据规则，默认高亮按钮会出现在对话框的左端或底部。

20.1.2　设置 Alert 的 delegate

delegate 负责响应用户在对话框中的交互，通常需要将 delegate 设置为当前的视图控制
器对象，同时使该控制器符合 UIAlertViewDelegate 协议。UIAlertView 对象允许 delegate 去
响应用户点击按钮的回调方法。

当用户点击按钮的时候，delegate 所指向的对象会接收 alertView:clickedButtonAtIndex:
消息。该方法的第二个参数用于指明用户点击了哪个按钮。警告中的按钮是从 0 开始的。不
管 cancelButtonTitle: 所指定的按钮是在警告的最左侧还是最底端，它的序号总是 0。但是
ActionSheet 就不一样了，我们会在后面进行介绍。

接下来我们通过实践来了解 delegate 的相关设置。

步骤 1　修改 DetailDiaryViewController.h 文件，如下：

```
@interface DetailDiaryViewController : UIViewController
```

```
<UIAlertViewDelegate>
......
```

步骤 2 在 DetailDiaryViewController.m 文件中添加 alertView:clickedButtonAtIndex: 方法。

```
-(void)alertView:(UIAlertView *)alertView
clickedButtonAtIndex:(NSInteger)buttonIndex
{
    NSLog(@"用户点击了 %d 按钮。", buttonIndex);
}
```

步骤 3 修改 DetailDiaryViewController.m 文件中的 showAlert: 方法，设置 UIAlertView 对象的 delegate 属性。

```
-(void) showAlert:(NSString *) theMessage
{
    UIAlertView *alertView = [[UIAlertView alloc] initWithTitle:@"标题"
                                                 message:theMessage
                                            delegate:self
                                cancelButtonTitle:@"取消"
                                otherButtonTitles:@"选项",@"OK", nil];
    [alertView show];
}
```

构建并运行应用程序。当点击警告对话框中任意按钮的时候，在控制台就可以看到所显示的按钮序号。

20.1.3 显示警告对话框

正如前面实践中显示的那样，我们使用 show 方法让警告对话框显示在屏幕上。在显示的时候，其后面的视图变暗且不能产生任何交互，直到用户选择对话框中的按钮为止。

警告对话框中的属性是可以修改的，可以通过 title 或 message 属性来定义其所显示的文本内容。

20.1.4 警告的类型

从 iOS 5.0 开始，可以使用 alertViewStyle 属性创建几种不同类型的警告对话框。默认的风格为标准（UIAlertViewStyleDefault）风格，它由 title、message 和 button 组成。除了标准风格以外，还有下面三种不同的风格，如图 20-6 所示。

❑ UIAlertViewStylePlainTextInput：这个风格的对话框可以输入文本内容。

❑ UIAlertViewStyleSecureTextInput：当用户输入安全性较高的文本时，可以使用这种风格的对话框。虽然我们看到的输入内容都是一堆黑点，但是通过程序中的回调函数就可以识别。

❑ UIAlertViewStyleLoginAndPasswordInput：这种风格的警告对话框提供两个文本框。用户可以通过这两个对话框来输入用户账户和密码。

当使用文本框输入警告对话框时，必须保证按钮数量不能超过两个。在一般情况下，我们只使用确认和取消两个按钮即可，这两个按钮会横向排列在警告对话框中。如果警告对话框中有太多的按钮，则文本框会被上浮到按钮的上方或停靠在警告对话框的边缘。

图 20-6　警告对话框的其他三种风格

如果想要获取警告对话框中的文本字段对象，可以在响应方法中向 UIAlertView 对象发送 textFieldAtIndex: 消息，该消息带一个参数（0 代表获取文本输入框，1 代表获取密码输入框）。注意，该方法只会返回一个 UITextField 类型的对象。要想获得文本内容，则需要通过 UITextField 对象的 text 属性。

修改 DetailDiaryViewController 类中的 showAlert: 方法和 alertView:clickedButtonAtIndex: 方法。

```
-(void) showAlert:(NSString *) theMessage
{
    UIAlertView *alertView = [[UIAlertView alloc] initWithTitle:@" 标题 "
                                        message:theMessage
                                        delegate:self
                                        cancelButtonTitle:@" 取消 "
                                        otherButtonTitles:@"OK", nil];

    alertView.alertViewStyle = UIAlertViewStyleLoginAndPasswordInput;

    [alertView show];
```

```
}

-(void)alertView:(UIAlertView *)alertView
clickedButtonAtIndex:(NSInteger)buttonIndex
{
    NSString *username = [alertView textFieldAtIndex:0].text;
    NSString *password = [alertView textFieldAtIndex:1].text;

    NSLog(@"用户名为：%@。", username);
    NSLog(@"密码为：%@。", password);
}
```

构建并运行应用程序。在警告对话框中输入用户名和密码，然后点击 OK 按钮，就可以在调试控制台中看到所输入的信息。

```
2012-12-19 22:11:41.045 MyDiary[1781:c07] 用户名为：hehe。
2012-12-19 22:11:41.046 MyDiary[1781:c07] 密码为：hihi。
```

20.2 在警告对话框中呈现菜单

我们可以使用 UIActionSheet 在警告对话框中创建 iOS 菜单。在 iPhone 或 iPod touch 上，iOS 菜单呈现了一个按钮列表供用户选择。在 iPad 上，iOS 菜单会以弹出菜单的形式展现出来。Action Sheet 不同于 Alert，Alert 只是为了引起使用者的注意，而 Action Sheet 可以集成更多的菜单供使用者选择。Cocoa Touch 可以使用 5 种方式来呈现菜单。

❑ showInView:——在 iPhone 和 iPod touch 上，这个方法实现的是在屏幕下方将菜单向上滑出；在 iPad 上，这个方法实现的则是菜单直接出现在屏幕的中心位置。

❑ showFromToolBar: 和 showFromTabBar: ——对于 iPhone 和 iPod touch，当用户工作在工具栏、标签栏或其他类型的具有横向按钮组的栏目时，可以在栏目的上方滑出菜单；在 iPad 上，菜单还是直接出现在屏幕的中心位置。

❑ showFromBarButtonItem:animated:—— 在 iPad 上，这个方法会从工具栏指定按钮呈现 Action sheet。

❑ showFromRect:inView:animated:——在我们指定视图的矩形坐标显示 Action Sheet。

后面的代码会向大家展示如何初始化和呈现一个简单的 UIActionSheet 对象。该对象的初始化方法包含了

图 20-7　还原设置中的 Action Sheet

一个 UIAlertView 所没有的销毁（Destructive）按钮。销毁按钮的颜色为红色，它指明了一个不能恢复的动作，就像永久性删除一个文件而不能找回一样。红色也在警告用户应慎重选择。在设置应用程序中，如果想还原系统设置，则会出现带有红色按钮的 Action Sheet，如图 20-7 所示。

下面我们来构建简单的 Action Sheet。

Action Sheet 的返回值是用户点击按钮的顺序。在图 20-7 中，还原警告（Destructive）按钮的值为 0，取消按钮的值为 1。这与在 Alert 中的设置有所不同。Alert 中 Cancel 按钮的值永远为 0，而 Action Sheet 中 Cancel 按钮的值要依据其所在的位置而定。当然，如果 Action Sheet 中没有 Destructive 按钮，而且只有 Cancel 按钮，则它的值也为 0。下面我们继续修改 DetailDiaryViewController 类，让它呈现一个 Action Sheet。

步骤 1　在 DetailDiaryViewController.h 文件中添加 UIActionSheetDelegate 协议。

```
@interface DetailDiaryViewController : UIViewController
<UIAlertViewDelegate, UIActionSheetDelegate>
```

步骤 2　在 DetailDiaryViewController.m 文件中添加 showActionSheet 方法。

```
-(void) showActionSheet
{
    UIActionSheet *actionSheet = [[UIActionSheet alloc]
                                        initWithTitle:@" 标题 "
                                             delegate:self
                                    cancelButtonTitle:@" 取消 "
                               destructiveButtonTitle:@" 清除照片 "
                    otherButtonTitles:@" 操作 1",@" 操作 2", @" 操作 3", nil];
    [actionSheet showInView:self.diaryPhoto];
}
```

步骤 3　添加 actionSheet:didDismissWithButtonIndex: 方法。

```
-(void)actionSheet:(UIActionSheet *)actionSheet
                    didDismissWithButtonIndex:(NSInteger)buttonIndex
{
    NSLog(@"%d 号按钮被按下！ ",buttonIndex);
}
```

步骤 4　修改 handlePhoto: 方法。

```
-(void) handlePhoto:(UILongPressGestureRecognizer *) uilpgr
{
    if (uilpgr.numberOfTouchesRequired == 1 &&
                        uilpgr.state == UIGestureRecognizerStateBegan) {
        [self showActionSheet];
        [uilpgr setDelaysTouchesEnded:YES];
    }
}
```

构建并运行应用程序。当再次长按照片视图的时候，会从屏幕下方滑出 Action Sheet 对话框。如果点击了 Action Sheet 对话框中任意的按钮，就会在调试控制台中显示响应的按钮顺序，如图 20-8 所示。

图 20-8　Action Sheet 的运行效果

第 21 章

应用程序的本地化

本章内容

不仅仅是 iOS 应用程序，要想设计出优秀的具有国际化水准的应用程序，都必须考虑多语言的问题。也就是说，同一个软件，在不需要任何修改的情况下可以让不同国家、讲不同语言的人正常地使用。所谓国际化，就是确保项目中显示的数据与使用者所在区域的使用习惯相吻合，比如当地的货币、日期格式、数字格式等。所谓本地化，就是应用程序中所显示的语言与使用者所在地区和国家的语言相吻合。我们可以在设置→通用→多语言环境中进行设置，如图 21-1 所示。

非常幸运的是，苹果让应用程序的多语言开发变得极为简单。我们并不需要为应用程序开发针对不同国家和地区的多语言版本。在本章的实践练习中，我们将对 MyDiary 项目中的 DetailDiaryViewController 类进行本地化操作。

图 21-1　iPhone 上的多语言环境设置

说明　国际化（internationalization）和本地化（localization），这两个词的英文比较复杂，所以我们使用它们的缩写形式：i18n 和 L10n。i18n 中的 i 和 n 是英文单词 internationalization 的首末字符，18 是中间的字符数；L10n 的来源与 i18n 的命名方法相同。在本书中，我们使用中文的国际化和本地化。

21.1　使用 NSLocale 将项目国际化

在这部分的学习中，我们会使用 NSLocale 类来国际化时间格式。

通过 NSLocale 类，可以使程序项目清楚地知道如何显示不同区域的货币符号、日期和小数格式，只要我们在 NSLocale 对象中进行相应的区域设置即可。在 iPhone 的设置应用程序中，我们通过通用→多语言环境→区域格式来设置使用者的国家或区域（这里之所以不使用"国家格式"这个词，是因为有些国家有多个区域，需要进行不同的设置），比如中国和中国香港特别行政区。

如果向 NSLocale 类发送了 currentLocale 消息，该类就会返回一个用户的区域设置对象。如果我们拥有了一个 NSLocale 对象，就可以向它提出如下问题：当前区域所使用的货币符号是什么？当前区域是否使用了公制系统？要想回答这些问题，我们可以向 NSLocale 对象发送 objectForKey：消息，并传递一个 NSLocale 常量作为参数。常用的 NSLocale 常量包括如下这些：

❑ NSLocaleIdentifier——返回本地标识。

❏ NSLocaleLanguageCode——返回语言码。

❏ NSLocaleCountryCode——返回国家区域码。

❏ NSLocaleUsesMetricSystem——是否使用公制。

❏ NSLocaleMeasurementSystem——返回当地的度量单位。

❏ NSLocaleDecimalSeparator——返回小数点符号。

❏ NSLocaleCurrencySymbol——返回货币符号。

❏ NSLocaleCurrencyCode——返回货币代码。

❏ NSLocaleCollatorIdentifier——返回具体的语言码。如果是简体中文，就返回 zh-Hans；如果是繁体中文，则返回 zh-Hant。

❏ NSLocaleQuotationBeginDelimiterKey——返回引号的开始符号。

❏ NSLocaleQuotationEndDelimiterKey——返回引号的结束符号。

❏ NSLocaleAlternateQuotationBeginDelimiterKey——返回单引号的开始符号。

❏ NSLocaleAlternateQuotationEndDelimiterKey——返回单引号的结束符号。

接下来，我们会在 DiaryListViewController 中显示每条日记的创建时间。因为当前的 UITableViewCell 对象的风格为 Custom，这种风格在单元格中只会显示 textLabel 信息，所以我们需要先修改其风格。

步骤 1　在故事板中找到 Diary List View Controller 场景，选中其中的 UITableViewCell 对象。通过 Option+Command+4 快捷键切换到属性检查窗口，将 Style 设置为 Right Detail，如图 21-2 所示。

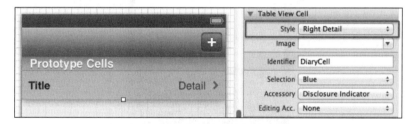

图 21-2　修改 UITableViewCell 的 Style 属性为 Right Detail

步骤 2　修改 DiaryListViewController 类中的 tableView:cellForRowAtIndexPath: 方法，将之前自定义的 accessoryView 相关语句注释掉，代码如下：

```
- (UITableViewCell *)tableView:(UITableView *)tableView
cellForRowAtIndexPath:(NSIndexPath *)indexPath
{
    static NSString *CellIdentifier = @"DiaryCell";
    UITableViewCell *cell = [tableView
dequeueReusableCellWithIdentifier:CellIdentifier];

    cell.accessoryType = UITableViewCellAccessoryDisclosureIndicator;

    Diary *diary = [self.diaries objectAtIndex:indexPath.row];
```

```
    cell.textLabel.text = [diary title];
    cell.textLabel.textColor = self.diaryTitleColor;

    // 显示日记的创建日期和时间
    cell.detailTextLabel.text = [[diary dateCreate] description];

    return cell;
}
```

构建并运行应用程序，在 DiaryListViewController 视图中可以看到每个单元格包含两个
Label，前者是 textLabel 对象，后者则是 detailTextLabel 对象（当前显示的是日记的创建日
期和时间），如图 21-3 所示。

图 21-3　修改 UITableViewCell 的 Style 属性后的运行效果

完成上面的操作以后，我们先来一段小插曲：在单元格的 Detail 位置显示当前区域的货
币符号。

步骤 3　在 DiaryListViewController.m 文件中修改 tableView:cellForRowAtIndexPath: 方法。

```
- (UITableViewCell *)tableView:(UITableView *)tableView
                    cellForRowAtIndexPath:(NSIndexPath *)indexPath
{
    static NSString *CellIdentifier = @"DiaryCell";
    UITableViewCell *cell = [tableView
```

```
dequeueReusableCellWithIdentifier:CellIdentifier];

        cell.accessoryType = UITableViewCellAccessoryDisclosureIndicator;

        Diary *diary = [self.diaries objectAtIndex:indexPath.row];

        cell.textLabel.text = [diary title];
        cell.textLabel.textColor = self.diaryTitleColor;

        // 通过 NSLocaleCurrencySymbol 常量获取当前区域的货币符号
        NSString *currencySymbol = [[NSLocale currentLocale]
                                      objectForKey:NSLocaleCurrencySymbol];
        cell.detailTextLabel.text = currencySymbol;
        //cell.detailTextLabel.text = [[diary dateCreate] description];

        return cell;
    }
```

　　构建并运行应用程序。如果当前的区域为中国，则 Detail 中会显示人民币的符号；如果当前区域为英国，则会显示英镑的符号，如图 21-4 所示。

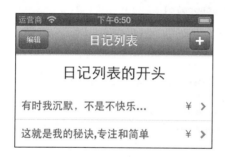

图 21-4　将区域设置修改为中国和英国以后所显示的不同货币符号

　　注意　我们在模拟器中修改完区域设置以后，必须从 Dock 中完全退出 MyDiary 应用程序，当再次运行该项目时才能看到改变的结果。

　　言归正传，下面我们开始通过 NSLocale 来处理时间的国际化显示。

　　要想正确显示时间，除了使用 NSLocale 以外，还需要借助 NSFormatter 类。NSFormatter 类有两个子类：NSDateFormatter 和 NSNumberFormatter。很明显，这两个类分别负责时间和数字的显示格式。

　　NSDateFormatter 类用于将日期转换成一个字符串，反之亦然。要想完成这样的转换，还需要指定一个 NSLocale 对象。

　　步骤 4　修改 DiaryListViewController.m 文件中的 tableView:cellForRowAtIndexPath: 方法。

```
- (UITableViewCell *)tableView:(UITableView *)tableView
                        cellForRowAtIndexPath:(NSIndexPath *)indexPath
{
```

```
    static NSString *CellIdentifier = @"DiaryCell";
    UITableViewCell *cell = [tableView
dequeueReusableCellWithIdentifier:CellIdentifier];

    cell.accessoryType = UITableViewCellAccessoryDisclosureIndicator;

    Diary *diary = [self.diaries objectAtIndex:indexPath.row];

    cell.textLabel.text = [diary title];
    cell.textLabel.textColor = self.diaryTitleColor;

    cell.detailTextLabel.text = [self showDiaryCreateDateLocale:
                                              [diary dateCreate]];

    return cell;
}
```

步骤 5 在 DiaryListViewController 类中添加 showDiaryCreateDateLocale: 方法。

```
-(NSString *) showDiaryCreateDateLocale:(NSDate *)dateCreate {
    // 通过 NSLocale 获取当前区域的国家代码
    NSString *coutry = [[NSLocale currentLocale]
objectForKey:NSLocaleCountryCode];
    // 控制台显示国家代码
    NSLog(@"%@", coutry);
    // 实例化 NSDateFormatter 对象
    NSDateFormatter *formatter = [[NSDateFormatter alloc] init];
    // 设置 NSDateFormatter 对象的日期和时间风格
    [formatter setDateStyle:NSDateFormatterFullStyle];
    [formatter setTimeStyle:NSDateFormatterFullStyle];

    // 实例化 NSLocale 对象
    NSLocale *locale = [NSLocale currentLocale];
    // 设置 formatter 的 locale 属性
    [formatter setLocale:locale];

    // 将 NSDate 对象格式化成当前区域的时间字符串并返回
    return [formatter stringFromDate:dateCreate];
}
```

构建并运行应用程序。在 DiaryListViewController 视图中，我们可以看到 Detail 位置会按照所设置的区域显示相应的时间格式。

在 showDiaryCreateDateLocale: 方法中，我们先做了一个测试：查看当前 iOS 系统所设置区域的国家代码。如果模拟器的设置应用程序中将区域设置为中国，则在调试控制台上会显示如下信息。

```
2012-08-26 09:08:13.389 MyDiary[3422:c07] CN
```

接下来，我们创建了一个 NSDateFormatter 对象，并设置了其日期和时间的风格。可用的风格如下：

- □ NSDateFormatterNoStyle——强制不使用任何风格。
- □ NSDateFormatterShortStyle——这个风格可以应用到日期和时间组件，会显示 2/21/79 8:12:04 AM 这样的字符串。
- □ NSDateFormatterMediumStyle——这个风格可以应用到日期和时间组件，会显示 Feb 21, 1979 8:12:04 AM 这样的字符串。
- □ NSDateFormatterLongStyle——这个风格可以应用到日期和时间组件，会显示 February 21，1979 8:12:04 AM CDT 这样的字符串。
- □ NSDateFormatterFullStyle——这个风格可以应用到日期和时间组件，会显示 Thursday，February 21，1979 8:12:04 AM CDT 这样的字符串。

注意　上面提到的这些风格都是在区域设置为"美国"的情况下显示的字符串。如果区域设置为其他国家和地区，则会显示相应的其他内容。

　　然后，创建一个 NSLocale 对象，将其赋值给 NSDateFormatter 对象的 locale 属性。最后通过 stringFromDate: 方法并传递一个 NSDate 对象来产生一个时间字符串。图 21-5 显示了区域设置为韩国的时间格式。

　　另外，我们还可以通过预定义的方式来设置 NSDateFormatter 对象，以呈现指定的日期和时间格式。使用 NSDateFormatter 的 setDateFormat: 方法，我们可以设置一个自定义的日期和时间格式。setDateFormat: 方法带有一个 NSString 对象的参数。下面列出几个主要的日期和时间规范。

图 21-5　将区域设置修改为韩国后的运行效果

- □ 年——如果 NSDate 对象要呈现 2012 年，yy 会产生 12，y、yyy 或 yyyyyy 则会产生 2012。
- □ 月——M 或 MM 将会产生 02，MMM 将会产生 Feb，MMMM 将会产生 February，MMMMM 将会产生 F（短名称）。
- □ 日——d 或 dd 将会产生 21，D 将会产生 52（一年中的天数，以 2012 年 2 月 21 日为例）。
- □ 周期——a 将会产生一个 PM，它可以是 AM、PM，或者自定义的符号。
- □ 时——h 将会产生 8，hh 将会产生 08，H 将会产生 24 时的时间。
- □ 分——m 将会产生 6，mm 将会产生 06。
- □ 秒——s 将会产生 4，ss 将会产生 04。
- □ 时区——z 将会产生 CDT，zzzz 将会产生 Central Daylight Time（美国中央时间）。

　　使用上面提到的这些符号，可以建立符合项目要求的日期格式。下面的代码就完成了日期的自定义显示格式的设置。

步骤6　修改 showDiaryCreateDateLocales: 方法，如下面这样：

```
-(NSString *) showDiaryCreateDateLocales:(NSDate *)dateCreate {
    NSDateFormatter *formatter = [[NSDateFormatter alloc] init];
    [formatter setDateFormat:@"yy 年 M 月 d 日 hh:mm a"];
    [formatter setAMSymbol:@" 上午 "];
    [formatter setPMSymbol:@" 下午 "];

    NSLocale *locale = [NSLocale currentLocale];
    [formatter setLocale:locale];

    return [formatter stringFromDate:dateCreate];
}
```

构建并运行应用程序，我们看到的显示效果如图 21-6 所示。

图 21-6　自定义日期格式的运行效果

21.2　本地化资源

21.2.1　本地化资源文件

在项目国际化的过程中，我们需要借助 NSLocale 类。但是 NSLocale 类只能格式化指定区域的特定变量，要想对项目中的语言内容进行本地化，还需要做下面两件事情。

❑ 产生多个不同语言版本的图片、声音和用户界面。

❑ 创建一个可访问的"字符串表格"，将文本翻译为不同的语言。

任何资源，不管是图片还是 XIB 文件，都能够非常方便地进行本地化。在这部分中，我们将本地化 MyDiary 项目中的用户界面：DetailDiaryViewController。

步骤 1　因为我们的用户界面绝大部分都是在故事板中生成的，所以首先要创建一个新语言版本的故事板。在项目导航中选择顶端的 MyDiary（蓝色图标），在编辑区域中选择 Project，在 Info 标签中找到 Localizations 部分。

步骤 2　点击 Localizations 部分左下方的 + 号，在弹出的关联菜单中选择 Chinese（zh-Hands），如图 21-7 所示。

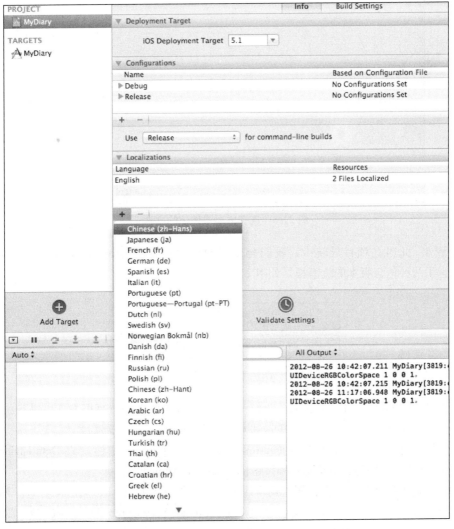

图 21-7　为 MyDiary 项目添加 Chinese 语言支持

步骤 3 在弹出的本地化文件选择对话框中选择需要本地化的文件，确定两个文件都处在勾选的状态下，如图 21-8 所示，点击 Finish 按钮。

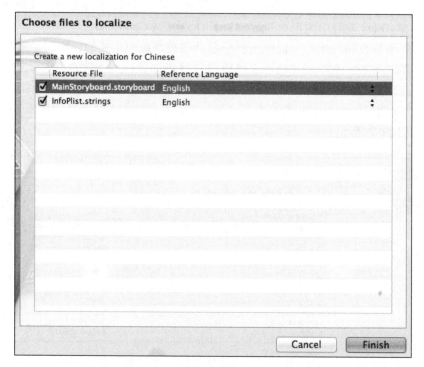

图 21-8 选择需要本地化的文件

步骤 4 此时在项目导航中，我们会发现 MainStoryboard.storyboard 变成了一个夹子，其中包含了两种语言版本的故事板，如图 21-9 所示。

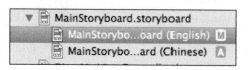

图 21-9 两种不同语言版本的故事板

因为在 MyDiary 项目创建之初，我们一直在 English 语言的故事板文件中进行编辑，所以接下来我们还是修改 English 语言的故事板，将其中的标题修改为英文。

步骤 5 首先选择 MainStoryboard.storyboard（English）文件，在 Detail Diary View Controller 场景中，将其右下角的音频按钮标题修改为 Audio。

构建并运行应用程序。在设置应用程序中将语言修改为 English，然后重新运行 MyDiary 项目，并创建一个带有录音的日记。在进入 DetailDiaryViewController 视图以后，就会看到

Audio 标题的按钮，如图 21-10 所示。

图 21-10 英文版本的用户界面——Audio 按钮

21.2.2 使用 NSLocalizedString 和 String Tables

在 MyDiary 应用程序的很多地方，我们都会使用 NSString 对象动态创建或显示字符串。要想显示不同语言版本的字符串，就必须创建一个字符串表格（String Table）。字符串表格必须是键 / 值配对的，是一个能为所有指定字符串提供本地化的列表文件。

当我们在程序中使用 @"Thank You" 代码的时候，就会显示 Thank You。当我们使用 NSLocalizedString() 函数的时候，可以将简短的字符串进行替换，程序代码如下面这样：

```
NSString *translatedString = NSLocalizedString(@"Thank You!", @"谢谢您！");
```

这个函数包括两个参数，一个是键（必须的），另一个是注释（非必须）。我们使用键在字符串表格中查找相应的值。在应用程序运行的过程中，NSLocalizedString 会去查找应用程序绑定的、与语言设置相匹配的字符串表格，然后函数会在表格中查找与 key 相匹配的值。

接下来，我们本地化 DetailDiaryViewController 的导航栏中的字符。

步骤 1 在 DetailDiaryViewController.m 文件中修改 viewWillAppear: 方法。

```
-(void)viewWillAppear:(BOOL)animated
{
```

```
[super viewWillAppear:animated];

NSString *audioFileName = [self.diary audioFileName];
if (audioFileName) {
    [self.audioButton setHidden:NO];
}else {
    [self.audioButton setHidden:YES];
}

self.diaryTitle.text = self.diary.title;
self.diaryContent.text = self.diary.content;

NSString *photoKey = [self.diary photoKey];

if (photoKey) {
    UIImage *imageToDisplay = [[ImageStore defaultImageStore]
                                    imageForKey:photoKey];
    [self.diaryPhoto setImage:imageToDisplay];
}else {
    [self.diaryPhoto setImage:nil];
}

// 修改导航栏标题为 "日记内容"
    [[self navigationItem] setTitle:NSLocalizedString(@"Diary Content", @" 导航栏
中所显示的标题 ")];
}
```

在 DetailDiaryViewController.m 文件中，我们使用了一个 NSLocalizedString() 函数显示导航栏中的标题。因此，我们需要创建一个文件来存储 NSLocalizedString() 函数所需要的字符串。

步骤 2 在 Resources 组执行 Control-Click，选择 New File → iOS 分 类 → Resource → String File，点击 Next 按钮，将新创建的文件名称设置为 Localizable. strings。

步骤 3 在项目导航中选择 Localizable.strings 文件。此时，如果在编辑区域中看到的是一堆乱码，则需要重新编译这个文件为 Detected-Unicode (UTF-16) 格式。通过 Option+Command+1 快捷键切换到文件检查窗口，在 Text Settings 部分中改变 Text Encoding 为 Detected-Unicode (UTF-16)， 如图 21-11 所示。在选择 Detected-Unicode (UTF-16) 以后，Xcode 会询问我们是重新解释还是转换，选择重新解释。

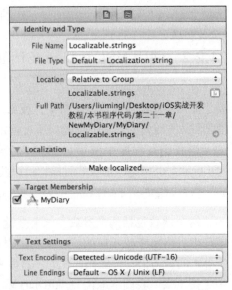

图 21-11 设置 Text Encoding 为 Detected-Unicode (UTF-16)

步骤 4　在文件检查器中点击 Localization 部分中的 Make localized 按钮。在弹出的对话框中选择 Chinese，然后点击 Localize 按钮，如图 21-12 所示。

图 21-12　选择需要本地化字符串表格的语言

说明　在图 21-12 的下拉列表框中，我们只看到了 English 和 Chinese 两种语言，此时所显示的语言种类与我们在项目的 Project 里的 Language 设置相关。

步骤 5　此时，再次观察 Localizable.strings 的文件检查器，Localization 部分出现了两种语言选择，将 English 和 Chinese 同时勾选，如图 21-13 所示。

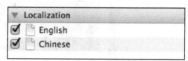

图 21-13　选择字符串表格的语言种类

在勾选语言种类以后，项目导航中的 Localizable.strings 文件马上变成了一个包。打开以后可以看到其中有两种语言的字符串表格，如图 21-14 所示。

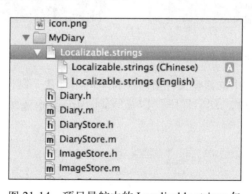

图 21-14　项目导航中的 Localizable.strings 包

步骤 6　分别修改 Chinese 和 English 两个文件。

Localizable.strings (Chinese) 文件：

```
"Diary Content" = " 日记内容 ";
```

Localizable.strings (English) 文件：

```
"Diary Content" = " Diary Content ";
```

构建并运行应用程序。DetailDiaryViewController 视图的导航标题在不同语言环境下，会显示不同的内容，如图 21-15 所示。

图 21-15　iOS 系统语言不同的情况下，导航栏中显示不同语言的标题

如果我们还想对项目中的其他文件进行字符串的本地化，则使用 NSLocalizedString() 函数在相应的位置生成字符串，然后直接在 Localizable.strings 中添加即可。

第 22 章

日历和事件

本章内容

Event Kit 和 Event Kit UI，这两个应用程序框架可以允许开发者访问 iOS 设备中的日历数据库。通过 Event Kit 框架，我们可以插入、读取和修改日历中的事件，而 Event Kit UI 框架则允许我们在应用程序中使用 iOS 日历的图形用户界面，以呈现日历数据库中的内容。在本章的实践练习中，我们首先关注 Event Kit 的使用方法，然后了解 Event Kit UI 的相关知识。

22.1 Event Kit 框架

开发者可以通过 Event Kit 框架修改用户的日历数据库，但是这并不是一个非常好的用户体验方式。实际上，苹果禁止程序员在没有通知用户的情况下直接修改日历数据库，其原因是可想而知的。

说明　下面这段话引自苹果：如果我们的应用程序修改了用户的日历数据库，则必须要用户在此之前进行确认。在用户没有特殊说明的情况下，应用程序永远不要修改用户的日历数据库。

---

iOS 有一个内置的日历应用程序，它有不同的日历类型，像本地（local）、CalDAV⊖ 等。在这一章，我们也会使用几种不同类型的日历。但是，在开始本章的实践练习之前，先创建一个有效的 Google 账号并确认可以使用其日历应用（https://www.google.com/calendar/）。

22.1.1 通过 CalDAV 同步 Google 日历

在创建好 Google 账号以后，我们就可以通过下面的步骤将 Google 上的日历同步到 iOS 设备。

步骤 1　进入 iOS 设备的设置应用程序。

步骤 2　选择"邮件、通讯录、日历"设置。

步骤 3　选择"添加账户"。

步骤 4　选择"其他"。

步骤 5　在日历组中，选择添加 CalDAV 账户。

步骤 6　在 CalDAV 中，设置服务器为 www.google.com，填写 Google 的用户名、密码以及必要的描述信息，如图 22-1 所示。

步骤 7　点击下一步，完成 Google 日历的设置。

如果是新创建的 Google 账号，则可以在日历中添加一些事件。这样，当我们在 iOS 设备上打开日历程序的时候，就可以看到新添加的事件了，如图 22-2 所示。

在这一章中，几乎所有的实践练习都要通过 Event Kit 和 Event Kit UI 框架来访问 CalDAV 类型的日历。在此之前，我们还花费了一些时间创建 Google 账号并关联到 iOS 设备上面。使用 CalDAV 协议的好处在于：

❑ 设置非常方便。

⊖　CalDAV是一种效率手册同步协议。有些效率手册（如Apple iCal、Mozilla Lightning/Sunbird）使用这一协议使其信息能与其他效率手册（如Yahoo! 效率手册）进行交换。

❑ 能够在不同平台之间共享。如果日历事件发生了变化，则会自动反映到其他平台或设备上。

图 22-1　添加 Google 账号到 iOS 设备

图 22-2　向 Google 日历添加事件以后，iOS 的日历会出现相应的事件

❑ 使用 CalDAV 日历可以为事件增加参与者。

❑ 可以添加 CalDAV 日历到 Mac 的 iCal 程序中。除了在移动平台设备上外，在 Mac 平台上也同样可以同步日历事件。

在开始实践练习之前，我们必须添加 Event Kit 和 Event Kit UI 框架到项目之中，这一点是非常重要的。

说明　Mac OS X 上的 iOS 模拟器是不能模拟日历应用程序的，因此要想完成本章的实践练习，我们必须在真机上调试应用程序，也就是说，必须加入 Apple 的 iOS 开发者计划。

22.1.2　获取日历列表

在本章的第一个实践练习中，我们先来获取用户的日历列表信息。

步骤 1　创建一个新的 UITableViewController，设置名称为 CalendarViewController。

步骤 2　在故事板中添加一个新的 Navigation Controller，设置新添加的表格控制器的 Class 属性为 CalendarViewController。然后，选中 Calendar View Controller 场景中表格视图上的单元格，通过 Option+Command+4 快捷键切换到属性检查窗口，设置其 Identifier 为 EventCell。

注意 因为对日历应用程序的调试必须通过真机进行，所以如果真机语言环境是"简体中文"，则需要修改 MainStoryboard.storyboard(Chinese) 故事板；如果真机的语言环境是"英文"，则需要修改 MainStoryboard.storyboard(English) 故事板。在真正的应用程序开发中，一定要注意不同语言环境下会调用不同故事板的问题。

步骤 3 将新创建的导航控制器添加到 Tab Bar Controller 之中，设置标签名称为日历。为了测试方便，我们可以将该标签移动到标签栏中靠前的位置。

步骤 4 在 CalendarViewController.h 文件中，添加下面粗体字的内容。

```objectivec
#import <UIKit/UIKit.h>
#import <EventKit/EventKit.h>

@interface CalendarViewController : UITableViewController

@property (nonatomic, strong) EKEventStore *eventStore;
@property (nonatomic, strong) EKCalendar *targetCalendar;
@property (nonatomic, strong) NSMutableArray *eventsList;
@property (nonatomic, strong) NSArray *calendars;

@end
```

步骤 5 在 CalendarViewController.m 文件中修改 viewDidLoad 方法，添加下面粗体字的内容。

```objectivec
- (void)viewDidLoad
{
    [super viewDidLoad];

    self.clearsSelectionOnViewWillAppear = NO;

    [[self navigationItem] setTitle:@"日历的事件列表"];

    self.eventStore = [[EKEventStore alloc] init];

    NSArray *calendarTypes = [[NSArray alloc] initWithObjects:
                              @"Local",
                              @"CalDAV",
                              @"Exchange",
                              @"Subscription",
                              @"Birthday",
                              nil];

    NSUInteger counter = 1;
    for (EKCalendar *aCalendar in self.eventStore.calendars) {
        NSLog(@"日历 %lu Title = %@", (unsigned long)counter,
            aCalendar.title);
        NSLog(@"日历 %lu Type = %@", (unsigned long)counter,
            [calendarTypes objectAtIndex:aCalendar.type]);
```

```
NSLog(@" 日历 %lu Color = %@", (unsigned long)counter,
    [UIColor colorWithCGColor:aCalendar.CGColor]);

if ([aCalendar allowsContentModifications]) {
    NSLog(@" 日历 %lu 可以被修改。", (unsigned long)counter);
}else{
    NSLog(@" 日历 %lu 不能被修改。", (unsigned long)counter);
}
counter++;
    }
}
```

步骤 6　为了能够在调试控制台中区分出到底哪个是 Google 的日历，我们最好设置一下
Google 的日历名称。登录 Google 日历，将默认日历的标题设置为 "XX 的 Google 日历"，如
图 22-3 所示。当在真机上运行时，就会轻易找到哪个是 Google 的日历了。

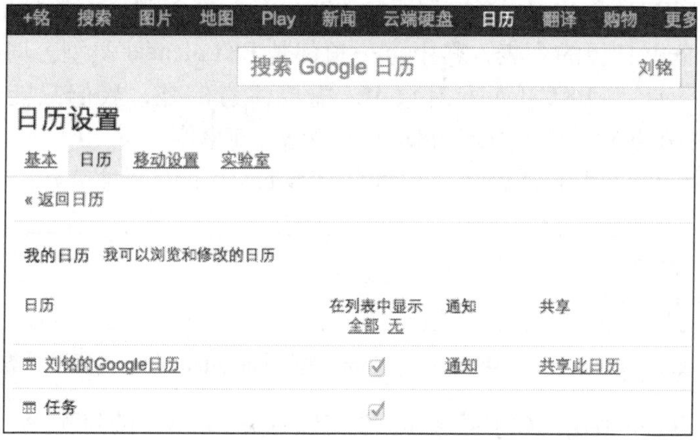

图 22-3　修改 Google 日历的标题信息

此时，我们就可以构建并在真机上运行应用程序了。如果成功运行，则在 Xcode 的调试
控制台中会显示类似下面的信息。

```
日历 1 Title = 家庭
日历 1 Type = CalDAV
日历 1 Color = UIDeviceRGBColorSpace 0.964706 0.309804 0 1
日历 1 可以被修改。
日历 2 Title = Birthdays
日历 2 Type = Birthday
日历 2 Color = UIDeviceRGBColorSpace 0.509804 0.584314 0.686275 1
日历 2 不能被修改。
日历 3 Title = 日历
日历 3 Type = Local
日历 3 Color = UIDeviceRGBColorSpace 0.054902 0.380392 0.72549 1
日历 3 可以被修改。
日历 4 Title = 工作
日历 4 Type = CalDAV
```

```
日历 4 Color = UIDeviceRGBColorSpace 0.266667 0.654902 0.0117647 1
日历 4 可以被修改。
日历 5 Title = 刘铭的 Google 日历
日历 5 Type = CalDAV
日历 5 Color = UIDeviceRGBColorSpace 0.623529 0.776471 0.905882 1
日历 5 可以被修改。
日历 6 Title = 日历
日历 6 Type = CalDAV
日历 6 Color = UIDeviceRGBColorSpace 0.443137 0.101961 0.462745 1
日历 6 可以被修改。
```

从控制台显示的信息中我们可以发现，日历 5 就是我们通过 CalDAV 协议连接的 Google 日历。

在实践练习中，我们实例化了一个 EKEventStore 类型的对象。该对象负责与用户的日历数据库进行沟通。通过它，我们可以访问 iOS 设备上不同类型的日历。iOS 通常支持的日历格式包括 CalDAV 和 Exchange。EKEventStore 有一个 NSArray 类型的属性 calendars。它包含了 iOS 设备上日历的列表，其中每一项都是 EKCalendar 类型。同时，我们还可以增加新事件（Event）到 EKCalendar 对象中。需要注意的是，我们只能向 allowsContent-Modifications 属性值为 YES 的 EKCalendar 对象中添加新事件。

不幸的是，在 iOS 6 中 EKEventStore 类的 calendars 属性将要被废弃，如图 22-4 所示。

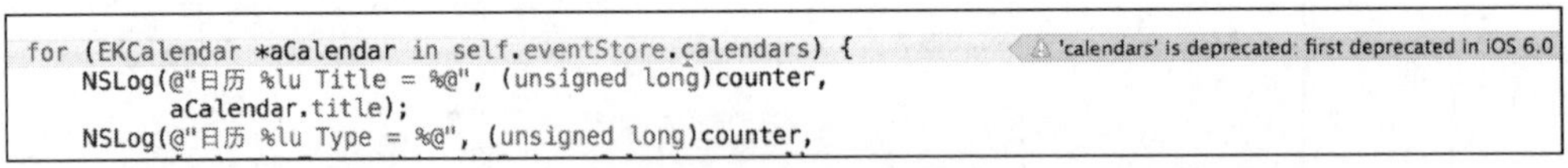

```
for (EKCalendar *aCalendar in self.eventStore.calendars) {          ⚠ 'calendars' is deprecated: first deprecated in iOS 6.0
    NSLog(@"日历 %lu Title = %@", (unsigned long)counter,
        aCalendar.title);
    NSLog(@"日历 %lu Type = %@", (unsigned long)counter,
```

图 22-4　在 iOS 6 中 EKEventStore 类的 calendars 属性将要被废弃

修改 viewDidLoad 方法，如下面这样，就可以解决 iOS 6 中的问题。

```
- (void)viewDidLoad
{
    [super viewDidLoad];

    [[self navigationItem] setTitle:@" 日历的事件列表 "];

    self.eventStore = [[EKEventStore alloc] init];

    NSArray *calendarTypes = [[NSArray alloc] initWithObjects:
                              @"Local",
                              @"CalDAV",
                              @"Exchange",
                              @"Subscription",
                              @"Birthday",
                              nil];

    NSUInteger counter = 1;
```

```
        self.calendars = [self.eventStore
    calendarsForEntityType:EKEntityTypeEvent];

    for (EKCalendar *aCalendar in self.calendars) {
        NSLog(@" 日历 %lu Title = %@", (unsigned long)counter,
                aCalendar.title);
        NSLog(@" 日历 %lu Type = %@", (unsigned long)counter,
                [calendarTypes objectAtIndex:aCalendar.type]);
        NSLog(@" 日历 %lu Color = %@", (unsigned long)counter,
                [UIColor colorWithCGColor:aCalendar.CGColor]);

        if ([aCalendar allowsContentModifications]) {
            NSLog(@" 日历 %lu 可以被修改。", (unsigned long)counter);
        }else{
            NSLog(@" 日历 %lu 不能被修改。", (unsigned long)counter);
        }
        counter++;
    }
}
```

在 CalendarViewController.m 文件中，添加对 calendars 成员变量的说明。

```
@interface CalendarViewController : UITableViewController
<EKEventViewDelegate>

@property (nonatomic, strong) EKEventStore *eventStore;
@property (nonatomic, strong) EKCalendar *targetCalendar;
@property (nonatomic, strong) NSMutableArray *eventsList;

@property (nonatomic, strong) NSArray *calendars;
@end
```

在 iOS 6 中，可以通过 EKEventStore 的 calendarsForEntityType: 方法获得用户的不同类型的日历。这里我们向它传递常量 EKEntityTypeEvent，代表获取用户的事件日历。如果传递常量 EKEntityTypeReminder，则代表获取提醒日历；如果传递的是 nil 值，那么就是告诉这个方法要获取用户的所有类型的日历。

通过上面的练习我们可以发现，EventKit（事件提醒工具包）框架由事件库（EventStore 类）、事件源（关联到 iOS 日历的各个账号）、日历（EKCalendar 类）和事件/提醒组成。它们的关系是：事件库用于直接操作日历数据库，日历数据库中的数据按事件源、日历和事件/提醒三级进行分类组织。每个事件源对应一个账户（如 Google、Hotmail、Yahoo 等），该账户下可以有多个日历，如在 Google 日历中我们可以创建"XX 的工作日历"、"XX 的生活日历"、"与其他人共享的日历"等。日历分为两类，一类是用于存储事件的日历，另一类是用于存储提醒的日历。

比如家里有两口缸，一口缸装水，另一口缸放腌制的咸菜。缸就是我们上面提及的日历，一口缸里的水相当于事件，而另一口缸中的咸菜相当于提醒。一户人家的院子里可以摆好多口缸，这个院子就相当于账户（事件源）。iOS 系统中有两个默认的账户，一个是 Local

（本地），另一个是 Other。账户的类型还可能是 iCloud 或 Gmail 等。一般是邮箱附带的，所以默认对应着该邮箱地址。iOS 就像大户人家的总管一样，管理着家里老大、老二、老三……的院子，直到每个院子中的缸。事件库直接管理所有的账户和日历，还有日历下的事件或提醒。管理的内容包括增加、修改、查询和删除（Curd）。

22.1.3 向日历中添加事件

接下来，我们要为 iOS 设备中的日历添加新事件。注意，本部分以后的代码均符合 iOS 6 标准。

步骤 1 在 CalendarViewController.m 文件中添加 createEventWithTitle:startDate:endDate: inCalendarWithTitle:inCalendarWithType:notes: 方法。

```
- (BOOL) createEventWithTitle:(NSString *)aTitle
                    startDate:(NSDate *)aStartDate
                      endDate:(NSDate *)aEndDate
          inCalendarWithTitle:(NSString *)aCalendarTitle
           inCalendarWithType:(EKCalendarType)aCalendarType
                        notes:(NSString *)aNotes
{
    BOOL result = NO;

    self.eventStore = [[EKEventStore alloc] init];

    // 判断事件库中是否存在日历对象
    if ([self.calendars count] == 0) {
        NSLog(@"iPhone 的日历数据库中还没有任何的日历。");
        return NO;
    }

    self.targetCalendar = nil;

    // 试着找出要求的 calendar
    for (EKCalendar *thisCalendar in self.calendars) {
        if ([thisCalendar.title isEqualToString:aCalendarTitle] &&
            thisCalendar.type == aCalendarType) {
            self.targetCalendar = thisCalendar;
            break;
        }
    }

    // 确定找到需要的 calendar
    if (self.targetCalendar == nil) {
        NSLog(@" 没有找到需要的日历。");
        return NO;
    }

    // 确定找到的 calendar 是否可修改
    if (self.targetCalendar.allowsContentModifications == NO) {
```

```
        NSLog(@" 所选择的日历不能被修改。");
        return NO;
    }

    // 创建一个事件，并指定事件属于哪个 calendar
    EKEvent *event = [EKEvent eventWithEventStore:self.eventStore];
    event.calendar = self.targetCalendar;

    // 设置事件的属性
    event.title = aTitle;
    event.notes = aNotes;
    event.startDate = aStartDate;
    event.endDate = aEndDate;

    // 将新创建的事件保存到 calendar 之中
    NSError *saveError = nil;
    result = [self.eventStore saveEvent:event
                                   span:EKSpanThisEvent
                                  error:&saveError];

    if (result == NO) {
        NSLog(@" 发生了一个错误：%@", saveError);
    }

    return result;
}
```

步骤 2　修改 viewDidLoad 方法，添加下面粗体字的内容。

```
- (void)viewDidLoad
{
    [super viewDidLoad];
    ......

    NSDate *startDate = [NSDate date];
    NSDate *endDate = [startDate dateByAddingTimeInterval:1*60*60];

    // inCalendarWithTitle 的值必须与前面日历列表中的内容一致
    BOOL createSuccessfully = [self createEventWithTitle:@" 新添加的事件 "
                                               startDate:startDate
                                                 endDate:endDate
                                     inCalendarWithTitle:@" 刘铭的 Google 日历 "
inCalendarWithType:EKCalendarTypeCalDAV
                                                   notes:nil];

    if (createSuccessfully) {
        NSLog(@" 成功创建一个事件！ ");
    }else{
        NSLog(@" 创建事件失败！ ");
    }
}
```

构建并在真机上运行应用程序。在切换到 MyDiary 项目的日历视图以后，程序就会向用户的 Google 日历添加一个新的事件。如果此时运行 iOS 的日历应用程序，则会看到如图 22-5 所示的内容。

如果此时访问 Web 端的 Google 日历，我们也会看到这个新添加的事件。

在这部分的实践练习中，我们可以总结出向 iOS 设备的日历数据库中添加事件的步骤。

步骤 1 分配（alloc）和初始化（init）一个 EKEventStore 对象。

步骤 2 找到我们想要保存事件的日历，并确定该日历是否支持修改，也就是它的 allowsContentModifications 属性必须是 YES。

步骤 3 在找到可以添加事件的日历以后，需要使用 EKEvent 类的 eventWithEventStore: 类方法创建一个 EKEvent 的对象。

步骤 4 设置新创建事件的必要属性，如 title、startDate、endDate 等。

图 22-5　通过程序代码添加事件到
日历之中

步骤 5 通过 EKEvent 对象的 calendar 属性将事件与日历建立关联。

步骤 6 在设置完事件属性以后，就可以使用 EKEventStore 的 saveEvent:span:error: 实例方法将事件添加到日历中去。这个方法的返回值是一个布尔型变量，用于指明事件是否添加成功。如果操作失败，会将错误信息传递给 NSError 类型的对象。

如果我们试图增加一个没有指定日历的事件或向不可修改的日历中添加事件，则在控制台中会出现类似下面的错误信息。

```
发生了一个错误：Error Domain=EKErrorDomain Code=1 " 尚未设置日历。"
UserInfo=0xf643560 {NSLocalizedDescription= 尚未设置日历。}
```

22.1.4　访问日历的事件列表

如果我们想要在 iOS 设备上获取日历中的事件列表，则需要考虑下面的这几步操作。

步骤 1 实例化一个 EKEventStore 类型的对象。

步骤 2 使用 calendar 属性找到我们需要的日历。

步骤 3 确定日历的起始和终止的日期与时间。

步骤 4 将步骤 2 获取的 calendar 对象和步骤 3 确定的日期和时间，传递给 EKEventStore 类的 predicateForEventsWithStartDate:endDate:calendars: 实例方法，生成搜索条件对象。

步骤 5 将步骤 4 返回的对象传递给 EKEventStore 类的 eventsMatchingPredicate: 实例方

法。该方法的返回值存储着指定时间内指定日历的 EKEvent 对象的数组。

在将以上步骤梳理清晰以后，让我们开始这部分的实践练习。

步骤 1 在 CalendarViewController.m 文件中添加 calDAVCalendarWithTitleContaining: 和 readEvents: 方法。

```objc
- (EKCalendar *)calDAVCalendarWithTitleContaining:
                                        (NSString *)paramDescription
{
    EKCalendar *result = nil;

    for (EKCalendar *thisCalendar in self.calendars) {
        if (thisCalendar.type == EKCalendarTypeCalDAV) {
            if ([thisCalendar.title rangeOfString:paramDescription].location
                != NSNotFound) {
                return thisCalendar;
            }
        }
    }
    return result;
}


- (void) readEvents{
    self.targetCalendar = [self
                           calDAVCalendarWithTitleContaining:@"Google"];

    if (self.targetCalendar == nil) {
        NSLog(@" 没有找到 Google 的 CalDAV 日历！ ");
        return;
    }

    NSArray *targetCalendars = [[NSArray alloc]
                                initWithObjects:self.targetCalendar, nil];

    NSDate *startDate = [NSDate date];
    NSDate *endDate = [startDate dateByAddingTimeInterval:24 * 60 * 60];

    NSPredicate *searchPredicate = [self.eventStore
                                    predicateForEventsWithStartDate:startDate
                                    endDate:endDate
                                    calendars:targetCalendars];

    if (searchPredicate == nil) {
        NSLog(@" 不能创建一个搜索条件！ ");
        return;
    }

    self.eventsList = (NSMutableArray *)[self.eventStore
                                eventsMatchingPredicate:searchPredicate];
```

```
    if (self.eventsList != nil) {
        NSUInteger counter = 1;
        for (EKEvent *event in self.eventsList) {
            NSLog(@"事件 %lu 起始时间：%@", (unsigned long)counter,
                    event.startDate);
            NSLog(@"事件 %lu 终止时间：%@", (unsigned long)counter,
                    event.endDate);
            NSLog(@"事件 %lu 事件标题：%@", (unsigned long)counter,
                    event.title);

            counter++;
        }
    }else{
        NSLog(@"起始和终止时间范围内没有事件。");
    }
}
```

步骤 2 修改 viewDidLoad 方法，注释掉之前添加新事件的语句，添加获取事件内容的语句。

```
- (void)viewDidLoad
{
    [super viewDidLoad];

    [[self navigationItem] setTitle:@"日历的事件列表"];

    self.eventStore = [[EKEventStore alloc] init];

    self.calendars = [self.eventStore
                            calendarsForEntityType:EKEntityTypeEvent];

    /*
    NSDate *startDate = [NSDate date];
    NSDate *endDate = [startDate dateByAddingTimeInterval:1*60*60];

    // inCalendarWithTitle 的值必须是前面日历列表中的内容一致
    BOOL createSuccessfully = [self createEventWithTitle:@"新添加的事件"
                                            startDate:startDate
                                             endDate:endDate
                                      inCalendarWithTitle:@"刘铭的 Google 日历"
                                       inCalendarWithType:EKCalendarTypeCalDAV
                                            notes:nil];

    if (createSuccessfully) {
        NSLog(@"成功创建一个事件！");
    }else{
        NSLog(@"创建事件失败！");
    }*/
```

```
    // 获取指定时间和日历范围的事件
    [self readEvents];


}
```

步骤 3　修改 numberOfSectionsInTableView: 和 tableView:numberOfRowsInSection: 方法。

```
- (NSInteger)numberOfSectionsInTableView:(UITableView *)tableView
{
    return 1;
}


- (NSInteger)tableView:(UITableView *)tableView
numberOfRowsInSection:(NSInteger)section
{
    return [self.eventsList count];
}
```

步骤 4　修改 tableView:cellForRowAtIndexPath: 方法，如下面这样。

```
- (UITableViewCell *)tableView:(UITableView *)tableView
cellForRowAtIndexPath:(NSIndexPath *)indexPath
    {
        static NSString *CellIdentifier = @"EVENTCELL";

        UITableViewCellAccessoryType editableCellAccessoryType =
UITableViewCellAccessoryDisclosureIndicator;

        UITableViewCell *cell = [tableView
dequeueReusableCellWithIdentifier:CellIdentifier];

        cell.accessoryType = editableCellAccessoryType;

        cell.textLabel.text = [[self.eventsList
                                        objectAtIndex:indexPath.row]
title];

        return cell;
    }
```

其实，在上面这段代码中，我们通过 EKEventStore 类的 predicateForEventsWithStart-Date: endDate: calendars: 实例方法得到一个 NSPredicate 类型的对象。它的参数 predicate-ForEventsWithStartDate 代表获取事件的起始日期和时间，endDate 代表终止的日期和时间，calendars 代表欲搜索的日历数组。

构建并在 iOS 设备上运行应用程序。当切换到日历视图控制器的时候，调试控制台中会显示类似下面的信息。用户界面则会如图 22-6 所示。

事件 **1** 起始时间：2012-09-03 13:12:52 +0000

事件 1 终止时间：2012-09-03 14:12:52 +0000
事件 1 事件标题：新添加的事件

图 22-6　在日历列表中所显示的事件

22.1.5　从日历中移除事件

通过 EKEventStore 类的 removeEvent:span:commit:error: 实例方法，我们可以从日历中删除指定的一个或多个事件。

步骤 1　在 CalendarViewController.m 文件中添加 removeEventWithTitle:startDate:endDate:inCalendarWithTitle:inCalendarWithType:notes: 方法。

```
- (BOOL)removeEventWithTitle:(NSString *)aTitle
                  startDate:(NSDate *)aStartDate
                    endDate:(NSDate *)aEndDate
          inCalendarWithTitle:(NSString *)aCalendarTitle
           inCalendarWithType:(EKCalendarType)aCalendarType
                      notes:(NSString *)aNotes
{
    BOOL result = NO;

    // 确定是否有可用的日历
    if ([self.calendars count] == 0) {
        NSLog(@"没有找到可用的日历。");
        return NO;
    }
```

```
    self.targetCalendar = nil;

    // 找到用户指定的那个日历
    for (EKCalendar *thisCalendar in self.calendars) {
        if ([thisCalendar.title isEqualToString:aCalendarTitle] &&
            thisCalendar.type == aCalendarType) {
            self.targetCalendar = thisCalendar;
            break;
        }
    }

    // 确保找到了我们需要的日历
    if (self.targetCalendar == nil) {
        NSLog(@"没有找到需要的日历。");
        return NO;
    }

    // 确保日历是否可以被修改
    if (self.targetCalendar.allowsContentModifications == NO) {
        NSLog(@"所选择的日历不能被修改。");
        return NO;
    }

    NSArray *targetCalendars = [[NSArray alloc]
                        initWithObjects:self.targetCalendar, nil];

    NSPredicate *predicate = [self.eventStore
                        predicateForEventsWithStartDate:aStartDate
                        endDate:aEndDate
                        calendars:targetCalendars];

    // 获取所有与条件匹配的事件
    NSArray *events = [self.eventStore eventsMatchingPredicate:predicate];

    if ([events count] > 0) {
        /* 删除它们 */
        for (EKEvent *event in events) {
            NSError *removeError = nil;
            // 这里先不提交，后面我们会统一将欲移除的事件进行提交
            if ([self.eventStore removeEvent:event
                            span:EKSpanThisEvent
                        commit:NO
                            error:&removeError] == NO) {
                NSLog(@"移除 %@ 事件失败，错误原因：%@。", event, removeError);
            }
        }

        NSError *commitError = nil;
        if ([self.eventStore commit:&commitError]) {
            result = YES;
```

```
        }else{
            NSLog(@"批量移除失败！");
        }
    }else{
        NSLog(@"没有找到需要移除的事件。");
    }
    return result;
}
```

步骤 2   修改 viewDidLoad 方法。在该方法中，我们先创建一个事件，再将其移除。

```
- (void)viewDidLoad
{
    [super viewDidLoad];

    NSDate *startDate = [NSDate date];
    NSDate *endDate = [startDate dateByAddingTimeInterval:1*60*60];

    BOOL createSuccessfully = [self createEventWithTitle:@"去超市买食品"
                                               startDate:startDate
                                                 endDate:endDate
                                     inCalendarWithTitle:@"刘铭的 Google 日历"
                                      inCalendarWithType:EKCalendarTypeCalDAV
                                                   notes:@"面条、黄酱、大葱"];

    if (createSuccessfully) {
        NSLog(@"成功创建一个事件！");

        BOOL removeSuccessfully = [self removeEventWithTitle:@"去超市买食品"
                                                   startDate:startDate
                                                     endDate:endDate
                                         inCalendarWithTitle:@"刘铭的 Google 日历"
                                          inCalendarWithType:EKCalendarTypeCalDAV
                                                       notes:@"面条、黄酱、大葱"];

        if (removeSuccessfully) {
            NSLog(@"成功移除一个事件！");
        }else{
            NSLog(@"移除事件失败！");
        }

    }else{
        NSLog(@"创建事件失败！");
    }
}
```

构建并在真机上面运行应用程序。当切换到日历视图的时候，在正常情况下，调试控制台中可以看到如下的信息：

```
MyDiary[4385:707] 成功创建一个事件！
MyDiary[4385:707] 成功移除一个事件！
```

在这部分的实践练习中，我们使用了 EKEventStore 类的 removeEvent:span:commit:error: 实例方法。该方法可以移除一个事件对象或一个重复事件的对象。它的参数包括下面这些：

- removeEvent——需要从日历中移除的 EKEvent 类型的对象。
- span——设置事件是可以重复发生的，比如每周、每月等。该参数会告知 Event Store 对象，删除的事件只是特指的那个事件（此时参数设置为 EKSpanThisEvent），还是将来会发生的所有特指的事件（此时参数设置为 EKSpanFutureEvents）。
- commit——该参数通过一个布尔型值告知 Event Store，当发生改变的时候是否马上保存到远端或本地。如果是 NO，则需要在后面的程序代码中调用 EKEventStore 类的 commit: 实例方法。
- error——这个参数会引用一个 NSError 类型的对象。当发生错误的时候，我们可以通过它获取错误信息。

22.1.6　添加重复发生的事件

如果要创建一个每月重复发生的事件到日历中，则需要考虑下面这几步操作。

步骤 1　创建一个 EKEventStore 的对象。

步骤 2　在 calendar 属性中找到可修改的日历。

步骤 3　创建一个 EKEvent 类型的对象。

步骤 4　为 Event 设置相应的属性值，比如 startDate 和 endDate。

步骤 5　实例化一个 NSDate 类型的对象。该对象包含一个准确的日期，代表重复事件的结束日期。在本实践练习中，我们将这个日期设置为 1 年之后。

步骤 6　使用 EKRecurrenceEnd 类的 recurrenceEndWithEndDate: 实例方法，传递在步骤 5 创建的 NSDate 对象，以创建一个 EKRecurrenceEnd 对象。

步骤 7　使用 EKRecurrenceRule 类的 initRecurrenceWithFrequency:interval:end: 实例方法创建一个 EKRecurrenceRule 对象。传递给 end 的参数是在步骤 6 创建的重复终止日期。

步骤 8　将步骤 7 创建的 EKRecurrenceRule 对象分配给在步骤 3 创建的 EKEvent 的 recurringRule 属性。

步骤 9　调用 saveEvent:span:error: 实例方法，将 event 作为 saveEvent 的参数，将 EKSpan-FutureEvents 作为 span 的参数。

创建重复事件的过程到此结束。接下来，我们在 CalendarViewController.m 文件中做如下的修改。

步骤 1　创建 createRecurringEventInLocalCalendar: 方法。

```
-(void) createRecurringEventInLocalCalendar{
    /* 第 2 步：找到本地可修改日历 */
    self.targetCalendar = nil;

    for (EKCalendar *thisCalendar in self.calendars) {
```

```
        if (thisCalendar.type == EKCalendarTypeLocal &&
                        [thisCalendar allowsContentModifications])
        {
            self.targetCalendar = thisCalendar;
        }
    }

    /* 要求的日历没有被找到 */
    if (self.targetCalendar == nil) {
        NSLog(@"targetCalendar 为空。");
        return;
    }

    /* 第 3 步：创建一个事件 */
    EKEvent *event = [EKEvent eventWithEventStore:self.eventStore];

    /* 第 4 步：创建一个每月这个时候都会发生的事件，直到一年之后 */
    NSDate *eventStartDate = [NSDate date];

    /* 第 5 步：事件的结束日期是 1 小时以后 */
    NSDate *eventEndDate = [eventStartDate
                                dateByAddingTimeInterval:1*60*60];

    /* 为事件设置相应的属性 */
    event.calendar = self.targetCalendar;
    event.title = @" 我的重复的事件 ";
    event.startDate = eventStartDate;
    event.endDate = eventEndDate;

    /* 设置重复结束的时间 */
    NSTimeInterval oneYear = 365 * 24 * 60 *60;
    NSDate *oneYearFromNow = [eventStartDate
dateByAddingTimeInterval:oneYear];

    /* 第 6 步：将结束时间封装到 EKRecurrenceEnd 类中 */
    EKRecurrenceEnd *recurringEnd = [EKRecurrenceEnd
recurrenceEndWithEndDate:oneYearFromNow];

    /* 第 7 步：添加一个重复规则，这个事件在每个月都会发生
(EKRecurrenceFrequencyMonthly)，一个月 1 次（interval:1），结束的日期是一年之后（end:RecurringEnd）*/
    EKRecurrenceRule *recurringRule = [[EKRecurrenceRule alloc]
            initRecurrenceWithFrequency:EKRecurrenceFrequencyMonthly
                                    interval:1 end:recurringEnd];

    /* 第 8 步：为事件设置重复规则 */
    event.recurrenceRules = [[NSArray alloc]
                                initWithObjects:recurringRule, nil];

    NSError *saveError = nil;
```

```
/* 第 9 步：保存事件 */
if ([self.eventStore saveEvent:event
                    span:EKSpanFutureEvents
                    error:&saveError]) {
    NSLog(@" 成功创建了一个重复事件。");
}else{
    NSLog(@" 创建重复事件错误：%@。", saveError);
}
}
```

步骤 2　修改 viewDidLoad 方法，调用前面创建的 createRecurringEventInLocalCalendar
方法。

```
- (void)viewDidLoad
{
    [super viewDidLoad];

    self.clearsSelectionOnViewWillAppear = NO;

    [[self navigationItem] setTitle:@" 日历的事件列表 "];

    eventStore = [[EKEventStore alloc] init];

    [self createRecurringEventInLocalCalendar];

}
```

　　构建并在真机上运行应用程序。在切换到日历视
图以后，如果调试控制台显示下面的信息，则代表程
序运行成功。打开系统的日历应用程序，会看到每月
的这个时间都会出现重复的提醒，如图 22-7 所示。

　　MyDiary[4593:707] 成功创建了一个重复事件。

　　重复事件是会多次发生的事件，我们创建的重复
事件与之前创建的标准事件相似。唯一的不同是重复
事件应用了重复规则。

　　我们创建重复规则是通过 EKRecurrenceRule 类的
initRecurrenceWithFrequency:interval:end: 实 例 方 法 实
现的。它的参数包括：

❑ initRecurrenceWithFrequency——指定事件的重
复周期是每日（EKRecurrenceFrequencyDaily）、
每周（EKRecurrenceFrequencyWeekly）、每月
（EKRecurrenceFrequencyMothly）、每年（EKR-
ecur-renceFrequencyYearly）。

图 22-7　新创建的日历中的重复事件

❑ interval——一个大于 0 的值，用于指明事件发生的间隔。比如，我们想创建一个每周

发生的事情，就要指定周期为 EKRecurrenceFrequencyWeekly，再将 interval 设置为
1。如果想设置为隔周发生的事件，则需要将 interval 设置为 2。

❑ end——一个 EKRecurrenceEnd 类型的日期，用于指明重复事件的结束时间。这个参数不能与事件的结束日期相同，也就是 EKEvent 的 endDate 属性。

22.2　Event Kit UI 框架

到目前为止，我们对系统中日历应用程序的用户界面应该比较熟悉了。在选择一个事件以后，我们就会看到这个事件的具体内容，并且可以进行修改。

其实，在我们自己的应用程序项目中，通过实例化一个 EKEventViewController 对象，也可以呈现出一个事件视图控制器，只不过需要将一个 EKEvent 类型的对象分配给该控制器的 event 属性。

在接下来的实践练习中，我们会创建一个 EKEventViewController 的对象，并将其呈现在 CalendarViewController 视图控制器之中。

步骤 1　修改 CalendarViewController.h 文件，添加下面粗体字的内容。

```
#import <UIKit/UIKit.h>
#import <EventKit/EventKit.h>
#import <EventKitUI/EventKitUI.h>

@interface CalendarViewController : UIViewController
<EKEventViewDelegate>
......
@end
```

步骤 2　修改 viewDidLoad 方法，用于获取所有需要显示在表格视图中的对象。

```
- (void)viewDidLoad
{
    [super viewDidLoad];

    self.eventStore = [[EKEventStore alloc] init];

    // 设置从一年前到现在的事件查找
    NSTimeInterval oneYear = 1 * 365 * 24 * 60 * 60;
    NSDate *startDate = [[NSDate date] dateByAddingTimeInterval:-oneYear];
    NSDate *endDate = [NSDate date];

    NSPredicate *predicate = [self.eventStore
                              predicateForEventsWithStartDate:startDate
                                                      endDate:endDate
                                    calendars:self.calendars];

    self.eventsList = (NSMutableArray *)[self.eventStore
eventsMatchingPredicate:predicate];
    }
```

步骤 3　修改 tableView:didSelectRowAtIndexPath: 方法。当用户点击表格视图中某个事件时，会显示相应的事件内容。

```
- (void)tableView:(UITableView *)tableView
                        didSelectRowAtIndexPath:(NSIndexPath *)indexPath
{
    if ([self.eventsList count] > 0) {
        EKEvent *event = [self.eventsList objectAtIndex:[indexPath row]];
        EKEventViewController *controller =
                                        [[EKEventViewController alloc]
init];

        controller.event = event;
        controller.allowsEditing = NO;
        controller.allowsCalendarPreview = YES;

        // 设置 EKEventViewController 的 delegate 属性为当前控制器
        controller.delegate = self;

        // 将控制器呈现在当前视图控制器之中
        [self.navigationController pushViewController:controller
                                            animated:YES];
    }
}
```

当我们将 EKEventViewController 控制器的 allowsEditing 属性设置为 NO 的时候，在导航栏中是看不到编辑按钮的。如果将 allowsEditing 属性设置为 YES，则会出现这个编辑按钮。在点击编辑按钮以后，会进入事件的编辑界面中，如图 22-8 所示。

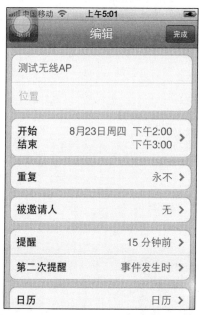

图 22-8　在将 allowsEditing 属性设置为 YES 时，可以进入事件的编辑界面

步骤 4　添加 eventViewController:didCompleteWithAction: 方法。

```
-(void)eventViewController:(EKEventViewController *)controller
    didCompleteWithAction:(EKEventViewAction)action{
  switch (action) {
    case EKEventViewActionDeleted:
        NSLog(@"用户删除了这个事件。");
        break;
    case EKEventViewActionDone:
        NSLog(@"用户完成了这个事件。");
        break;
    case EKEventViewActionResponded:
        NSLog(@"用户对邀请事件做出了反应。");
        break;
  }
}
```

当 EKEventViewController 完成一些动作的时候会调用该方法，比如在 allowsEditing 为 YES 的时候，我们对某一个事件进行删除操作时就会触发该方法。

构建并在真机上运行应用程序。在日历视图控制器中会列出一年中所有的事件，任意选择一个后会进入事件的内容界面。如果将 allowsEditing 属性设置为 YES，可以看到事件的编辑页面。

对于 EKEventViewController 类来说，我们有必要了解下面两个常用的属性。

❏ allowsEditing——如果此属性值是 YES，则在导航栏中会出现编辑按钮，允许用户去编辑这个事件。可编辑的事件还包括用户在 iOS 设备上所创建的事件。如果用户在 Web 上添加了 Google 事件，则在 MyDiary 项目中是不能修改该事件的。

❏ event——这个属性在呈现 EKEventViewController 之前必须进行设置，因为 EKEventViewController 就是负责显示用户的某个事件的。